JavaScript 面向对象编程指南

（第3版）

Object-Oriented JavaScript
Third Edition

[印]韦德·安塔尼（Ved Antani）
[意]斯托扬·斯特凡诺夫（Stoyan Stefanov）著
余博伦 译

人民邮电出版社
北京

图书在版编目（CIP）数据

JavaScript面向对象编程指南 /（印）韦德·安塔尼（Ved Antani）著；（意）斯托扬·斯特凡诺夫（Stoyan Stefanov）著；余博伦译. -- 3版. -- 北京：人民邮电出版社，2021.12
ISBN 978-7-115-54437-7

Ⅰ. ①J… Ⅱ. ①韦… ②斯… ③余… Ⅲ. ①JAVA语言－程序设计－指南 Ⅳ. ①TP312.8-62

中国版本图书馆CIP数据核字(2020)第125806号

◆ 著　[印] 韦德·安塔尼（Ved Antani）
　　[意] 斯托扬·斯特凡诺夫（Stoyan Stefanov）
译　余博伦
责任编辑　武晓燕
责任印制　王　郁　焦志炜

◆ 人民邮电出版社出版发行　北京市丰台区成寿寺路 11 号
邮编　100164　电子邮件　315@ptpress.com.cn
网址　https://www.ptpress.com.cn
山东百润本色印刷有限公司印刷

◆ 开本：800×1000　1/16
印张：29.75　2021 年 12 月第 3 版
字数：595 千字　2021 年 12 月山东第 1 次印刷
著作权合同登记号　图字：01-2017-9228 号

定价：139.80 元

读者服务热线：(010)81055410　印装质量热线：(010)81055316
反盗版热线：(010)81055315
广告经营许可证：京东市监广登字 20170147 号

内容提要

JavaScript 语言是一种具有高度表达能力的、基于原型特性的、非常灵活的面向对象（Object-Oriented，OO）编程语言。本书着重于介绍 JavaScript 在面向对象方面的特性，以为你展示如何构建强健、可维护、功能强大的应用程序及程序库。

本书是《JavaScript 面向对象编程指南》的第 3 版，全书包括 13 章和 4 个附录。依次介绍了 JavaScript 的发展历史、基础知识（变量、数据类型、数组、循环以及条件表达式等）、函数、对象、迭代器和生成器、原型、继承的实现、类与模块、Promise 与 Proxy、浏览器环境、编程模式与设计模式、测试与调试和响应式编程等。附录部分包括学习 JavaScript 编程常用的参考资源。

本书全面地覆盖了 JavaScript 语言的 OO 特性，同时兼顾基础知识，对初学者来说，是难得的 JavaScript 佳作，读者不需要具备任何 JavaScript 基础知识及项目经验。本书适用于任何希望学习 JavaScript 的编程初学者，也可以作为有 JavaScript 使用经验的读者的参考书。

作者简介

韦德·安塔尼（Ved Antani）拥有多年的使用 JavaScript、Go 以及 Java 开发大型服务器端及移动端平台的经验。现任 Myntra 副总裁，此前也有美国电艺公司（EA, Electronic Arts）以及甲骨文（Oracle）公司的工作经历。他本人热衷于阅读和写作，现居住于印度的班加罗尔。韦德也热衷于古典音乐，并喜欢与他的儿子共度时光。

我倾注了大量的时间和精力来写作本书，在此我要由衷地感谢我的父母以及我的家庭对我的支持和鼓励，尤其是在我废寝忘食的那段日子里。

斯托扬·斯特凡诺夫（Stoyan Stefanov）是 Facebook 公司工程师、作家、演说家。他经常会在博客和相关会议上就 Web 开发话题发表独到见解。他还运营着一些网站，其中包括 JSPatterns——一个专门探讨 JavaScript 模式的网站。斯托扬曾在雅虎公司任职，担任 YSlow 2.0 架构师，并且是图像优化工具 Smush 的作者。

作为一个“世界公民”，斯托扬在保加利亚出生，拥有加拿大国籍，并在美国洛杉矶工作。业余时间里他喜欢弹吉他，学习飞机驾驶以及在圣莫妮卡海滩与他的家人共度时光。

谨以此书献给我的妻子伊娃及我的女儿兹拉蒂娜和娜塔丽。感谢你们的耐心、支持与鼓励。

审阅者简介

穆罕默德·萨纳乌拉（Mohamed Sanaulla）是一名拥有 7 年经验的开发者，他主要从事企业级应用的 Java 后端解决方案以及电子商务应用相关的开发工作。

他专注于企业级应用开发、应用重构、REST 风格的服务架构、Java 应用性能优化以及测试驱动开发等领域。

他在 Java 应用开发、ADF（基于 JSF 的 JavaEE Web 框架）、SQL、PL/SQL、JUnit、REST 风格的服务设计、Spring、Struts、Elasticsearch 以及 MongoDB 等方面拥有丰富的经验。他也是 Sun 认证的 Java 开发者。此外他还是 JavaRanch 的主创者。他也会经常在自己的博客上进行分享。

前言

JavaScript 已经成为最强大和多功能的编程语言之一。如今的 JavaScript 包含大量经过时间考验的优良特性。其中一些功能正在慢慢塑造下一代的 Web 和服务端。ES6 引入了非常重要的语言结构，例如 Promise、类、箭头函数以及一些备受期待的特性。本书详细介绍了语言结构及其实际用途。本书不需要读者有任何 JavaScript 的先验知识。本书的讲解深入浅出，可使读者对该语言有一个透彻的了解。此前了解过该语言的读者也可以用作参考书。对已经了解 JavaScript 且熟悉 ES5 语法的人来说，本书将是你了解 ES6 功能的非常有用的入门读物。本书所涵盖的内容如下。

- 第 1 章：JavaScript 面向对象。该章简单阐述了 JavaScript 这门语言的历史、现状及未来。另外，我们还对面向对象编程中的基础概念做了一些介绍，并详细说明了该语言调试环境（Firebug）的安装、设置及相关应用。
- 第 2 章：基本数据类型、数组、循环及条件表达式。本章讨论语言中的一些基础话题，包括变量、数据类型、数组、循环以及条件表达式。
- 第 3 章：函数。本章讨论的是 JavaScript 中函数的使用方法。在这一章中，我们将系统地学习关于函数的所有内容。另外，我们还会了解变量作用域以及内建函数的相关内容。其中有一个叫作“闭包”的概念非常有趣，但也很不容易理解，在该章末尾，我们会重点介绍。
- 第 4 章：对象。本章介绍的是 JavaScript 中的对象类型。在这一章中，我们将学习如何使用对象的属性与方法，并了解创建对象的各种方式。另外，我们还会讨论 JavaScript 中的内建对象，例如 Array、Function、Boolean、Number、String 等。

- 第 5 章：ES6 中的迭代器和生成器。本章介绍了 ES6 中迭代器和生成器的最令人期待的功能。有了这些知识，你将能进一步了解语言中增强的集合结构。
- 第 6 章：原型。本章介绍了 JavaScript 中有关原型的所有重要概念，包括原型链的工作方式、hasOwnProperty()方法，以及 JavaScript 中的原型陷阱等。
- 第 7 章：继承。本章讨论如何在 JavaScript 中实现继承。该章会探讨在 JavaScript 中创建子类的方式，就像那些基于类的面向对象编程语言一样。
- 第 8 章：类与模块。本章介绍了 ES6 引入的重要的语法特性，这使编写经典的面向对象编程结构变得更加容易。ES6 类语法包含了 ES5 的稍微复杂的语法。ES6 还为模块提供全面的语言支持。本章详细介绍了 ES6 引入的类和模块结构。
- 第 9 章：Promise 与 Proxy。JavaScript 一直是一种支持异步编程的语言。在 ES5 中，编写异步程序意味着你需要依赖回调——有时会导致“回调地狱”。ES6 引入的 Promise 是该语言被期待已久的功能。Promise 提供了一种更简洁的方式来编写 ES6 中的异步程序。Proxy 用于定义某些基本操作的自定义行为。本章介绍了 ES6 中 Promise 与 Proxy 的实际用法。
- 第 10 章：浏览器环境。本章介绍浏览器相关的内容。在这一章中，我们将会了解有关浏览器对象模型（Browser Object Model，BOM）和文档对象模型（Document Object Model，DOM）的知识，并进一步了解与浏览器事件和 Ajax 相关的内容。
- 第 11 章：编程模式与设计模式。本章归纳性地介绍了几种专用于 JavaScript 的编程模式，以及若干与语言无关但适用于 JavaScript 的设计模式。这些模式大部分来自《设计模式》这本书。另外，本章也对 JSON 有所讨论。
- 第 12 章：测试与调试。本章讨论了现代 JavaScript 如何配备支持测试驱动开发和行为驱动开发的工具。Jasmine 是目前最受欢迎的工具之一。本章讨论使用 Jasmine 作为框架的 TDD 和 BDD 开发模式。
- 第 13 章：响应式编程与 React。随着 ES6 的出现，一些激进的观念正在形成。响应式编程采用了一种非常不同的方法来处理数据流状态变化。另外，React 是一个专注于 MVC 中 View 部分的框架。本章讨论了这两个话题。
- 附录 A：保留字。附录 A 列出了 JavaScript 中的保留字。
- 附录 B：内建函数。该附录是一份在 JavaScript 中内建函数的参考指南，它附有简单的使用范例。

- 附录 C：内建对象。该附录是一份在 JavaScript 中内建对象类型的参考指南，它提供了详细的对象方法、属性介绍和使用示例。
- 附录 D：正则表达式。该附录是一份正则表达式模式的参考指南。

前期准备

在阅读本书之前，你需要安装一个现代浏览器——推荐 Google Chrome 或者 Firefox，并可自由选择是否安装 Node.js。本书大部分代码示例可以通过 BABEL 或 JS Bin 进行测试。当然，你可以自行选择用于编写 JavaScript 代码的文本编辑器。

适用对象

本书适用于任何希望学习 JavaScript 的编程初学者，包括那些懂一点 JavaScript 却对其面向对象特性不甚了解的读者。

体例约定

在本书中，读者会发现几种不同样式的文本，它们各自代表了不同类型的信息。下面，我们将通过一些文本示例来解释一下这些样式所代表的含义。

对于正文中出现代码、数据库表名、文件夹名、文件名、文件扩展名、路径名、URL 地址、用户输入、Twitter 引用等内容，我们将以如下示例形式来表现："构造器 `Triangle` 包含三个点对象并被赋值在其 `this.points` 的属性中（它自身的点集合）"。

而对于代码块，我们将采用如下格式：

```
function sum(a, b) {
var c = a + b;
return c;
}
```

命令行输入及输出会仿照如下格式呈现：

```
mkdir babel_test
cd babel_test && npm init
npm install --save-dev babel-cli
```

另外，加粗字体用于强调新的术语或重要词汇。例如，我们屏幕上的菜单以及对话框中会看到的单词，通常会这样表述："要在 Chrome 或 Safari 中启动控制台，请右键单击页面上的任意位置，然后选择 **Inspect Element**。显示的附加窗口是 **Web Inspector** 功能。选择 **Console** 选项卡，你就可以开始使用了"。

这种形式表达的是一些需要读者警惕或需要重点关注的内容。

这种形式所提供的是一些提示或小技巧。

资源与支持

本书由异步社区出品，社区（https://www.epubit.com/）为您提供相关资源和后续服务。

配套资源

本书提供免费的源代码和部分课后习题答案下载，要获得相关配套资源，请在异步社区本书页面中单击 配套资源 ，跳转到下载界面，按提示进行操作即可。

提交勘误

作者和编辑尽最大努力来确保书中内容的准确性，但难免会存在疏漏。欢迎您将发现的问题反馈给我们，帮助我们提升图书的质量。

当您发现错误时，请登录异步社区，按书名搜索，进入本书页面，单击“提交勘误”，输入勘误信息，单击“提交”按钮即可。本书的作者和编辑会对您提交的勘误进行审核，确认并接受后，您将获赠异步社区的 100 积分。积分可用于在异步社区兑换优惠券、样书或奖品。

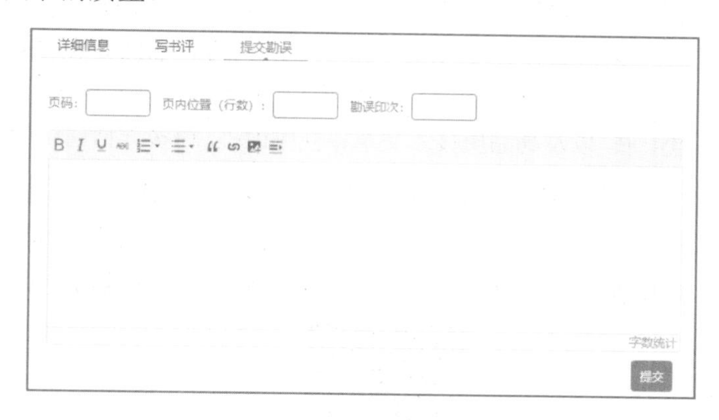

扫码关注本书

扫描下方二维码，您将会在异步社区微信服务号中看到本书信息及相关的服务提示。

与我们联系

我们的联系邮箱是 contact@epubit.com.cn。

如果您对本书有任何疑问或建议，请您发邮件给我们，并请在邮件标题中注明本书书名，以便我们更高效地做出反馈。

如果您有兴趣出版图书、录制教学视频，或者参与图书翻译、技术审校等工作，可以发邮件给我们；有意出版图书的作者也可以到异步社区在线投稿（直接访问 www.epubit.com/selfpublish/submission 即可）。

如果您来自学校、培训机构或企业，想批量购买本书或异步社区出版的其他图书，也可以发邮件给我们。

如果您在网上发现有针对异步社区出品图书的各种形式的盗版行为，包括对图书全部或部分内容的非授权传播，请您将怀疑有侵权行为的链接发邮件给我们。您的这一举动是对作者权益的保护，也是我们持续为您提供有价值的内容的动力之源。

关于异步社区和异步图书

“异步社区”是人民邮电出版社旗下 IT 专业图书社区，致力于出版精品 IT 图书和相关学习产品，为作译者提供优质出版服务。异步社区创办于 2015 年 8 月，提供大量精品 IT 技术图书和电子书，以及高品质技术文章和视频课程。更多详情请访问异步社区官网 https://www.epubit.com。

“异步图书”是由异步社区编辑团队策划出版的精品 IT 专业图书的品牌，依托于人民邮电出版社近 30 年的计算机图书出版积累和专业编辑团队，相关图书在封面上印有异步图书的 LOGO。异步图书的出版领域包括软件开发、大数据、AI、测试、前端、网络技术等。

异步社区

微信服务号

目录

第 1 章 JavaScript 面向对象

自 Web 发展伊始，人们对动态和响应式界面的需求就与日俱增。在静态 HTML 页面上阅读文字的体验差强人意，有了 CSS 辅助之后排版也还算美观。如今，我们还能够在浏览器中使用诸如电子邮件、日历、网银、购物、绘图之类的应用甚至可以玩游戏、编辑文本。这一切都要归功于 JavaScript——为 Web 而生的编程语言。JavaScript 最早只是嵌入在 HTML 中的几行片段，如今它的应用场景已经日趋复杂。开发者利用其面向对象的特性构建起了可复用、易扩展的代码架构。

假如你去回顾一下这些年 Web 开发的流行词汇 DHTML、Ajax、Web 2.0、HTML5，你就会发现它们始终都跳不出 HTML、CSS 以及 JavaScript 这三大块。HTML 搭建内容，CSS 描绘样式，JavaScript 表述行为。换句话讲，JavaScript 正是让复杂 Web 应用中的一切协同运行的“黏合剂”。

然而，不止如此。JavaScript 的能力远不止局限于 Web 领域。

JavaScript 程序需要在某个宿主环境内运行，Web 浏览器是其中非常常见的一种，但还有其他适用场景。使用 JavaScript 你可以编写插件、应用扩展以及各类软件，本书的后续章节都会一一提及。花点时间学习 JavaScript 是非常明智的选择，掌握一种语言，你就能够在包括移动端、服务器端在内的任意平台上编写应用了。如今，我们已经可以很自信地说：JavaScript 无处不在！

本书将从零开始讲起，除了需要对 HTML 有基本的了解，不要求读者具备任何的编程知识。除了有一章专门介绍浏览器环境，本书讨论的 JavaScript 相关知识适用于所有开发环境。

让我们先从下面两个话题开始：

- 简要介绍 JavaScript 的背景故事；
- 在面向对象程序设计中你需要掌握的基本概念。

1.1 回顾历史

起初，所谓的 Web 只不过是一些科学出版物的静态 HTML 文档，它们直接通过超链接简单地联系在一起。这听起来可能难以置信，早期的网页竟然连图像都不支持。但很快，随着 Web 的发展和用户的增长，这些创建 HTML 页面的管理者们的需求也日益增长。他们希望网页能够进行更复杂的用户交互，例如表单验证，以此来减少一些浏览器与服务器端的通信。当时出现了两种解决方案——Java applets 和 LiveScript。其中，LiveScript 是 1995 年由 Netscape 公司的 Brendan Eich 开发的编程语言，Netscape 2.0 浏览器发布之后，它被更名为 JavaScript 并包含于其中。

applets 很快退出了历史舞台，而 JavaScript 延续了下来。这种通过在 HTML 页面中嵌入代码片段来操作页面静态元素的功能在网站管理者社区中广受欢迎。很快，竞品就出现了，微软发布了带有 JScript 的浏览器 Internet Explorer (IE)，它简直就是添加了一些 IE 专有特性的 JavaScript 的翻版。最终，致力于统一不同版本浏览器脚本语言的标准 ECMAScript 诞生了。欧洲计算机制造商协会（ECMA）创建了名为 ECMA-262 的标准，该标准脱离了浏览器和网页的专有特性，规范了 JavaScript 作为独立编程语言的核心部分。

你可以把 JavaScript 理解为以下 3 个部分的统称。

- ECMAScript：语言的核心部分——变量、函数、循环等。这部分是独立于浏览器的，也可以用在其他的环境中。
- 文档对象模型（Document Object Model，DOM）：这部分提供了协同 HTML 或 XML 文档的方法。最初，JavaScript 只提供了有限的访问页面元素的权限，主要是表单、链接和图像。后来，它被扩展到可以操作所有元素。这也使万维网联盟（W3C）创建的 DOM 标准作为独立于语言（不再依赖于 JavaScript）的方式来操作结构化文档。
- 浏览器对象模型（Browser Object Model，BOM）：这是一系列与浏览器环境相关的对象，直到 HTML5 诞生之后，人们才定义了一些浏览器之间通用对象的标准。

虽然本书专门有一章来阐述浏览器、DOM 及 BOM，但大部分内容都在讲述 JavaScript 语言的核心部分，你在这里所学到的 JavaScript 知识基本上可应用于任何

JavaScript 运行环境。

1.1.1 浏览器之争

塞翁失马，焉知非福。JavaScript 在第一次浏览器大战（大约在 1996—2001 年）期间推广迅速。那时正值 Netscape 与 Microsoft 两大浏览器厂商抢占市场份额引发的互联网发展的第一波浪潮中。两家都不断地为各自浏览器中的 JavaScript、DOM 和 BOM 添加五花八门的新特性，这也自然导致了兼容性问题的产生。与此同时，浏览器无法提供相适应的开发工具，文档也严重滞后。这也使开发者工作起来异常痛苦，很多时候你在某一个浏览器当中编写完脚本，测试运行没有问题，本以为大功告成了，在另一个浏览器里却莫名其妙地出错。最后也只能得到类似“操作中止”等不明所以的错误提示。

不一致的实现、不完整的文档、不合适的开发工具，这样光景下的 JavaScript，很多开发者连看都不愿意看一眼。

另一方面，那些愿意尝试 JavaScript 的开发者却又做得过犹不及。他们为页面添加了过多的特效却不考虑最终的实用性。开发者总是迫不及待地尝试浏览器提供的所有特性，使用诸如状态栏动画、变幻的颜色、闪烁的文本、酷炫的光标等事实上有损用户体验的功能。虽然今天已经很少看到对 JavaScript 的如此滥用，但是我们也无法否认这是损害它名声的原因之一。许多“专业的”程序员蔑称 JavaScript 是设计师的玩具，根本不适合拿来开发专业应用。如此也导致很多项目直接禁止使用 JavaScript 编写客户端程序，全部交由更加可控的服务器端处理。说实在的，你何苦浪费几倍的时间去测试不同浏览器之间的兼容性问题呢？

第一次浏览器大战结束之后情况有所改观。以下事件对 Web 开发领域产生了积极的影响。

- 微软凭借 IE6 赢了浏览器之争，IE6 可称得上是当时最好的浏览器了。许多年后它却停止了对 IE 浏览器的开发，这也给了其他浏览器赶上甚至超越 IE 的可乘之机。
- Web 标准化运动自然而然地被开发人员和浏览器厂商所接受。毕竟作为开发者，谁也不想因为不同的浏览器而花费双倍（甚至更多）的开发时间，这促使各方都越来越倾向于遵循统一的开发标准。
- 开发者与技术日趋成熟，更多人也开始考虑诸如可用性、渐进式增强技术以及可访问性等特性。一些例如 Firebug 的开发测试工具的出现也提高了效率，减轻了开发者的痛苦。

在这种更加和谐的环境中，开发者们也利用已有的工具找到了更加优化的开发模式。在一些诸如 Gmail 和 Google Maps 等重客户端编程的应用发布之后，JavaScript 已经可以称得上是一种成熟的、某些方面独特的、拥有强大原型体系的面向对象语言了。最好的例子莫过于对 XMLHttpRequest 对象的重新发现和推广，该对象起初只是一个 IE 独有的特性，但如今它已经得到绝大多数浏览器的支持。XMLHttpRequest 对象允许 JavaScript 通过 HTTP 请求的方式从服务器上获取新的内容，从而实现对页面的局部更新。这样一来，我们就不必每次都刷新整个页面。随着 XMLHttpRequest 对象的广泛应用，一种类桌面式的 Web 应用模式诞生了，我们称其为 Ajax 应用。

1.1.2 了解现状

有意思的是，JavaScript 是依赖于某种宿主环境而运行的。浏览器只是其中的一种。JavaScript 同样可以运行在服务器端、桌面程序以及移动设备上。如今，我们已经能够使用 JavaScript 来实现下面这些功能。

- 开发丰富和功能强大的 Web 应用（在浏览器中运行的应用程序）。例如，HTML5 为我们提供了诸如应用缓存、客户端存储、数据库等功能，这些功能使得越来越多的浏览器支持在线和离线应用。强大的 Chrome 浏览器的 WebKit 内核也提供了对 service worker 以及浏览器推送通知等功能。
- 使用 Node.js 编写服务器端的程序，也可以使用 Rhino（一种用 Java 编写的 JavaScript 引擎）来运行你的 JavaScript 代码。
- 开发移动应用。你可以使用 PhoneGap 或 Titanium 一类的技术来为 iPhone、Android 或其他系统手机及平板电脑开发应用程序。除此之外，例如 Firefox OS 手机操作系统的应用是完全由 JavaScript、HTML、CSS 来编写的。由 Facebook 主导开发的 React Native 也为使用 JavaScript 开发 iOS、Android 甚至 Windows 等平台的原生应用提供了全新的可能。
- 开发富媒体应用。例如 Flash 或 Flex 技术，使用基于 ECMAScript 的 ActionScript 技术等。
- 编写命令行工具或者自动执行任务脚本，你可以在 PC 上使用 Windows Scripting Host（WSH）或者在 Mac 上使用基于 WebKit 的 JavaScriptCore 技术。
- 为许多桌面应用开发扩展或插件，例如 Dreamweaver、PhotoShop 以及大多数浏览器都支持的、用 JavaScript 编写的插件。

- 开发跨平台的桌面应用。例如 Mozilla 的 XULRunner 和 Electron 技术。包含 Slack、Atom 和 Visual Studio Code 在内的许多非常有名的桌面应用都是基于 Electron 技术开发的。
- Emscripten 是一种可以把 C/C++代码编译成 `asm.js` 格式、使其能够在浏览器中运行的技术。
- PhantomJS 一类的测试框架也使用了 JavaScript 作为其编程语言。

这当然不是一个穷尽 JavaScript 所有应用场景的列表。从最早的网页开始，JavaScript 现在几乎可以成熟地被应用在各个地方。除此之外，各大浏览器厂商也在争先恐后地开发更加高效的 JavaScript 引擎，这让用户和开发者都能从中受益，也为 JavaScript 在图像、音视频处理、游戏开发等方面提供了新的可能。

1.1.3 展望未来

未来如何难以想象，但其中一定少不了 JavaScript 的角色。在过去的很长一段时间里，JavaScript 都曾被低估、小觑（或者通过错误的方式被滥用）。但逐渐地，各种使用 JavaScript 开发的有趣且具有创造性的应用与日俱增。这一切都开始于在 HTML 行内嵌入的一些诸如 `onclick` 的简单脚本。如今开发者们已经能够编写出成熟的、设计完整、架构合理且具有可扩展性、使用一套代码可兼容多个平台的应用。JavaScript 这一编程语言发展得越来越严谨，开发者们也开始重新审视并更加能享受它的语言特性。

现在，JavaScript 被摆在了招聘启事中最重要的位置，你对其知识的了解、掌握程度将对你能否应聘成功产生决定性的影响。例如面试中经常会被问到这些问题：JavaScript 是面向对象的编程语言吗？很好，那么你在使用 JavaScript 的时候是如何实现继承的？通过阅读本书，你将能够轻松应对你的 JavaScript 面试，甚至会掌握一些连面试官都不知道的知识点，从而受到他们的青睐。

1.2 ECMAScript 5

最近一次具有里程碑意义的 ECMAScript 的修订是 ECMAScript 5（ES5），于 2009 年 12 月通过 ECMAScript 5 标准已在所有主流浏览器及服务器端技术中实现。

ES5 标准除修订了一些重要的语法上的改变和添加了一些标准库之外，还引入了一些新的构造。

例如，ES5 除了引入一些新的对象与属性，还提供了“严格模式”（strict mode）。所谓严格模式其实就是在 ES5 发布之前，市面上各版本互不兼容的语言的子集。严格模式是可选的，也就是说，选择以严格模式运行的代码段（以函数为单位，或者整个程序）都必须要在其头部作如下声明：

```
"use strict";
```

这其实是一个 JavaScript 字符串。虽然我们并没有将其赋值给某个变量，运行后也不会有什么效果，但它符合 JavaScript 语法。因此不支持 ES5 严格模式的老式浏览器会直接忽略它，然后以普通的 JavaScript 特性对待其后的代码。也就是说，这种严格模式是向后兼容的，使用严格模式不会导致老式浏览器无法运行代码。

出于向后兼容的考虑，本书所有的示例都将遵守 ES3 规则，但同时本书中所有的代码也都能在 ES5 中的严格模式下正常运行，不会有任何警告。另外，本书中专门为 ES5 所写的部分会被清楚地标记出来。而关于 ES5 的新特性，我们在附录 C 中会有详细收录。

ES6 中的严格模式

ES5 中的严格模式是一项可选设置，而在 ES6 中，所有的模块和类都是默认遵循严格模式的。你很快就会了解到，大部分 ES6 的代码使用了模块化的方式编写，因此，严格模式也就相当于默认启用了。然而，在此标准出现之前的其他构造都是没有默认启用严格模式的。在标准制定的过程中，ES 也曾考虑过为一些新的诸如箭头函数（arrow function）和生成器函数（generator function）添加默认的严格模式，但为了保证语言的一致性后续并没有通过。

1.3　ECMAScript 6

ECMAScript 6 版本经过了相当长一段时间才最终在 2015 年 6 月 17 日正式通过。ES6 的新特性也迈着缓慢的步伐，逐步在主流浏览器和服务器端中实现。在实际生产过程中，你可以使用转义器（transpiler）把 ES6 的代码转义成 ES5 代码来解决兼容性问题（后续我们会专门讨论语法转义器）。

ES6 极大地完善了 JavaScript 这一编程语言，带来了令人兴奋的新的语法特性和语言构造。大概来讲，这一版本对 ECMAScript 有两大方面的改动，具体如下。

- 改进现有语法和标准库，例如，类（class）和 Promise。

◆ 添加新的语言特性，如生成器（generator）。

ES6 让你从全新的角度来思考自己的代码。新的语法特性能够让你编写出更加清晰、可维护、不依赖特殊技巧（trick）的代码。语言本身就支持一些之前只能通过第三方库实现的功能。当然这也可能要求你改掉一些旧有的 JavaScript 编程的习惯和思维定式。

注意：ECMAScript 6、ES6、ECMAScript 2015 指同一标准。

1.3.1 ES6 的浏览器支持情况

大多数的浏览器和服务器端框架都在逐步支持 ES6 的新特性，你可以在 GitHub 查看具体的支持情况。

虽然目前 ES6 还没有在所有的运行环境中得到完整的支持，但通过使用转义器我们就能够得到 ES6 的许多新特性了。转义器是一种可以在不同源代码之间相互转换的编译器。ES6 的转义器让你能够将 ES6 的语法编译/转换成对应的 ES5 的语法。这样你的代码就能在对 ES6 支持不完善的浏览器中运行了。

目前应用最广泛的 ES6 转义器是 Babel。在本书中，我们将会使用它来编写和测试代码示例。

1.3.2 Babel

Babel 辅以各类插件可以支持几乎所有 ES6 的特性。你可以在各类系统中、框架上、模板引擎里使用 Babel，它提供了完备的命令行工具以及内置的交互环境（REPL）支持。

你可以在 Babel 官网提供的在线交互环境 Babel REPL 里体验它是如何将 ES6 语法转义 ES5 语法的。

你可以在 Babel REPL 里测试一些简单的 ES6 代码片段。在浏览器中打开上述链接，在左侧面板中输入如下代码：

```
var name = "John", mood = "happy";
console.log(`Hey ${name}, are you feeling ${mood} today?`)
```

当你输入完毕后，就能在右侧面板中看到 Babel 转义 ES6 语法后的结果：

```
"use strict";
var name = "John",
  mood = "happy";
console.log("Hey " + name + ",
```

```
are you feeling " + mood + " today?");
```

以上就是与我们编写的内容相对应的 ES5 语法的代码。Babel REPL 为你提供了一个非常好的体验 ES6 新语法的环境。当然，在实际使用中，我们更希望 Babel 能够自动完成语法转义的工作。为此，你需要在你现有的项目或框架中安装 Babel。

我们首先来安装 Babel 的命令行工具。在这里，我们假设你已经熟悉了 node 和 npm 的使用了。通过 npm 来安装 Babel 非常简单。首先，创建好一个用来测试的工作目录 babel_test，然后通过 npm init 命令来初始化项目，之后使用 npm 来进行安装操作：

```
mkdir babel_test
cd babel_test && npm init
npm install --save-dev babel-cli
```

如果你对 npm 比较熟悉的话，也可以选择全局安装 Babel。当然，我们一般不会这么做。等到安装完成之后，你就能够在 package.json 文件里看到如下的内容：

```
{
  "name": "babel_test",
  "version": "1.0.0",
  "description": "",
  "main": "index.js",
  "scripts": {
    "test": "echo "Error: no test specified" && exit 1"
  },
  "author": "",
  "license": "ISC",
  "devDependencies": {
    "babel-cli": "^6.10.1"
  }
}
```

在开发依赖中看到 Babel 就证明安装成功了。你可以看到开发依赖中已经新增了版本高于 6.10.1 的 Babel 支持。现在你可以通过命令行使用 Babel 或者将它添加到你的项目打包命令中。对于所有的正式项目，你都需要使用后一种方法，在项目构建过程中调用 Babel，你需要在 package.json 文件中添加一步 build 命令：

```
"scripts": {
  "build": "babel src -d lib"
},
```

在你运行 `npm build` 的时候，Babel 会将你 `src` 目录下的代码转义并保存在 `lib` 目录中。当然，你也可以通过命令行来运行：

```
$ ./node_modules/.bin/babel src -d lib
```

在本书的后续内容当中，我们会详细介绍 Babel 的配置和使用。本节简单介绍了 ES6。

1.4 面向对象编程

在深入学习 JavaScript 之前，我们首先要了解一下“面向对象”的具体含义，以及这种编程风格的主要特征。我们列出了一系列在面向对象编程（Object-Oriented Programming，OOP）中最常用到的概念，具体如下：

- 对象、方法、属性；
- 类；
- 封装；
- 聚合；
- 复用与继承；
- 多态。

现在，我们就来详细了解每个概念。当然，如果你在面向对象编程方面是一个新手，或者不能确定自己是否真的理解了这些概念，也不必过于担心。以后我们还会通过一些代码来为你具体分析它们。尽管这些概念说起来好像很复杂、很高级，但一旦我们进入真正的实践，往往就会简单得多。

1.4.1 对象

既然这种编程风格称为面向对象，那么其重点就应该在对象上。而所谓对象，实质上就是指“事物”（包括人和物）在编程语言中的表现形式。这里的“事物”可以是任何东西（如某个客观存在的对象，或者某些较为抽象的概念）。例如，对于猫这种常见对象来说，我们可以看到它们具有某些明确的特征（如颜色、名字、体重等），能执行某些动作（如喵喵叫、睡觉、躲起来、逃跑等）。在 OOP 语义中，这些对象特征称为属性，而这些动作则称为方法。

此外，我们还有一个口语方面的类比[①]。

◆ 对象往往是用名词来表示的（如 book、person）。

◆ 方法一般都是动词（如 read、run）。

◆ 属性值则往往是形容词。

我们可以试一下。例如，在“The black cat sleeps on the mat”这个句子中，“The cat”（名词）是一个对象，“black”（形容词）则是一个颜色属性值，而“sleep”（动词）则代表一个动作，也就是 OOP 语义中的方法。甚至，为了进一步证明这种类比的合理性，我们也可以将句子中的“on the mat”看作动作“sleep”的一个限定条件，因此，它也可以被当作传递给 `sleep` 方法的一个参数。

1.4.2　类

在现实生活中，相似对象之间往往都有一些共同的组成特征。例如，蜂鸟和老鹰都具有鸟类的特征，因此它们可以被统称为鸟类。在 OOP 中，类实际上就是对象的设计蓝图或制作配方。“对象”这个词，我们有时候也叫作“实例”，所以我们可以说老鹰是鸟类的一个实例[②]。我们可以基于同一个类创建出许多不同的对象。因为类更多地是一种模板，而对象则是在这些模板的基础上被创建出来的实体。

但我们要明白，JavaScript 与 C++或 Java 这种传统的面向对象语言不同，它实际上没有类。该语言的一切都是基于对象的，其依靠的是一套原型（prototype）系统。而原型本身实际上也是一种对象，我们后面会再来详细讨论这个问题。在传统的面向对象语言中，我们一般会这样描述自己的做法：“我基于 `Person` 类创建了一个叫作 `Bob` 的新对象。”而在这种基于原型的面向对象语言中，我们则要这样描述：“我将现有的 `Person` 对象扩展成了一个叫作 `Bob` 的新对象。”

1.4.3　封装

封装是另一个与 OOP 相关的概念，其主要用于阐述对象中所包含的内容。对象通常包含（封装）两部分。

◆ 相关的数据（用于存储属性）。

---

① 这里应该特指英文环境，在中文的语言环境中，这种类比或许并不是太合适。——译者注

② 至少在中文环境中，老鹰更像是鸟类的一个子类。希望读者在理解对象与类的关系时，不要过分依赖这种类比。——译者注

◆ 基于这些数据所能做的事（所能调用的方法）。

除此之外，封装这个术语中还有另一层信息隐藏的概念，这完全是另一方面的问题。因此，我们在理解这个概念时，必须要留意它在 OOP 中的具体语境。

以一个 MP3 播放器为例。如果我们假设它是一个对象，那么作为该对象的用户，我们无疑需要一些类似于像按钮、显示屏这样的工作接口。这些接口会帮助我们使用该对象（如播放歌曲之类）。至于它们内部是如何工作的，我们并不清楚，而且大多数情况下也不会关注。换句话说，这些接口的实现对我们来说是隐藏的。同样，在 OOP 中也是如此。当我们在代码中调用一个对象的方法时，无论该对象是来自我们自己的实现还是某个第三方库，我们都不需要知道该方法是如何工作的。在编译型语言中，我们甚至无法查看这些对象的工作代码。由于 JavaScript 是一种解释型语言，因此源代码是可以查看的，但至少在封装概念上它们是一致的，即我们只需要知道所操作对象的接口，而不必去关心它的具体实现。

关于信息隐藏，还有另一方面内容，即方法与属性的可见性。在某些语言中，我们能通过 `public`、`private`、`protected` 这些关键字来限定方法和属性的可见性。这种限定分类定义了对象用户所能访问的层次。例如，`private` 方法只有其所在对象内部的代码才有权访问，而 `public` 方法则是任何人都能访问的。在 JavaScript 中，尽管所有的方法和属性都是 `public` 的，但是我们将会看到，该语言还是提供了一些隐藏数据的方法，以保护程序的隐蔽性。

1.4.4 聚合

聚合，有时候也叫作组合，实际上是指我们将几个现有对象合并成一个新对象的过程。通过聚合这种强有力的方法，我们可以将一个问题分解成多个较小的问题。当一个问题域的复杂程度令我们难以接受时，我们就可以考虑将它分解成若干子问题区，并且必要的话，这些子问题区还可以再继续分解成更小的分区。这样做有利于我们从几个不同的抽象层次来考虑这个问题。

例如，个人计算机是一个非常复杂的对象，我们不可能知道它启动时所发生的全部事情。但如果我们将这个问题的抽象级别降低到一定的程度，只关注它的几个组件对象的初始化工作，例如 `Monitor` 对象、`Mouse` 对象、`Keyboard` 对象等，我们就很容易深入了解这些子对象情况。然后再将这些部分的结果合并起来，之前那个复杂问题就迎刃而解了。

我们还可以找到其他类似情况，例如 `Book` 对象是由一个或多个 `Author` 对象、一个

Publisher 对象、若干 Chapter 对象以及一个 TOC 对象等组合（聚合）而成的对象。

1.4.5 继承

通过继承这种方式，我们可以非常优雅地实现对现有代码的复用。例如，我们有一个叫作 Person 的一般性对象，其中包含一些 name、date_of_birth 之类的属性，以及一些功能性函数，如 walk、talk、sleep、eat 等。然后，当我们发现自己需要一个 Programmer 对象时，当然，这时候你可以再将 Person 对象中所有的方法与属性重新实现一遍，但除此之外还有一种更聪明的做法，即我们可以让 Programmer 继承自 Person，这样就省去了不少工作。因为 Programmer 对象只需要实现属于它自己的那部分特殊功能（例如“编写代码”），而其余部分只需复用 Person 的实现。

在传统的 OOP 环境中，继承通常指的是类与类之间的关系，但由于 JavaScript 中不存在类，因此它的继承只能发生在对象之间。

当一个对象继承自另一个对象时，通常会往其中加入新的方法，以扩展被继承的老对象。我们通常将这一过程称为“B 继承自 A”或者“B 扩展自 A”。另外对新对象来说，它也可以根据自己的需要，从继承的那组方法中选择几个来重新定义。这样做并不会改变对象的接口，因为其方法名是相同的，只不过当我们调用新对象时，该方法的行为与之前的不同了。我们将这种重新定义继承方法的过程叫作覆写。

1.4.6 多态

在之前的例子中，我们的 Programmer 对象继承了上一级对象 Person 的所有方法。这意味着这两个对象都实现了 talk 等方法。现在，我们的代码中有一个叫作 Bob 的变量，即便是在我们不知道它是一个 Person 对象还是一个 Programmer 对象情况下，我们也依然可以直接调用该对象的 talk 方法，而不必担心这会影响代码的正常工作。类似这种不同对象通过相同的方法调用来实现各自行为的能力，我们称为多态。

1.5 OOP 小结

下面，让我们再来回顾一下这些概念（见表 1-1）。

表 1-1

特征描述	相应概念
Bob 是一个男人（后者是一个对象）	对象
Bob 出生于 1980 年 6 月 1 日、男性、黑头发	属性
Bob 能吃饭、睡觉、喝水、做梦以及记录自己的年龄	方法
Bob 是 `Programmer` 类的一个实例	传统 OOP 中的类
Bob 是一个由 `Programmer` 对象扩展而来的新对象	基于原型 OOP 中的原型对象
Bob 对象中包含了数据（如 `birth_date`）和基于这些数据的方法（如 `calculateAge()`）	封装
我们不需要知道其记录年龄的方法是如何实现的。对象通常都可以拥有一些私有数据，例如闰年二月的天数，我们就不知道，而且也不会想知道	信息隐藏
Bob 只是整个 `WebDevTeam` 对象的一部分，此外开发团队对象还包含一个 `Designer` 对象 Jill，以及一个 `ProjectManager` 对象 Jack	聚合、组合
`Designer`、`ProjectManager`、`Programmer` 都是分别扩展自 `Person` 对象的新对象	继承
我们可以随时调用 Bob、Jill 和 Jack 这 3 个对象各自的 `talk` 方法，它们都可以正常工作，尽管这些方法会产生不同的结果（如 Bob 可能谈得更多的是代码的性能，Jill 更倾向于谈代码的优雅性，而 Jack 强调的是最后期限）。总之，每个对象都可以重新定义它们的继承方法 `talk`	多态、方法覆写

1.6　配置练习环境

在这本书中，凡涉及代码的部分我们都强调“自己动手”，因为在我们的理念中，学好一门编程语言最好的途径就是不停地编写代码。因此，这里将不提供任何可供你直接复制/粘贴的代码下载。恰恰相反，我们必须让你亲自来输入代码，并观察它们是如何工作的，思考需要做哪些调整，这样周而复始地利用它们。因而，当你想尝试这些代码示例时，我们建议你使用 JavaScript 控制台这一类的工具。下面就让我们来看看这些工具是如何使用的。

对于开发人员来说，机器上应该大多已安装了一些 Web 浏览器了，例如 Firefox、Safari、

Chrome 或 Internet Explorer。而所有现代浏览器中都应该自带了 JavaScript 控制台组件，该组件是我们在阅读本书过程中始终会用到的东西，是帮助你进行语言学习和实验的环境。更具体地说，尽管本书用的是 WebKit 的控制台（Safari 和 Chrome 都支持该控制台），但书中的这些示例在任何控制台上都是能正常工作的。

1.6.1 WebKit 开发者工具

图 1-1 展示了如何在控制台中通过输入代码的方式将 Google 主页上的图标换成我们自己指定的图片。如你所见，我们可以在任何页面上测试这段 JavaScript 代码。

图 1-1

在 Chrome 和 Safari 中，你可以通过右键单击相关页面，并选择“审查元素”来打开控制台。然后 Web 审查工具就会出现在下面的弹出窗口中。选择其标签栏上的“控制台”标签，就来到了真正的控制台界面中。

然后，我们直接在控制台中输入代码，按 Enter 键，代码就会被执行。其返回值也会在控制台中被打印出来。代码会在当前页面的环境中运行，所以，如果你在其中输入 `location.href`，控制台就会返回当前页面的 URL。除此之外，该控制台还有一个自动完成功能，其工作方式与我们平时所用的操作系统命令行类似。例如，如果我们在其中输入 `docu`，然后按 Tab 键，`docu` 就会被自动补全为 `document`。这时如果再继续输入一个“.”（点操作符），我们就可以通过重复按 Tab 键的方式来遍历 `document` 对象中所有可调用的方法和属性。

另外通过上下箭头键，我们还可以随时从相关列表中找回已经执行过的命令，并在控制台中重新执行它们。

通常情况下，控制台只提供单行输入，但我们可以用分号作为分隔符来执行多个 JavaScript 语句。如果你需要输入更多行代码的话，也可以通过按组合键 Shift+Enter 来实现换行，在这种情况下代码不会被立即执行。

1.6.2 Mac 上的 JavaScriptCore

在 Mac 上，我们不用浏览器也可以通过终端来执行 JavaScript。

如果你之前没有使用过终端，可以通过 Spotlight 找到它。打开终端之后，在其中输入：

```
alias jsc='/System/Library/Frameworks/JavaScriptCore.framework/Versions/
Current/Resources/jsc'
```

该命令为 JSC（即 JavaScriptCore）设置了一个别名。JSC 其实是 WebKit 引擎的一部分。Mac 系统自带该引擎。

我们也可以直接将这个 `alias` 命令放入`~/.profile` 文件，这样每次打开终端时，都可以通过 `jsc` 这个别名来启动 JavaScriptCore 了。

现在，终端在任何目录下都可以通过直接输入 `jsc` 来打开其交互环境了。然后你可以在其中输入相关的 JavaScript 表达式。当你按 Enter 键之后，表达式的结果就会被显示出来，如图 1-2 所示。

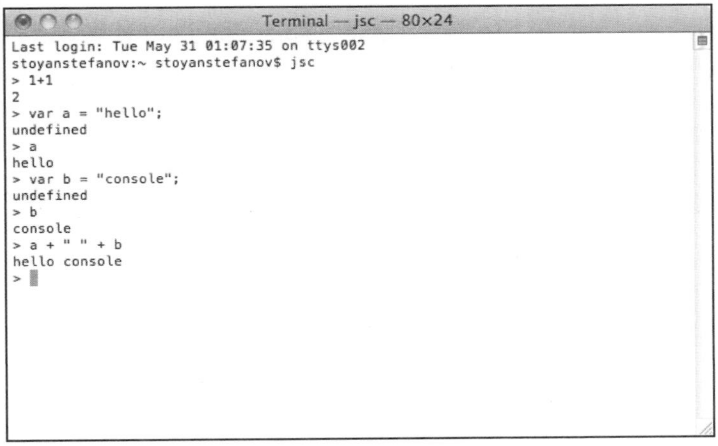

```
Terminal — jsc — 80×24
Last login: Tue May 31 01:07:35 on ttys002
stoyanstefanov:~ stoyanstefanov$ jsc
> 1+1
2
> var a = "hello";
undefined
> a
hello
> var b = "console";
undefined
> b
console
> a + " " + b
hello console
>
```

图 1-2

1.6.3 其他控制台

如今，几乎所有现代浏览器都有自带的控制台。除了之前提到的 Chrome 及 Safari 的控制台，Firefox 浏览器的所有版本也都能安装 Firebug 组件，该组件中也有一个控制台。另外，新版的 Firefox 中也有一个自带的控制台，你可以通过菜单栏的工具→Web 开发者→Web 控制台来打开它，如图 1-3 所示。

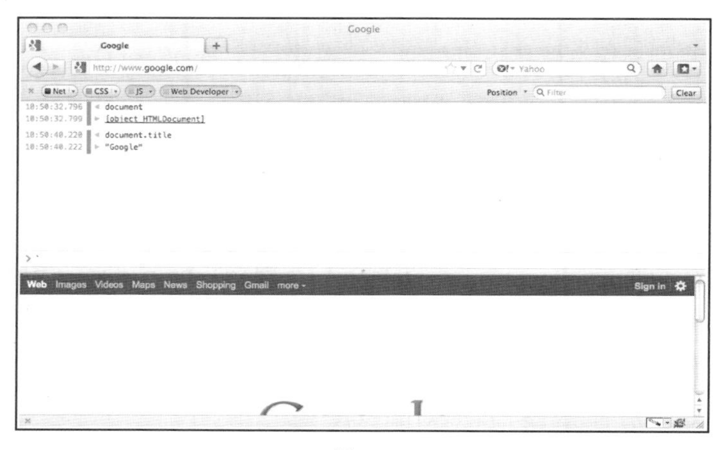

图 1-3

Internet Explorer 从第 8 版开始，只要按 F12 键就可以打开开发者工具组件。打开组件，单击 Script 标签栏就可进入控制台。

另外，通过 `Node.js` 的交互环境来学习 JavaScript 也是一个不错的选择。你可以从 Node 官网中获取并安装 `Node.js`，然后在终端中尝试其控制台，如图 1-4 所示。

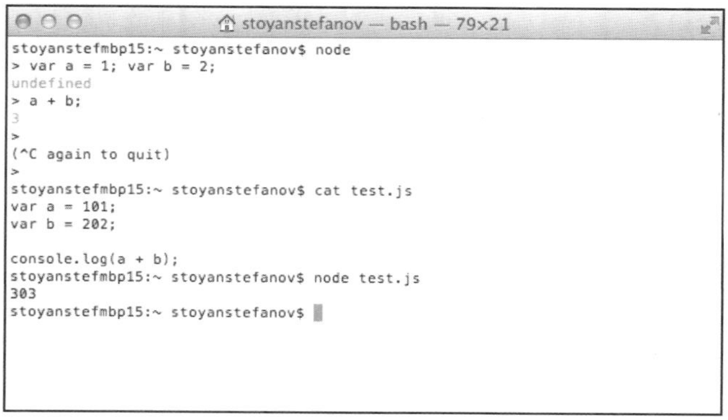

```
stoyanstefanov — bash — 79×21
stoyanstefmbp15:~ stoyanstefanov$ node
> var a = 1; var b = 2;
undefined
> a + b;
3
>
(^C again to quit)
>
stoyanstefmbp15:~ stoyanstefanov$ cat test.js
var a = 101;
var b = 202;

console.log(a + b);
stoyanstefmbp15:~ stoyanstefanov$ node test.js
303
stoyanstefmbp15:~ stoyanstefanov$
```

图 1-4

如你所见，我们既可以用 Node.js 的控制台测试一些小型示例，也可以写一些较长的 shell 脚本（如图 1-4 中的 test.js），然后以 scriptname.js 的形式在 Node.js 的终端中执行。

Node REPL 是非常强大的开发者工具，你可以在命令行里输入 node 来开启它并测试 JavaScript 代码：

```
node
> console.log("Hellow World");
Hellow World
undefined
> a=10, b=10;
10
> console.log(a*b);
100
undefined
```

1.7 小结

在这一章中，我们首先介绍了 JavaScript 语言的发展历程和现状。然后，对面向对象程序设计的概念进行了一些基本论述。接着，我们详细阐述了为什么 JavaScript 不是传统的基于类的面向对象语言，而是一套独特的原型系统。现在，你已经为下一步深入学习 JavaScript 语言、掌握其面向对象特性打下了一定的基础，但让我们一步步来。

在第 2 章中，我们将会介绍 JavaScript 的数据类型（JavaScript 的数据类型非常少），以及条件、循环语句和数组。如果你确信自己已经掌握了这些知识，并且对该章末尾的那几个小练习完全没有疑问的话，那么就请自行跳过第 2 章吧。

第 2 章
基本数据类型、数组、循环及条件表达式

在深入学习 JavaScript 的面向对象特性之前，我们首先要了解一些基础知识。在这一章中，我们将会从以下几个方面入手。

- JavaScript 中的基本数据类型，如字符串和数字等。
- 数组。
- 常用操作符，例如+、-、`delete`、`typeof` 等。
- 控制流语句，如循环和 `if...else` 条件表达式等。

2.1 变量

通常，变量都是用来存储数据的，即它是存放具体数值的容器。当我们编写程序时，用变量来表示实际数据会更方便些。尤其是当我们需要多次使用某个数据时，使用变量 `pi` 显然要比直接写数值 `3.141 592 653 589 793` 方便得多。而且，之所以称它们为“变”量，就是因为它们所存储的数据在初始化之后仍然是可以改变的。另外，在编写代码时我们往往也可以用变量来代表某些程序运行前尚未知的数据，例如某个计算的结果。

变量的使用通常可分为以下两个步骤。

◆ 声明变量。

◆ 初始化变量，即给它赋一个初始值。

我们可以使用 var 语句来声明变量，像这样：

```
var a;
var thisIsAVariable;
var _and_this_too;
var mix12three;
```

变量名可以由字母、数字、下划线及美元符号等组合而成，但不能以数字开头，像下面这样是不允许的：

```
var 2three4five;
```

而所谓的变量初始化，实际上指的是对变量的第一次赋值。我们有以下两种选择。

◆ 先声明变量，再初始化。

◆ 声明变量与初始化同时进行。

下面是后一种选择的例子：

```
var a = 1;
```

这样，我们就声明了一个名为 a、值为 1 的变量。

另外，我们也可以在单个 var 语句中同时声明（并初始化）多个变量，将它们用逗号分开即可，例如：

```
var v1, v2, v3 = 'hello', v4 = 4, v5;
```

有时候出于代码可读性方面的考虑，我们可能还会这样写：

```
var v1,
    v2,
    v3 = 'hello',
    v4 = 4,
    v5;
```

变量名中的$符号

变量名中可以使用美元符号$，如$myvar。你的品味还可以更独特一点，my$var。按照变量命名规范，美元符号允许出现在任意位置，但其实旧版的 ECMA 标准是不鼓励使用美元符号命名变量的，它只建议在生成的代码（即由其他程序输出的代码）中使用。但显然 JavaScript 社区并没有接受该建议，在实际项目中，以单独一个$为函数名的做法比比皆是。

区分大小写

在 JavaScript 语言中，变量名是区分大小写的。为了验证这一点，我们可以在 JavaScript 控制台中测试下列语句（每输入一行按一次 Enter 键）：

```
var case_matters = 'lower';
var CASE_MATTERS = 'upper';
case_matters;
CASE_MATTERS;
```

为了减少按键的次数，在输入第三行时，我们可以先键入 `case` 然后按 Tab 键（或右方向键），控制台会自动将其补全为 `case_matters`。最后一行也是如此，我们只需先输入 `CASE` 然后直接按 Tab 键。输入完成之后，最终结果如图 2-1 所示。

为方便起见，以后我们将用代码形式来代替截图。图 2-1 的例子可以表示如下：

```
> var case_matters = 'lower';
> var CASE_MATTERS = 'upper';
> case_matters;
"lower"

> CASE_MATTERS;
"upper"
```

如你所见，大于号（>）之后的内容就是我们输入的代码，而其余部分则是控制台输出的结果。需要强调的是，每当你看到此类示例时，强烈建议你亲自输入代码，然后可以进行一些实验性质的微调。这样才能有助于你更好地理解语言的工作方式。

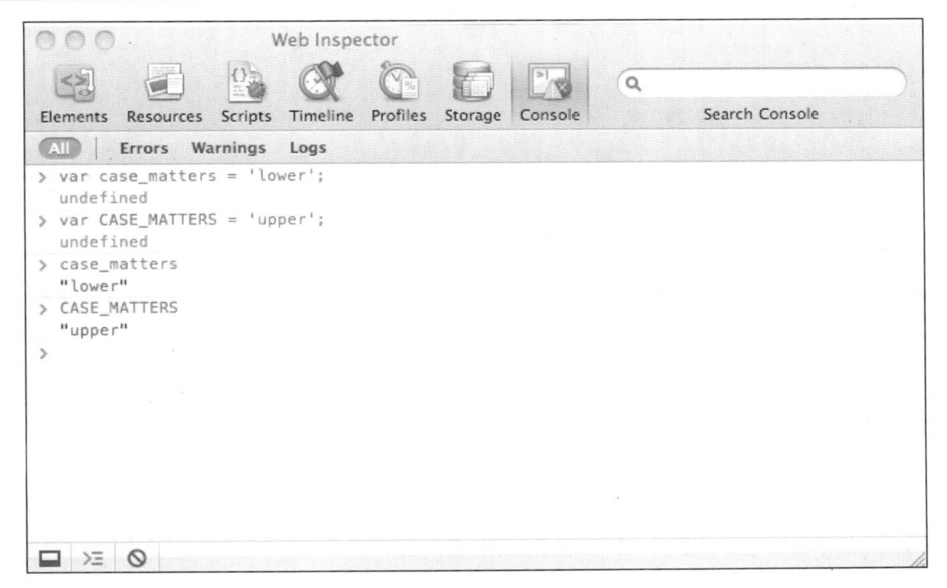

图 2-1

读者有时可能会看到某个表达式在控制台中的输出结果为 undefined。在大多数情况下这是完全可以忽略的。但你有没有想过，为什么这些表达式会输出 undefined 呢？那是因为控制台在执行完我们输入的表达式之后，总是要输出该表达式的运行结果。但有一些表达式（例如 var a = 1;）是没有任何返回值的。在这种情况下，控制台就会隐式打印一个 undefined。相反，当一个表达式确实有返回值时，如之前的例子中的 case_matters 或是 1+1 之类的表达式，控制台就会将该表达式的实际返回值打印出来。当然，并不是所有的控制台都会在没有返回值时打印 undefined 值，例如 Firebug 控制台就不会这样做。

2.2 操作符

所谓操作符，通常指的是能对一个或两个值（或变量）执行某种操作，并返回结果的符号。为了更清晰地表达该术语的含义，我们先来看一个具体的示例：

```
> 1 + 2;
3
```

这段代码包含了以下几点信息。

- +是一个操作符。
- 该操作是一个加法运算。
- 输入值为 1 和 2（输入值也称为操作数）。
- 结果值为 3。
- 1 + 2 这个整体称为表达式。

在上述表达式中，1 和 2 都是直接参与加法运算的。接下来我们要将它们换成变量，并再另外声明一个变量来存储运算结果。具体如下：

```
> var a = 1;
> var b = 2;
> a + 1;
2

> b + 2;
4

> a + b;
3

> var c = a + b;
> c;
3
```

在表 2-1 中，我们列出了一些基本的算术运算符。

表 2-1

操作符	相关操作	代码示例
+	加法运算	> 1 + 2; **3**
-	减法运算	> 99.99 - 11; **88.99**
*	乘法运算	> 2 * 3; **6**
/	除法运算	> 6 / 4; **1.5**
%	取模运算，即求除法运算的余数	> 6 % 3; **0** > 5 % 3; **2** 取模运算对于测试一个整数的奇偶性很有用处，只需要让该数对 2 执行取模运算，返回 1 为奇数，返回 0 则为偶数 > 4 % 2; **0** > 5 % 2; **1**
++	自增 1 运算	后置的++操作会先返回该值，然后再增 1 > var a = 123; > var b = a++; > b; **123** > a; **124** 前置的++操作会先将值增 1，然后再返回 > var a = 123; > var b = ++a; > b; **124** > a; **124**
--	自减 1 运算	后置的--操作 > var a = 123; > var b = a--; > b; **123** > a; **122** 前置的--操作 > var a = 123; > var b = --a; > b; **122** > a; **122**

事实上，当我们输入 `var a = 1;`这样的语句时，所执行的也是一种独立的操作。这种操作是纯赋值操作，因而=也称为简单赋值操作符（simple assignment operator）。

除此之外，JavaScript 中还有一组由算术运算符和赋值操作符组合而成的操作符。我们称它们为复合操作符（compound operator）。这些操作符能让我们的代码显得更为紧凑。下面来看几个示例：

```
> var a = 5;
> a += 3;
8
```

在该例中，`a += 3;`实际上相当于 `a = a + 3;`的缩写形式。

```
> a -= 3;
5
```

同理，上面的 `a -= 3;` 相当于 `a = a - 3;`。

以此类推：

```
> a *= 2;
10
> a /= 5;
2
> a %= 2;
0
```

除了我们已经提到的算术运算符与赋值操作符以外，JavaScript 中还有其他各种类型的操作符，我们将会在后面的章节中陆续看到。

最佳实践

表达式应始终是以分号为结束符的。尽管 JavaScript 本身设有分号补全机制，即如果你忘了在某行表达式之后添加分号，该位置就会被隐式地补上一个分号，但这种机制同时也是出错的主要来源之一。所以，最好还是我们自己要记得在表达式结束之后明确地用分号来结束该表达式。换句话说，虽然`> 1 + 1` 与`> 1 + 1;`都属于合法的表达式，但为了强调这一良好的编程习惯，本书将一律采用后一种形式。

2.3 基本数据类型

我们在程序中所使用的任何值都是有类型的。JavaScript 仅有以下几大基本数据类型。

1. 数字——包括浮点数与整数，例如，1、100、3.14。

2. 字符串——包括由任意数量字符组成的序列，例如："a"、"one"、"one 2 three"。

3. 布尔值——包括 true 和 false。

4. undefined——当我们试图访问一个不存在的变量时，就会得到一个特殊值：undefined。除此之外，使用已声明却未赋值的变量也会如此，因为 JavaScript 会自动将变量在初始化之前的值设为 undefined。而 undefined 数据类型的值只有一个——undefined。

5. null——这是另一种只包含一个值的特殊数据类型。所谓的 null 值，通常是指没有值或空值，不代表任何东西。null 与 undefined 最大的不同在于，被赋值为 null 的变量通常被认为是已经定义了的，只不过它不代表任何东西。关于这一点，我们稍后会通过一些具体的示例来解释。

任何不属于上述 5 种基本数据类型的值都会被认为是一个对象。甚至有时候我们也会将 null 视为对象，这听起来有些尴尬——这是一个不代表任何东西的对象（东西）。我们将会在第 4 章中深入阐述对象的概念，现在我们只需要记住一点，JavaScript 中的数据类型主要分为以下两个部分。

- 基本数据类型（上面列出的 5 种类型）。
- 非基本数据类型（即对象）。

2.3.1 查看类型操作符——typeof

如果我们想知道某个变量或值的类型是什么，可以调用特殊操作符 typeof。该操作符会返回一个代表数据类型的字符串，以下是其可能返回的结果：

- "number"；
- "string"；
- "boolean"；

◆ "undefined";

◆ "object";

◆ "function"。

在接下来的几节中，我们将会在例子中逐一对 5 种基本数据类型使用 typeof 操作。

2.3.2　数字

最简单的数字类型当然就是整数了。如果我们将一个变量赋值为 1，并对其调用 typeof 操作符，控制台就会返回字符串"number"：

```
> var n = 1;
> typeof n;
"number"
> n = 1234;
> typeof n;
"number"
```

该例中有一点值得注意，即在第二次设置变量的值时，无须再用到 var 语句了。

浮点数（即含小数部分的数字）显然也是数字类型的一种：

```
> var n2 = 1.23;
> typeof n2;
"number"
```

当然，我们也可以直接对一个数值调用 typeof，并非一定得要事先将其赋值给变量。

```
> typeof 123;
"number"
```

1. 八进制数与十六进制数

当一个数字以 0 开头时，就表示这是一个八进制数。例如，八进制数 0377 所代表的就是十进制数 255。

```
> var n3 = 0377;
> typeof n3;
"number"

> n3;
```

```
255
```

如你所见，例子中最后一行所输出的就是该八进制数的十进制表示形式。

ES6 提供了一种使用 `0o`（或 `0O`，这在一些等宽字体中很难区分）前缀的语法来表示八进制数，例如：

```
console.log(0o776); //510
```

或许你对八进制数还不太熟悉，但十六进制数你应该不会感到陌生，因为 CSS 样式表中的颜色值在大多数情况下就是用十六进制数定义的。

在 CSS 中，我们有好几种方式定义颜色，其中的两种方式如下。

- 使用十进制数分别指定 R（红）、G（绿）、B（蓝）的值[①]，取值范围都为 0～255。例如 rgb(0,0,0)代表黑色、rgb(255,0,0)代表红色（红色达到最大值，而绿色和蓝色都为 0 值）。
- 使用十六进制数，两个数位代表一种色值，依次是 R、G、B。例如#000000 代表黑色、#ff0000 代表红色，因为十六进制的 ff 就等于 255。

在 JavaScript 中，我们会用 `0x` 前缀来表示一个十六进制值（hexadecimal value，简称为 hex）。

```
> var n4 = 0x00;
> typeof n4;
"number"

> n4;
0

> var n5 = 0xff;
> typeof n5;
"number"

> n5;
255
```

① 三原色模式（RGB color model）是一种加色模型，指用 3 种原色——红色、绿色和蓝色的色光以不同的比例相加，可产生多种多样的色光。——译者注

2. 二进制表示法

在 ES6 之前，当你想要使用二进制形式表示整数时，都需要使用到 parseInt()方法，并传入 2 作为进制数：

```
console.log(parseInt('111',2)); //7
```

在 ES6 中，你可以加上 0b（或 0B）前缀来表示二进制整数，例如：

```
console.log(0b111); //7
```

3. 指数表示法

一个数字可以表示成 1e1（或者 1e+1、1E1、1E+1）这样的指数形式，意思是在数字 1 后面加 1 个 0，也就是 10。同理，2e+3 的意思是在数字 2 后面加 3 个 0，也就是 2000。例如：

```
> 1e1;
10

> 1e+1;
10

> 2e+3;
2000

> typeof 2e+3;
"number"
```

此外，我们也可以将 2e+3 理解为将数字 2 的小数点向右移三位。同理，2e-3 也就能被理解是将数字 2 的小数点向左移三位，如图 2-2 所示。

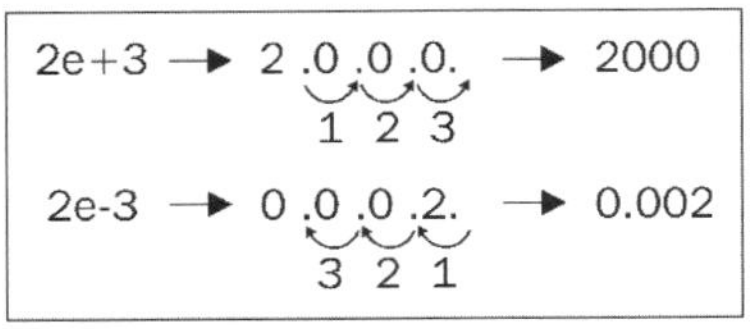

2e+3 → 2.0.0.0. → 2000
1 2 3
2e-3 → 0.0.0.2. → 0.002
3 2 1

图 2-2

例如：

```
> 2e-3;
```

```
0.002

> 123.456E-3;
0.123456

> typeof 2e-3;
"number"
```

4. Infinity

在 JavaScript 中，还有一种称为 Infinity 的特殊值。它所代表的是超出了 JavaScript 处理范围的数值。但 Infinity 依然是一个数字，我们可以在控制台输入 typeof Infinity 来证实。当我们输入 1e308 时，一切正常，但一旦将后面的 308 改成 309 就超出范围了。实践证明，JavaScript 所能处理的最大值为 1.7976931348623157e+308，最小值为 5e-324。例如：

```
> Infinity;
Infinity

> typeof Infinity;
"number"

> 1e309;
Infinity

> 1e308;
1e+308
```

另外，任何数除以 0 的结果也为 Infinity：

```
> var a = 6 / 0;
> a;
Infinity
```

Infinity 表示的是最大数（或者比最大数还要大的数），那么最小数该如何表示呢？答案是在 Infinity 之前加一个负号：

```
> var i = -Infinity;
> i;
-Infinity
```

```
> typeof i;
"number"
```

这是不是意味着我们可以得到双倍的 Infinity 呢？毕竟我们可以从 0 加到 Infinity，也可以从 0 减到-Infinity。事实上这是不可能的，因为即便将 Infinity 和-Infinity 相加，我们也不会得到 0，而是会得到一个称为 NaN（Not A Number 的缩写，即不是数字）的东西。例如：

```
> Infinity - Infinity;
NaN

> -Infinity + Infinity;
NaN
```

另外，Infinity 与其他任何操作数执行任何算术运算的结果也都等于 Infinity，例如：

```
> Infinity - 20;
Infinity

> -Infinity * 3;
-Infinity

> Infinity / 2;
Infinity

> Infinity - 99999999999999999;
Infinity
```

5. NaN

还记得之前见过的那个 NaN 吗？尽管该值的名字叫作“不是数字”，但事实上它依然是数字，只不过是一种特殊的数字罢了：

```
> typeof NaN;
"number"

> var a = NaN;
> a;
NaN
```

如果我们在算术运算中使用了不恰当的操作数，导致运算失败，该运算就会返回 NaN。例如当我们试图让数字 10 与字符"f"相乘时，结果就为 NaN，因为"f"显然是不支持乘法运算的。

```
> var a = 10 * "f";
> a;
NaN
```

而且 NaN 是有“传染性”的，只要我们的算术运算中存在一个 NaN，整个运算就会失败，例如：

```
> 1 + 2 + NaN;
NaN
```

Number.isNaN

ES5 中包含一个用来判断某个值是否为 NaN 的全局方法 isNaN()。ES6 提供了一个类似的方法 Number.isNaN()（要注意这不再是全局方法了）。

这两个方法之间的区别是，isNaN()方法会在判断前将非数字类型的传入值进行类型转换。我们还是来看具体的示例，首先使用 ES6 提供的方法 Number.isNaN()来进行判断：

```
console.log(Number.isNaN('test')); //false : 字符串不是 NaN
console.log(Number.isNaN(123)); //false : 整数不是 NaN
console.log(Number.isNaN(NaN)); //true : NaN 是 NaN
console.log(Number.isNaN(123/'abc'));//true:123/'abc'结果是一个 NaN
```

而 ES5 中的全局方法 isNaN()则会先尝试对传入值进行类型转换，之后再进行比较，所以结果可能会和上面的方法不同：

```
console.log(isNaN('test')); //true
```

总体上讲，Number.isNaN()方法的判断结果要更准确一些。但是这两个方法都无法用来判断某个值是否为数字类型，它们只是将传入值与特殊值 NaN 进行比较而已。如果你想进行准确的判断，Mozilla 推荐使用以下的方法：

```
function isNumber(value) {
  return typeof value==='number' && !Number.isNaN(value);
}
```

Number.isInteger

ES6还提供了一个判断传入值是否为整数的方法，当传入值为有限值且不包含小数（即整数）时返回 true：

```
console.log(Number.isInteger('test')); //false
console.log(Number.isInteger(Infinity)); //false
console.log(Number.isInteger(NaN)); //false
console.log(Number.isInteger(123)); //true
console.log(Number.isInteger(1.23)); //false
```

2.3.3 字符串

字符串通常指的是用于表示文本的字符序列。在 JavaScript 中，一对双引号或单引号之间的任何值都会被视为一个字符串。也就是说，如果说 1 是一个数字的话，那么"1"就是一个字符串了。在一个字符串前使用 typeof 操作符会返回"string"，例如：

```
> var s = "some characters";
> typeof s;
"string"

> var s = 'some characters and numbers 123 5.87';
> typeof s;
"string"
```

字符串中可以包含数字，例如：

```
> var s = '1';
> typeof s;
"string"
```

如果引号之间没有任何东西，它所表示的依然是一个字符串（即空字符串）：

```
> var s = ""; typeof s;
"string"
```

在之前的内容中，当我们在两个数字之间使用加号时，所执行的是加法运算，但在字符串中，这是一个字符串拼接操作，它返回的是两个字符串拼接之后的结果。例如：

```
> var s1 = "web";
> var s2 = "site";
> var s = s1 + s2;
> s;
```

```
"website"

> typeof s;
"string"
```

像+这样的双功能操作符可能会带来一些错误。因此，我们如果想执行拼接操作的话，最好确保其所有的操作数都是字符串。同样地，在执行数字相加操作时，我们也要确保其所有的操作数都是数字。至于如何做到这一点，我们将会在后续章节中详细讨论。

1. 字符串转换

当我们将一个数字字符串用于算术运算中的操作数时，该字符串会在运算中被当作数字类型来使用。（由于加法操作符的歧义性，这条规则不适用于加法运算。）例如：

```
> var s = '1';
> s = 3 * s;
> typeof s;
"number"

> s;
3

> var s = '1';
> s++;
> typeof s;
"number"

> s;
2
```

于是，将数字字符串转换为数字就有了一种偷懒的方法：只需将该字符串与 1 相乘。（当然，更好的选择是调用 parseInt()函数，关于这点，我们将会在下一章中介绍。）

```
> var s = "100";typeof s;
"string"

> s = s * 1;
100

> typeof s;
"number"
```

如果转换操作失败了，我们就会得到一个 NaN：

```
> var movie = '101 dalmatians';
> movie * 1;
NaN
```

你可以通过将字符串乘以 1 从而将它转换为数字。此外，将其他类型转换为字符串也有一种偷懒的方法，只需将其与空字符串相加：

```
> var n = 1;
> typeof n;
"number"
> n = "" + n;
"1"

> typeof n;
"string"
```

2. 特殊字符串

在表 2-2 中，我们列出了一些具有特殊含义的字符串。

表 2-2

字符串	含　义	示　例

`\\`
`\'`
`\"`
	\是转义字符
	当我们想要在字符串中使用引号时，必须对它们进行转义，这样 JavaScript 就不会将其认作字符串的终止符
	同理，当我们需要在字符串中使用反斜杠本身时，也需要用另一个反斜杠对其进行转义
		`> var s = 'I don't know';`
		这样做是错误的，因为 JavaScript 会将 `I don` 视为字符串，而其余部分则将会被视为无效代码。正确做法如下：
		`> var s = 'I don\'t know';`
		`> var s = "I don't know";`
		`> var s = "I don't  know";`
		`> var s = '"Hello", he said.';`
		`> var s = "\"Hello\", he said.";`
		转义转义字符本身：
		`> var s = "1\\2"; s;`
		"1\2"

续表

<table>
<tr><th>字符串</th><th>含 义</th><th>示 例</th></tr>
<tr><td>\n</td><td>换行符</td><td><pre>> var s = '\n1\n2\n3\n';
> s;
"
1
2
3
"</pre></td></tr>
<tr><td>\r</td><td>回车符</td><td>以下所有语句：<pre>> var s = '1\r2';
> var s = '1\n\r2';
> var s = '1\r\n2';</pre>结果都为：<pre>> s;
"1
2"</pre></td></tr>
<tr><td>\t</td><td>制表符</td><td><pre>> var s = "1\t2";
> s ;
"1 2"</pre></td></tr>
<tr><td>\u</td><td>\u 后面的字符将会被视为 Unicode 码</td><td>下面是作者的名字在保加利亚语中用西里尔字母的拼写：<pre>> "\u0421\u0442\u043E\u044F
\u043D";
"Стоян"</pre></td></tr>
</table>

除此之外，还有一些很少被使用的特殊字符，例如：\b（退格符）、\v（纵向制表符）、\f（换页符）等。

3. 模板字符串

ES6 中加入了模板字符串功能。如果你对其他一些编程语言有所了解，那么你应该知道，ES6 中的模板字符串功能与 Perl 或 Python 当中的模板字符串功能类似。模板字符串允许你在通常的字符串之间插入表达式。关于模板字符串 ES6 提供了两种字面量：模板字面量和标签字面量。

模板字面量（template literal）是指嵌有表达式的单行或多行的字符串。例如，你肯定曾经写过类似的代码：

```
var log_level="debug";
var log_message="meltdown";
console.log("Log level: "+ log_level +
  " - message : " + log_message);
//Log level: debug - message : meltdown
```

你也可以使用模板字面量进行更简洁的表达：

```
console.log(`Log level: ${log_level} - message: ${log_message}`)
```

要注意模板字面量使用的是反引号（``）而不是单引号或双引号。字符串中间的表达式则以$字符开始并用大括号包裹（${expression}）。它们默认会被整合成为一个字符串。下面是一个在模板字面量中使用表达式的示例：

```
var a = 10;
var b = 10;
console.log(`Sum is ${a + b} and Multiplication would be ${a * b}.`);
//Sum is 20 and Multiplication would be 100.
```

那么模板字面量中函数又是如何调用的呢？

```
var a = 10;
var b = 10;
function sum(x,y){
  return x+y
}
function multi(x,y){
  return x*y
}
console.log(`Sum is ${sum(a,b)} and Multiplication
  would be ${multi(a,b)}.`);
```

模板字面量同样也能够简化多行字符串的写法，你不需要再像以前一样：

```
console.log("This is line one \n" + "and this is line two");
```

你可以通过更清晰的语法来使用模板字面量，如下：

```
console.log(`This is line one and this is line two`);
```

ES6 提供的另外一种字面量称为标签字面量（tagged template literal）。标签字面量允许你用自定义的函数来格式化模板字符串。你可以通过在模板字符串之前添加函数名作为前缀来使用标签字面量，这一前缀表示将要被调用的函数。标签字面量中的函数需要提前定义才可使用，例如：

```
transform`Name is ${lastname}, ${firstname} ${lastname}`
```

这种语法实际上会被转义成：

```
transform([["Name is ", ", ", " "],firstname, lastname]
```

我们称其中的 `transform` 为标签函数，它接收字符串模板（如 `Name is`）及后续的变量表达式（由`$`行定义）作为参数，而参数代表的具体值在运行时才会确定，我们先试着实现一个 `transform` 函数作为示例：

```
function transform(strings, ...substitutes){
  console.log(strings[0]); //"Name is"
  console.log(substitutes[0]); //Bond
}
var firstname = "James";
var lastname = "Bond"
transform`Name is ${lastname}, ${firstname} ${lastname}`
```

在标签函数中你能够获取到模板字符串的两种形式：

- 原始的模板字符串；
- 转义后的字符串内容。

你可以通过 `raw` 属性来获取模板字符串的原始内容：

```
function rawTag(strings,...substitutes){
  console.log(strings.raw[0])
}
rawTag`This is a raw text and \n are not treated differently`
//This is a raw text and \n are not treated differently
```

2.3.4　布尔值

布尔类型中只有两种值：true 和 false。使用它们时不需要加引号。

```
> var b = true;
> typeof b;
"boolean"
> var b = false;
> typeof b;
"boolean"
```

如果 true 或 false 在引号内，它就是一个字符串，例如：

```
> var b = "true";
> typeof b;
"string"
```

1．逻辑运算符

JavaScript 中有 3 种逻辑运算符，它们都属于布尔运算，分别是：

- !——逻辑非（取反）；
- &&——逻辑与；
- ||——逻辑或。

我们知道，如果某事为非真，它就为假。在 JavaScript 中，如果我们想描述某事物的非真状态，就可以考虑使用逻辑非运算符：

```
> var b = !true;
> b;
false
```

而如果我们对 true 执行两次逻辑非运算的话，其结果就等于原值：

```
> var b = !!true;
> b;
true
```

如果我们对一个非布尔值执行逻辑运算，那么该值就会在计算过程中被转换为布尔值：

```
> var b = "one";
> !b;
false
```

如你所见，上例中的字符串"one"是先被转换为布尔值 true 再取反的，结果为 false。如果我们对它取反两次，结果就为 true。例如：

```
> var b = "one";
> !!b;
true
```

借助双重取反操作，我们可以很容易地将任何值转换为相应的布尔值。理解各种类型的值转换为相应布尔值的规则非常重要。除了下面所列出的特定值（它们将被转换为 false），其余大部分值在转换为布尔值时都为 true。

- 空字符串""。
- null。
- undefined。
- 数字 0。
- 数字 NaN。
- 布尔值 false。

这 6 个值有时也会被我们称为 falsy 值，而其他值则被称为 truthy 值（包括字符串"0" " " "false"等）。

接下来，让我们来看看另外两个操作符——逻辑与（&&）和逻辑或（||）的使用示例。当我们使用&&时，当且仅当该操作的所有操作数为 true 时，结果才为 true。而||则只需要其中至少有一个操作数为 true，结果即为 true，例如：

```
> var b1 = true, b2 = false;
> b1 || b2;
true

> b1 && b2;
false
```

在表 2-3 中，我们列出了所有可能的情况及其相应结果。

表 2-3

操 作	结 果
true && true	true
true && false	false
false && true	false
false && false	false
true || true	true
true || false	true
false || true	true
false || false	false

当然，我们也能连续执行若干逻辑操作，例如：

```
> true && true && false && true;
false

> false || true || false;
true
```

我们还可以在同一个表达式中混合使用&&和||。不过在这种情况下，最好用括号来明确一下操作顺序。例如：

```
> false && false || true && true;
true

> false && (false || true) && true;
false
```

2. 操作符优先级

你可能会想知道，为什么上例中的第一个表达式（false && false || true && true）的结果为true。答案在于操作符优先级。这看上去有点像数学，例如：

```
> 1 + 2 * 3;
7
```

由于乘法运算的优先级高于加法，因此该表达式会先计算 `2 * 3`，这就相当于我们输入的表达式是：

```
> 1 + (2 * 3);
7
```

逻辑运算符也一样，`!`的优先级最高，因此在没有括号限定的情况下它将会被最先执行。接下来的优先顺序是`&&`，最后才是`||`。也就是说：

```
> false && false || true && true;
true
```

与下面的表达式等效：

```
> (false && false) || (true && true);
true
```

最佳实践

尽量使用括号，而不是依靠操作符优先级来设定代码的执行顺序，这样我们的代码才能有更好的可读性。

尽管 ECMAScript 标准的确对操作符的优先级做了相应的定义，而且记住所有操作符的优先级也算是一种很好的脑力练习，但本书并不打算提供这个优先级列表。首先，就算你记住了这些顺序，以后也有可能会忘记。其次，即使你永远不会忘记，你也不应该依赖它，因为别人不一定会记得，这样做会给他们在阅读与维护代码时带来困难。

3. 惰性求值

如果在一个连续的逻辑操作中，结果在最后一个操作完成之前就已经明确了的话，那么该操作往往就不必再继续执行了，因为这不会对最终结果产生任何影响。例如，在下面这种情况中：

```
> true || false || true || false || true;
true
```

在这里，所有的逻辑或运算符的优先级都是相同的，只要其中任何一个操作数为`true`，该表达式的结果就为 `true`。因而当第一个操作数被求值之后，无论后面的值是什么，结果都已经被确定了。于是我们可以允许 JavaScript 引擎偷个懒（好吧，这也是为了提高效率），在不影响最终结果的情况下省略一些不必要的求值操作。为此，我们可以在控制台中做个实验：

```
> var b = 5;
> true || (b = 6);
true

> b;
5

> true && (b = 6);
6

> b;
6
```

除此之外，上面的例子还向我们展示了另一件有趣的事情——如果 JavaScript 引擎在一个逻辑表达式中遇到一个非布尔类型的操作数，那么该操作数的值就会成为该表达式所返回的结果。例如：

```
> true || "something";
true

> true && "something";
"something"

> true && something && true;
true
```

通常情况下，这种行为应该尽量避免，因为它会使我们的代码变得难以理解。但在某些时候这样做也是有用的。例如，当我们不能确定某个变量是否已经被定义时，就可以像下面这样：如果变量 mynumber 已经被定义了，就保留其原值，否则就将它初始化为 10。

```
> var mynumber = mynumber || 10;
> mynumber;
10
```

这种做法简单而优雅，但是请注意，这也不是绝对安全的。如果这里的 mynumber 之前被初始化为 0（或者是 6 个 falsy 值中的任何一个），这段代码就不太可能如我们所愿了，例如：

```
> var mynumber = 0;
```

```
> var mynumber = mynumber || 10;
> mynumber;
10
```

4. 比较运算符

在 JavaScript 中，还有另外一组以布尔值为返回值类型的操作符，即比较运算符。下面让我们通过表 2-4 来了解一下它们以及相关的示例。

表 2-4

操作符	操作说明	代码示例
==	相等运算符 当两个操作数相等时返回 true。在该比较操作执行之前，两边的操作数会被自动转换为相同类型	> 1 == 1; **true** > 1 == 2; **false** > 1 == '1'; **true**
===	严格相等运算符 当且仅当两个操作数的值相等且类型相同时返回 true。这种比较往往更可靠，因为其背后不存在任何形式的类型转换	> 1 === '1'; **false** > 1 === 1; **true**
!=	不相等运算符 当两个操作数不相等时返回 true（存在类型转换）	> 1 != 1;; **false** > 1 != '1'; **false** > 1 != '2'; **true**
!==	严格不相等运算符 当两个操作数的值不相等或类型不相同时返回 true	> 1 !== 1; **false** > 1 !== '1'; **true**
>	当且仅当左操作数大于右操作数时返回 true	> 1 > 1; **false** > 33 > 22; **true**
>=	当且仅当左操作数大于或等于右操作数时返回 true	> 1 >= 1; **true**

续表

操作符	操作说明	代码示例

<	当且仅当左操作数小于右操作数时返回 true	`> 1 < 1;`
		false
		`> 1 < 2;`
		true

<=	当且仅当左操作数小于或等于右操作数时返回 true	`> 1 <= 1;`
		true
		`> 1 <= 2;`
		true

还有一件有趣的事情要提醒读者注意：NaN 不等于任何东西，甚至不等于它自己。例如：

```
> NaN == NaN;
false
```

2.3.5　undefined 与 null

当我们尝试使用一个不存在的变量时，控制台中就会产生以下错误消息：

```
> foo;
ReferenceError: foo is not defined
```

但当对不存在的变量使用 typeof 操作符时则不会出现这样的错误，而是会返回一个字符串"undefined"：

```
> typeof foo;
"undefined"
```

如果我们在声明一个变量时没有对其进行赋值，调用该变量时并不会出错，但使用 typeof 操作符时依然会返回"undefined"：

```
> var somevar;
> somevar;
> typeof somevar;
"undefined"
```

这是因为当我们声明而不初始化一个变量时，JavaScript 会自动使用 undefined 值来初始化这个变量，例如：

```
> var somevar;
```

```
> somevar === undefined;
true
```

但 null 值就完全是另一回事了。它不能由 JavaScript 自动赋值，只能交由我们的代码来完成：

```
> var somevar = null;
null

> somevar;
null

> typeof somevar;
"object"
```

尽管 undefined 和 null 之间的差别微乎其微，但有时候很重要。例如，当我们对其分别执行某种算术运算时，结果就会截然不同：

```
> var i = 1 + undefined;
> i;
NaN

> var i = 1 + null;
> i;
1
```

这是因为 null 和 undefined 在被转换为其他基本类型时，其转换方法存在一定的区别，下面我们给出一些可能的转换类型。

◆ 转换成数字：

```
> 1 * undefined;
```

◆ 转换成 NaN：

```
> 1 * null;
0
```

◆ 转换成布尔值：

```
> !!undefined;
false
```

```
> !!null;
false
```

◆ 转换成字符串：

```
> "value: " + null;
"value: null"

> "value: " + undefined;
"value: undefined"
```

2.3.6 Symbol

ES6 中引入了 Symbol 这种新的基本类型，其他的一些编程语言中也有类似的定义。Symbol 看起来很像普通的字符串类型，但两者之间还是有许多显著的区别，我们来看示例：

```
var atom = Symbol()
```

注意，这里你并不需要使用 new 关键字来初始化一个 Symbol 类型的变量，当你这样做时，你会得到一个错误：

```
var atom = new Symbol() // Symbol 不是构造函数
```

Symbol 同样也支持传参：

```
var atom = Symbol('atomic symbol')
```

当我们在一个大型项目中进行调试时，使用 Symbol 是非常有帮助的。

Symbol 最重要的一个属性就是它是唯一且不可变的（这也是它存在的意义）：

```
console.log(Symbol() === Symbol()) // false
console.log(Symbol('atom') === Symbol('atom')) // false
```

有关 Symbol 我们就先讨论到这里，在使用时你可以把 Symbol 类型的值作为属性键值或者唯一标识符。在本书的后续内容中我们会进行进一步的介绍。

2.4 基本数据类型综述

现在，让我们来快速汇总一下目前为止所讨论过的内容。

- JavaScript 语言中有五大基本数据类型：
  - 数字；
  - 字符串；
  - 布尔值；
  - undefined；
  - null。
- 任何不属于基本类型的东西都属于对象。
  - 数字类型可以存储的数据包括：正负整数，浮点数，十六进制数与八进制数，指数以及特殊数值 `NaN`、`Infinity`、`-Infinity`。
- 字符串类型存储的是一对引号之间的所有字符。模板字面量用于在字符串中插入表达式。
- 布尔类型的值只有两个：`true` 和 `false`。
- null 类型的值只有一个：`null`。
- undefined 类型的值只有一个：`undefined`。
- 绝大部分值在转换为布尔类型时都为 `true`，但以下 6 种 falsy 值除外：
  - `""`；
  - `null`；
  - `undefined`；
  - `0`；
  - `NaN`；
  - `false`。

2.5 数组

现在，我们对 JavaScript 中的基本数据类型已经有了一定的了解，是时候将注意力转向更有趣的数据结构——数组了。

那么究竟什么是数组呢？简而言之，它就是一个用于存储数据的列表。与一次只能存储一个数据的变量不同，我们可以用数组来存储任意数量的元素值。

我们可以用一对不包括任何内容的方括号来声明一个空数组变量，例如：

```
> var a = [];
```

如果我们想要定义一个有 3 个元素的数组，则可以这样做：

```
> var a = [1,2,3];
```

只要在控制台中输入相应的数组名，就能打印出该数组中的所有内容：

```
> a;
[1, 2, 3]
```

现在的问题是，我们应该如何访问数组中的各个元素呢？通常，元素在数组中的索引（下标）是从 0 开始编号的。也就是说，数组中首元素的索引（或者说位置）应该是 0，第二个元素的索引是 1，以此类推。表 2-5 中所展示的就是之前那个有 3 个元素的数组中的具体情况。

表 2-5

索引	值
0	1
1	2
2	3

为了访问特定的数组元素，我们需要用一对方括号来指定元素的索引。因此，a[0]所访问的就是数组 a 的首元素，而 a[1]所访问的是第二个元素，以此类推。

```
> a[0];
1

> a[1];
2
```

2.5.1　增加、更新数组元素

我们可以通过索引来更新数组中的元素。例如在下面的代码中，我们更新了第三个元素（索引为2）的值，并将更新后的数组打印出来：

```
> a[2] = 'three';
"three"

> a;
[1, 2, "three"]
```

另外，我们也可以通过索引一个之前不存在的位置，来为数组添加更多的元素，例如：

```
> a[3] = 'four';
"four"

> a;
[1, 2, "three", "four"]
```

如果新元素被添加的位置与原数组末端之间存在一定的间隔，那么这之间的元素其实并不存在且会被自动设定为undefined值。例如：

```
> var a = [1,2,3];
> a[6] = 'new';
"new"
> a;
[1, 2, 3, undefined x 3, "new"]
```

2.5.2 删除元素

为了删除特定的元素，我们需要用到delete操作符。然而，相关元素被删除后，原数组的长度并不会受到影响。从某种意义上来说，该元素被删除的位置只是被留空了而已。

```
> var a = [1, 2, 3];
> delete a[1];
true

> a;
[1, undefined, 3]

> typeof a[1];
"undefined"
```

2.5.3 数组的数组

我们可以在数组中存放任何类型的值，其中包括另一个数组。

```
> var a = [1, "two", false, null, undefined];
> a;
[1, "two", false, null, undefined]

> a[5] = [1,2,3];
[1, 2, 3]

> a;
[1, "two", false, null, undefined, Array[3]]
```

如果我们用鼠标单击控制台内结果中的 Array[3]，这个数组的值就会被展开。下面我们再来看另一个例子，这里定义了一个含有两个数组的数组：

```
> var a = [[1,2,3],[4,5,6]];
> a;
[Array[3],Array[3]]
```

在该数组中，首元素 a[0]本身也是一个数组：

```
> a[0];
[1, 2, 3]
```

所以如果想要访问内层数组中的特定元素，我们就得要再加一组方括号。例如：

```
> a[0][0];
1

> a[1][2];
6
```

值得注意的是，我们也可以通过这种数组访问方式来获取字符串中特定位置上的字符。例如：

```
> var s = 'one';
> s[0];
"o"

> s[1];
"n"

> s[2];
"e"
```

尽管用数组方式访问字符串在很久前就已经被许多浏览器支持(除了旧版本的 IE),但直到 ECMAScript 5 才被官方正式认为是标准的一部分。

除此之外，数组的使用方法还有很多（我们将会在第 4 章中详细介绍），现在先到此为止，请记住以下内容。

- 数组是一种数据存储形式。
- 数组元素是可以被索引的。
- 数组中的元素索引是从 0 开始的，并且按照每个元素的位置依次递增。
- 我们是通过方括号中的索引来访问数组元素的。
- 数组能存储任何类型的数据，包括另一个数组。

2.6 条件与循环

条件表达式是一种简单而强大的控制形式，它能够帮助我们控制一小段代码的执行走向。而循环则允许我们以较少的代码重复执行某个操作。接下来，我们将会学习以下内容。

- `if` 条件表达式。
- `switch` 语句。
- `while`、`do...while`、`for`，以及 `for...in` 循环。

下一小节中的例子需要我们在 Firebug 控制台中打开多行输入功能。在 WebKit 控制台中，你也可以通过按组合键 Shift + Enter 而不是按 Enter 来输入新行。

2.6.1 代码块

在先前的示例当中，你已经了解了代码块的应用场景。此处首先要明确什么是代码块，它是条件与循环结构的主要构成部分。

代码块是由用大括号包裹的多个表达式组成的，它也可以为空：

```
{
  var a = 1;
  var b = 3;
}
```

代码块自身也可以相互嵌套：

```
{
  var a = 1;
  var b = 3;
  var c, d;
  {
    c = a + b;
    {
    d = a - b;
    }
  }
}
```

最佳实践

正如我们在之前内容中介绍过的那样，推荐在每一行代码之后加上分号。虽然当每行代码只包含单个表达式的时候不加分号也不会影响代码的语义，但使用分号仍是一种良好的开发习惯。每行只书写单个表达式，且用分号分隔，才能使代码具有良好的可读性。

对大括号内的代码使用缩进。一部分开发者喜欢使用单个制表符缩进，也有部分开发者使用 4 个空格或 2 个空格缩进。只要你的代码缩进方式保持一致，具体使用哪种缩进都不是问题。在前面的示例当中，最外层代码块使用 2 个空格缩进，里面一层使用 4 个空格缩进，最里层使用 6 个空格缩进。

始终使用大括号。虽然当某个代码块只包含一个表达式时可以省略大括号，但为了保持代码的可读性和可维护性，你应当保持一致使用大括号。

1. if 条件表达式

让我们先来看一个简单的 `if` 条件表达式：

```
var result = '', a = 3;
if (a > 2) {
  result = 'a is greater than 2';
}
```

如你所见，该表达式通常主要由以下几个部分组成：

- if 语句；
- 括号内的条件部分——判断“a 是否大于 2”；
- 被包含在{}内的代码块，这是当 if 条件满足时该程序所要执行的部分。

其中，条件部分（即括号内的部分）通常会返回布尔值，主要有以下几种形式：

- 逻辑类操作，包括!、&&、||等；
- 比较类操作，包括===、!=、>等；
- 一个可以转换为布尔类型的值或变量；
- 以上几种形式的组合。

2. else 子句

除此之外，if 表达式中还可以有一个可选项，即 else。如果条件部分的表达式返回 false 的话，我们可以执行后面 else 子句中的代码块。例如：

```
if (a > 2) {
  result = 'a is greater than 2';
} else {
  result = 'a is NOT greater than 2';
}
```

而且，我们还可以在 if 和 else 之间插入任意多个 else if 子句。例如：

```
if (a > 2 || a < -2) {
  result = 'a is not between -2 and 2';
} else if (a === 0 && b === 0) {
  result = 'both a and b are zeros';
} else if (a === b) {
  result = 'a and b are equal';
} else {
  result = 'I give up';
```

```
}
```

另外，我们也可以在当前的 if 代码块中再内嵌一个新的条件语句：

```
if (a === 1) {
  if (b === 2) {
    result = 'a is 1 and b is 2';
  } else {
    result = 'a is 1 but b is definitery not 2';
  }
} else {
  result = 'a is not 1, no idea about b';
}
```

3. 检查变量是否存在

下面让我们来实际使用一下条件语句。if 表达式在检查一个变量是否存在时往往非常有用。其中，最懒的方法就是在其条件部分中直接使用变量，例如 if(somevar){....}。但这样做并不一定是最合适的。我们可以来测试一下。在下面这段代码中，我们将会检查程序中是否存在一个叫作 somevar 的变量，如果存在，就将变量 result 设置为 yes。

```
> var result = '';
> if (somevar){
    result = 'yes';
  }
ReferenceError: somevar is not defined

> result;
""
```

这段代码显然是起作用了，因为最终的结果肯定不会是 yes。但首先，这段代码产生了一个错误消息："somevar is not defined"。作为一个 JavaScript 高手，你肯定不会希望自己的代码有如此表现。其次，就算 if(somevar)返回的是 false，也并不意味着 somevar 就一定没有定义，它也可以是任何一种被初始化为 falsy 值（如 false 或 0）的已声明变量。

所以在检查变量是否存在时，更好的选择是使用 typeof：

```
> var result = "";
> if (typeof somevar !== "undefined"){
    result = 'yes';
```

```
  }
> result;
""
```

在这种情况下，typeof 返回的是一个字符串，这样就可以将其与字符串"undefined"直接进行比对。但需要注意的是，如果这里的 somevar 是一个已经声明但尚未赋值的变量，结果也是相同的。也就是说，我们实际上是在用 typeof 测试一个变量是否已经被初始化（或者说测试变量值是否为 undefined）。

```
> var somevar;
> if (typeof somevar !== "undefined"){
    result = 'yes';
  }
> result;
""

> somevar = undefined;
> if (typeof somevar !== "undefined"){
    result = 'yes';
  }
> result;
""
```

而当一个已被定义的变量被赋值为非 undefined 的任何值后，对该变量的 typeof 返回的结果就不再是"undefined"了：

```
> somevar = 123;
> if (typeof somevar !== "undefined"){
    result = 'yes';
  }
> result;
"yes"
```

4. 替代 if 表达式

如果我们所面对的条件表达式非常简单，就可以考虑用其他形式来替代 if 表达式。例如下面这段代码：

```
var a = 1;
var result = '';
if (a === 1) {
```

```
  result = "a is one";
} else {
  result = "a is not one";
}
```

我们完全可以将其简化为：

```
> var a = 1;
> var result = (a === 1) ? "a is one" : "a is not one";
```

但需要注意的是，这种语法通常只用于一些非常简单的条件逻辑，千万不要滥用，因为这样做很容易使我们的代码变得难以理解。以下是一个滥用的例子。

假设我们需要判断一个变量是否在某个区间（例如从 50 到 100）内：

```
> var a = 123;
> a = a > 100 ? 100 : a < 50 ? 50 : a;
> a;
100
```

由于这里执行了两次?:操作，这会使我们无法一眼判断表达式的运行顺序。为了让表达式显得更清晰一些，我们最好还是在其中加入一些括号：

```
> var a = 123;
> a = (a > 100 ? 100 : a < 50) ? 50 : a;
> a;
50

> var a = 123;
> a = a > 100 ? 100 : (a < 50 ? 50 : a);
> a;
100
```

这里的?:操作符叫作三元运算符，因为它需要 3 个操作数。

5．switch 语句

当我们发现自己在 if 表达式中使用了太多的 else if 子句时，就应该考虑用 switch 语句来替代 if 语句了：

```
var a = '1';
    result = '';
```

```
switch (a) {
case 1:
  result = 'Number 1';
  break;
case '1':
  result = 'String 1';
  break;
default:
  result = 'I don\'t know';
  break;
}
```

显然，这段代码的执行结果为"String 1"。现在，让我们来看看 switch 表达式主要由哪几部分组成。

- switch 语句。
- 括号中的表达式。它通常会是一个变量，但也可以是其他任何能提供返回值的东西。
- 包含在大括号中的多个 case 块。
- 每个 case 语句后面都有一个表达式，该表达式的结果将会与 switch 语句的表达式进行比对。如果比对的结果为 true，则 case 语句中冒号之后的代码将会被执行。
- break 语句是可选的，它实际上是 case 块的结束符，即当代码执行到 break 语句时，整个 switch 语句就执行完成了。若跳过 break 语句，就继续执行下一个 case 块。
- 关键字 default 标记的默认条件代码块是可选的。如果其他 case 条件都不为 true 的话，default 条件就会被执行。

换句话说，整个 switch 语句的执行可以分为以下几个步骤。

（1）对 switch 语句后面的括号部分进行求值，并记录结果。

（2）移动到第一个 case 条件，将它的值与步骤（1）的结果进行比对。

（3）如果步骤（2）中的比对结果为 true，则执行该 case 块中的代码。

（4）当相关 case 块执行完成之后，如果遇到 break 语句就直接退出 switch 语句。

（5）如果没有遇到 break 或步骤（2）中的比对结果为 false，就继续执行下一个 case 块。

（6）重复步骤（2）～（5）中的操作。

（7）如果依然还没有结束（也就是始终未能按照步骤（4）中的方式退出），就执行 default 语句后面的代码块。

将 case 后面的代码相对于 case 缩进。当然你也可以将 case 相对于 switch 缩进，但这样其实不会增加代码的可读性。

不要忘了 break

有时候，我们会希望故意省略一些 break 语句，当然，这种叫作贯穿（fallthrough）的做法在实际应用中并不常见，因为它通常会被误认为是人为的遗漏，故而使用时往往需要在文档中加以说明。但从另一方面来说，如果我们确实有意让两个相邻的 case 语句共享同一段代码的话，这样做并没有什么不妥。只不过，这不能改变相关的规则，即如果执行代码是写在 case 语句之后的话，它依然应该以 break 结尾。另外在缩进方面，break 是选择与 case 对齐还是与相关的代码块对齐，完全取决于个人喜好，只要保持风格的一致性即可。

尽量使用 default 条件，因为这可以使我们在 switch 找不到任何匹配的情况下，依然能返回一些有意义的结果。

2.6.2　循环

通过 if…else 和 switch 语句，我们可以在代码中采取不同的执行路径，好比我们处于十字路口时，可以根据某个具体的条件来选择自己的走向。然而，循环就完全是另一回事了，我们可以利用它使代码在返回主路径之前先去执行某些重复操作。至于重复的次数，则完全取决于我们设定在每次迭代之前（或之后）的条件值。

比如说，我们的程序通常都是在 A 点和 B 点之间运行，如果我们在这之间设置了一个条件 C，而这个条件的值将会决定我们是否要进入循环 L。我们进行一次迭代，然后再次回到 C。一旦进入了循环，我们就必须在每次迭代完成之后对该条件进行重新求值，以判断是否要执行下一次迭代。总之，我们最终还是会回到通往 B 点的路径上来的。上述过程如图 2-3 所示。

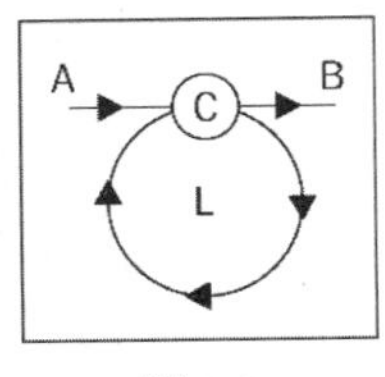

图 2-3

当某循环的条件永远为 true 时，它就成了一个无限循环。这意味着代码将会被“永远”困在循环中。这无疑是一个逻辑上的错误，我们必须对此加以防范。

在 JavaScript 中，循环主要有以下 4 种类型：

- while 循环；
- do...while 循环；
- for 循环；
- for...in 循环。

1. while 循环

while 循环是最简单的一种循环，它们通常是这样的：

```
var i = 0;
while (i < 10) {
  i++;
}
```

while 语句主要分为两个部分：小括号中的条件和大括号中的代码块。当且仅当条件值为 true 时，代码块才会被反复执行。

2. do...while 循环

do...while 循环实际上是 while 循环的一种轻微的变形，示例如下：

```
var i = 0;
do {
  i++;
} while (i < 10);
```

在这里，do 语句后面先出现的是代码块，然后才是条件。条件出现在代码块之后，这意味着代码块无论如何都会被执行一次，然后再去对条件部分进行求值。

如果我们将上面两个示例中的 i 初始化为 11 而不是 0 的话，第一个例子（while 循环）中的代码块将不会被执行，i 最终的值仍然是 11。而第二个例子（do...while 循环）中的代码块将会被执行一次，i 的值也会变为 12。

3. for 循环

for 循环是使用最为广泛的循环类型，也是我们最应该掌握的内容。实际上，这也只需要掌握一点点语法知识。for 循环如图 2-4 所示。

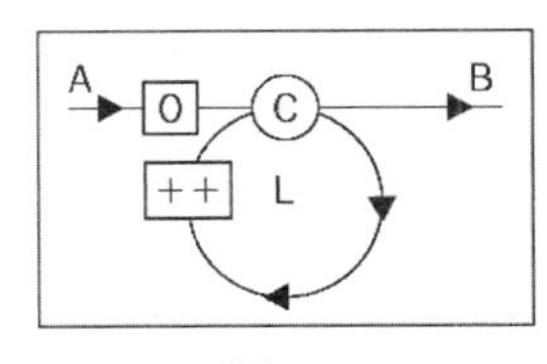

图 2-4

在条件 C 和代码块 L 的基础上，我们还需要增加以下两部分的内容。

- 初始化部分——在进入循环之前所要执行的代码（即图 2-4 中“0”所标识的内容）。
- 自增部分——每次迭代完成后所要执行的代码（即图 2-4 中“++”所标识的内容）。

最常用的 for 循环模式主要包括以下内容。

- 在初始化部分中，我们会定义一个循环变量（或为一个已存在的变量赋予初值），通常将其命名为 i。
- 在条件部分中，我们会将 i 与循环边界值进行比对，如 i < 100。
- 在自增部分中，我们会将循环变量 i 自增 1，如 i++。

下面来看一个具体示例：

```
var punishment = '';
for (var i = 0; i < 100; i++) {
  punishment += 'I will never do this again, ';
}
```

实际上，这 3 部分（初始化、循环条件、自增操作）都可以写成用逗号分隔的多重表达式。例如，我们可以重写一遍上面的例子，在其初始化部分中增加 punishment 变量的定义。

```
for (var i = 0, punishment = ''; i < 100; i++) {
  punishment += 'I will never do this again, ';
}
```

那么，我们能不能把循环体中的内容移到自增部分中去呢？当然可以，尤其当自增部分只有一行内容时，只不过这样的循环看上去有点令人尴尬，因为它没有循环体了。

```
for (
  var i = 0, punishment = '';
  i < 100;
  i++, punishment += 'I will never do this again, '){

  // 这里没有内容

}
```

事实上，这 3 部分都是可选的，上面的例子也完全可以写成下面这样：

```
var i = 0, punishment = '';
for (;;) {
  punishment += 'I will never do this again, ';
  if (++i == 100) {
    break;
  }
}
```

尽管代码重写之后的工作方式与原来的相同，但它显得更长，可读性也更差了。我们完全可以用 while 循环来取代它。但 for 循环可以使代码更紧凑、更严谨。它的 3 个部分（初始化、循环条件、自增操作）泾渭分明，语法也更为纯粹。这些都有利于我们厘清程序的逻辑，从而避免类似于无限循环这样的麻烦。

另外，for 循环还可以嵌套。下面，我们来看一个嵌套循环的具体示例。假设要打印一个 10 行 10 列的星号字符串，那么我们就可以用 i 表示行数，j 表示列数，以构成一个“图形”：

```
var res = '\n';
for(var i = 0; i < 10; i++) {
  for(var j = 0; j < 10; j++) {
    res += '* ';
  }
  res+= '\n';
}
```

最终，该字符串的输出如下：

```
"
* * * * * * * * * *
* * * * * * * * * *
* * * * * * * * * *
* * * * * * * * * *
* * * * * * * * * *
* * * * * * * * * *
* * * * * * * * * *
* * * * * * * * * *
* * * * * * * * * *
* * * * * * * * * *
"
```

另外，我们还可以用嵌套循环和取模运算绘出一个雪花状的图形，代码如下：

```
var res = '\n', i, j;
for(i = 1; i <= 7; i++) {
  for(j = 1; j <= 15; j++) {
```

```
    res += (i * j) % 8 ? ' ' : '*';
  }
  res+= '\n';
}
```

其输出如下：

```
"
        *
    *   *   *
        *
*  *  *  *  *  *  *
        *
    *   *   *
        *
"
```

4. for…in 循环

for...in 循环往往被用来遍历某个数组（或对象，这一点我们以后再讨论）中的元素。这似乎也是它唯一的用处，该循环不能用来替代 for 循环或 while 循环来执行某些一般性的重复操作。下面，我们来看一个使用 for...in 循环遍历数组元素的示例。当然，例子仅供参考。毕竟对于 for...in 循环来说，它最适用的场合依然是对象，以及用于常规 for 循环的数组。

在下面的示例中，我们将遍历数组中的所有元素，并打印出当前所在的索引和元素值，如下：

```
//例子仅供参考
//for...in 循环用于对象
//通常更适合用于数组

var a = [ 'a', 'b', 'c', 'x', 'y', 'z'];

var result = '\n';

for (var i in a) {
  result += 'index: ' + i + ', value: ' + a[i] + '\n';
}
```

结果如下：

```
"
index: 0, value: a
index: 1, value: b
index: 2, value: c
index: 3, value: x
index: 4, value: y
index: 5, value: z
"
```

2.7 注释

现在，我们来看本章的最后一个内容：注释。通过注释这种形式，我们可以将自己的一些想法放在 JavaScript 代码中。由于注释中的内容会被 JavaScript 引擎自动忽略，因此它们不会对程序产生任何影响。而当你几个月后重新访问这段代码，或将其转让给其他人维护时，这些注释就会显得非常重要。

注释的形式主要有以下两种。

- 单行注释——以//开头并直至该行结束。
- 多行注释——以/*开头，并以*/结尾，其中可以包括一行或多行内容。但要记住，注释首尾符之间的任何代码都将会被忽略。

具体示例如下：

```
// 行开头

var a = 1; // anywhere on the line

/* 单行注释 */

/*
跨越多行的注释
*/
```

甚至，有些实用工具（例如 JSDoc 及 YUIDoc）可以从我们的代码中提取相关的注释，并据此生成有意义的项目文档。

2.8 练习题

（1）如果我们在控制台中执行下列语句，结果分别是什么？为什么？

```
> var a; typeof a;
> var s = '1s'; s++;
> !!"false";
> !!undefined;
> typeof -Infinity;
> 10 % "0";
> undefined == null;
> false === "";
> typeof "2E+2";
> a = 3e+3; a++;
```

（2）执行下面的语句后，v 的值会是什么？

```
> var v = v || 10;
```

如果将 v 分别设置为 100、0、null，结果又是什么？

（3）编写一个打印乘法口诀表的脚本程序。提示：使用嵌套循环来实现。

2.9 小结

在这一章中，我们学习了编写一个 JavaScript 程序所需要的基本组件。现在，你应该已经掌握了以下几种基本数据类型。

- 数字。
- 字符串。
- 布尔值。
- undefined。
- null。

你也已经了解了一些基本的操作符。

- 算术运算符：+、-、*、/、%。

- 自增（减）运算符：++、--。
- 赋值运算符：=、+=、-=、*=、/=、%=。
- 特殊操作符：typeof、delete。
- 逻辑运算符：&&、||、!。
- 比较运算符：==、===、!=、!==、<、>、>=、<=。
- 三元运算符：?:。

另外，我们还学习了如何使用数组来存储和访问数据。最后，我们还介绍了几种不同的控制程序流程的方法——条件(if...else 和 switch)和循环(while、do...while、for、for...in)。

本章的信息量确实不小，因此我们建议你通过练习巩固一下。在继续深入下一章的学习之前，我们需要给自己一些鼓励。

第 3 章 函数

无论学习哪种程序设计语言，掌握函数都是非常重要的。JavaScript 更是如此，因为该语言中的很多功能、语言的灵活性以及表达能力都来自函数。例如，绝大部分语言都有自己专门的面向对象的语法，而 JavaScript 没有：它是通过函数来实现面向对象特性的。在这一章中，我们首先要掌握如下内容：

- 如何定义和使用函数；
- 如何向函数传递参数；
- 了解我们可以“免费”调用哪些预定义函数；
- 了解 JavaScript 中的变量作用域；
- 理解“函数也是数据”的概念，并将函数视为一种特殊类型的数据。

充分理解上述内容会为你打下坚实的基础。接下来，我们就可以继续深入本章的第二部分了。在这一部分中，你将会看到一些有趣的函数应用：

- 匿名函数的调用；
- 回调函数；
- 即时（自调）函数；
- 内嵌函数（在函数内部定义的函数）；
- 以函数为返回值的函数；

- 能重新定义自身的函数；
- 闭包。

3.1 什么是函数

所谓函数，本质上是一种代码的分组形式。我们可以通过这种形式赋予某组代码一个名字，以便于之后的调用。下面，我们来示范一下函数的声明：

```
function sum(a, b) {
  var c = a + b;
  return c;
}
```

一般来说，函数声明通常由以下几部分组成。

- 关键字 `function`。
- 函数名，即这里的 `sum`。
- 函数所需的参数，即这里的 `a`、`b`。一个函数通常都具有 0 个或多个参数。参数之间用逗号分隔。
- 函数所要执行的代码块，我们称之为函数体。
- `return` 语句。函数通常都会有返回值，如果某个函数没有显式的返回值，我们就会默认它的返回值为 `undefined`。

需要注意的是，一个函数只能有一个返回值，如果我们需要同时返回多个值，可以考虑将其放进一个数组里，以数组元素的形式返回。

这里的整个语法过程叫作函数声明。在 JavaScript 中，函数声明只是创建函数的一种方法，之后我们会介绍其他方法。

3.1.1 调用函数

如果我们需要使用一个函数，就必须要调用它。调用的方式很简单，只需在函数名后面加一对用以传递参数的括号。另外，对于“调用”（call）函数，我们有时也可以将其称为“请求”（invoke）函数。

现在，让我们来调用一下 `sum()` 函数。先将两个参数传递给该函数，然后将函数的返回值赋值给变量 result。具体如下：

```
> var result = sum(1, 2);
> result;
3
```

3.1.2 参数

在定义一个函数的同时，我们往往会设置该函数所需的调用参数。当然，你也可以不给它设定参数，但如果设定了，而又在调用时忘了传递相关的参数值，JavaScript 引擎就会自动将其设置为 undefined。例如在下面这个调用中，函数返回的是 NaN，因为这个函数试图将 1 与 undefined 相加。

```
> sum(1);
NaN
```

从技术角度来说，参数又可分为形参（形式参数）与实参（实际参数）两种，但我们往往并不需要严格区分它们。形参是指定义函数时所用的那些参数，而实参则指的是在调用函数时所传递的那些参数。考虑以下例子。

```
> function sum(a, b){
    return a + b;
  }
> sum(1, 2);
```

在这里，a 和 b 是形参，而 1 和 2 是实参。

对于那些已经传递进来的参数，JavaScript 是来者不拒的。但是，即便我们向 sum() 传递更多的参数，额外的那部分也只会被默默地忽略。例如：

```
> sum(1, 2, 3, 4, 5);
3
```

实际上，我们还可以创建一些在参数数量方面更为灵活的函数。这得益于函数内部的 arguments 变量，该变量为内建变量，每个函数都能调用。它能返回函数所接收的所有参数。例如：

```
> function args() {
    return arguments;
  }
> args();
```

```
[]
> args( 1, 2, 3, 4, true, 'ninja');
[1, 2, 3, 4, true, "ninja"]
```

通过变量 arguments，我们可以进一步完善 sum()函数的功能，使之能对任意数量的参数执行求和运算。例如：

```
function sumOnSteroids() {
  var i,
      res = 0,
      number_of_params = arguments.length;
  for (i = 0; i < number_of_params; i++) {
    res += arguments[i];
  }
  return res;
}
```

下面，我们用不同数量的参数（包括没有参数）来测试该函数，看看它是否能按照我们预期的方式工作：

```
> sumOnSteroids(1, 1, 1);
3

> sumOnSteroids(1, 2, 3, 4);
10

> sumOnSteroids(1, 2, 3, 4, 4, 3, 2, 1);
20

> sumOnSteroids(5);
5

> sumOnSteroids();
0
```

其中，表达式 arguments.length 返回的是函数被调用时所接收的参数数量。如果你对这段代码中的某些语法不太熟悉，也不必太担心，我们将会在下一章中详细讨论它们。到那时，你会发现 arguments 实际上不是一个数组（虽然它有很多数组的特性），而是一个类似数组的对象。

3.2 默认参数

可以为函数的参数设置默认值。当某个函数在调用时没有传入特定的参数时，其默认值就会被使用：

```
function render(fog_level=0, spark_level=100){
  console.log(`Fog Level: ${fog_level} and spark_level:
   ${spark_level}`)
}
render(10); //Fog Level: 10, spark_level: 100
```

在上述示例中，我们没有传入 spark_level 参数，因此会使用它的默认值。值得一提的是，在调用函数时传入 undefined 作为参数值的效果与不传入该参数的效果是相同的：

```
render(undefined,10); //Fog Level: 0, spark_level: 10
```

参数的默认值也可以是包含其他参数的表达式：

```
function t(fog_level=1, spark_level=fog_level){
  console.log(`Fog Level: ${fog_level} and spark_level:
   ${spark_level}`)
   //Fog Level: 10, spark_level: 10
}
function s(fog_level=10, spark_level = fog_level*10){
  console.log(`Fog Level: ${fog_level} and spark_level:
   ${spark_level}`)
   //Fog Level: 10, spark_level: 100
}
t(10);
s(10);
```

默认参数具有其独立的作用域，其作用域处在函数外作用域和函数内作用域之间。如果你在函数作用域内对默认参数进行复制操作，可能不会产生你期望的行为，我们用一个示例来说明：

```
var scope="outer_scope";
function scoper(val=scope){
  var scope="inner_scope";
```

```
  console.log(val); //outer_scope
}
scoper();
```

你可能期望通过函数内定义的变量 scope 来操作默认参数 val，但事实上 val 处于其独立的作用域中，不会被函数内作用域影响。

3.3 剩余参数

ES6 引入了剩余参数的概念。剩余参数允许你在函数中以数组的形式获取不固定个数的参数。剩余参数只能出现在函数参数的末尾。我们通过添加符号（...）前缀来表示其为剩余参数。下面的示例展示了如何在函数参数的末尾使用剩余参数操作符：

```
function sayThings(tone, ...quotes){
  console.log(Array.isArray(quotes)); //true
  console.log(`In ${tone} voice, I say ${quotes}`)
}
sayThings("Morgan Freeman","Something serious","Imploding Universe",
" Amen");
//In Morgan Freeman voice, I say Something serious,
Imploding Universe,Amen
```

我们通过变量 tone 来获取传入的第一个参数，以数组的形式来获取剩余参数。变参（var-arg）作为一个在其他编程语言中经常出现的概念在 ES6 当中也被引入了。你可以通过剩余参数来替代之前备受争议的特殊变量 arguments。与之前的 arguments 变量最显著的区别是，剩余参数属于真正的数组类型，你可以对其调用所有的数组方法。

3.4 展开操作符

展开操作符（spread operator）与剩余参数的前缀看起来完全相同，但在功能上刚好是相反的。当你为函数传参或者定义数组时，可以通过使用展开操作符将一个数组转换为一个个单独的变量。下面的示例展示了在为函数传入数组参数时，使用展开操作符的简洁性：

```
function sumAll(a,b,c){
  return a+b+c
}
var numbers = [6,7,8]
```

```
// ES5 传递数组形式的函数参数
console.log(sumAll.apply(null,numbers)); // 21
// ES6 使用展开操作符
console.log(sumAll(...numbers))// 21
```

在ES5中，我们经常会调用apply()函数来为函数传递数组形式的参数。在上述示例中，我们需要将数组传递给包含3个参数的函数。ES5的方式是调用函数的apply()函数，其第二个参数可以接收数组形式的变量。而在这种情况下，通过使用ES6中的展开操作符会更加清晰明了。当我们调用 sumAll()函数时，我们通过展开操作符（...）将数组numbers传入了函数。数组会自动被分隔为对应的3个参数a、b、c。

展开操作符增强了 JavaScript 中数组的能力。在此之前，你如果想要创建由其他数组组合成的数组，已有的数组语法是不支持的，必须使用诸如push、splice以及concat一类的方法。而展开操作符让这变得非常简单：

```
var midweek = ['Wed', 'Thu'];
var weekend = ['Sat', 'Sun'];
var week = ['Mon','Tue', ...midweek, 'Fri', ...weekend];
 //["Mon","Tue","Wed","Thu","Fri","Sat","Sun"]
console.log(week);
```

上述示例中，我们以使用展开操作符的方式将midweek和weekend拼接成了week。

预定义函数

JavaScript引擎中有一组可供随时调用的内建函数。下面，让我们来了解一下这些函数。在这一过程中，我们会通过一系列具体的函数实践，来帮助你掌握这些函数的参数和返回值，以便最终实现熟练应用。这些内建函数包括：

- parseInt()；
- parseFloat()；
- isNaN()；
- isFinite()；
- encodeURI()；
- decodeURI()；
- encodeURIComponent()；

- decodeURIComponent()；
- eval()。

黑盒函数

一般来说，当我们调用一个函数时，程序是不需要知道该函数的内部工作细节的。我们可以将其看作一个黑盒，你只需要给它一些值（作为输入参数），就能获取它输出的返回结果。这种思维适用于任何函数——既包括 JavaScript 中的内建函数，也包括由任何个人或集体所创建的函数。

1. parseInt()

parseInt()会试图将其接收到的任何输入值（通常是字符串）转换成整数类型输出。如果转换失败就返回 NaN。例如：

```
> parseInt('123');
123

> parseInt('abc123');
NaN

> parseInt('1abc23');
1

> parseInt('123abc');
123
```

除此之外，该函数还有一个可选的第二参数：基数（radix）。基数负责设定函数所期望的数字类型——十进制、十六进制、二进制等。在下面的例子中，如果试图以十进制数输出字符串"FF"，结果就会为 NaN；若改为十六进制数，我们就会得到 255。

```
> parseInt('FF', 10);
NaN

> parseInt('FF', 16);
255
```

再来看一个将字符串转换为十进制数和八进制数的例子：

```
> parseInt('0377', 10);
377

> parseInt('0377', 8);
255
```

如果我们在调用 parseInt()时没有指定第二参数，函数就会将其默认为十进制数，但有两种情况例外。

◆ 如果首参数字符串以 0x 开头，第二参数就会被默认指定为 16（也就是默认其为十六进制数）。

◆ 如果首参数以 0 开头，第二参数就会被默认指定为 8（也就是默认其为八进制数）。

具体如下所示：

```
> parseInt('377');
377
> parseInt(0o377);
255
> parseInt('0x377');
887
```

当然，明确指定第二参数值总是最安全的。如果你省略了它，尽管 99%的情况下依然能够正常工作（毕竟最常用的还是十进制数），但我们偶尔还是会在调试时发现一些小问题。例如，当我们从日历中读取日期时，对于 06 或 08 这样的数据，如果不设定第二参数的值，可能就会导致意想不到的结果。

ECMAScript 5 移除了八进制的默认表示法，这避免了其在 parseInt()中与十进制的混淆。

2. parseFloat()

parseFloat()的功能与 parseInt()的基本相同，只不过它仅支持将输入值转换为十进制数。因此，该函数只有一个参数。例如：

```
> parseFloat('123');
123

> parseFloat('1.23');
```

```
1.23

> parseFloat('1.23abc.00');
1.23

> parseFloat('a.bc1.23');
NaN
```

与 parseInt()相同的是，parseFloat()在遇到第一个异常字符时就会放弃，无论剩余的那部分字符串是否可用。例如：

```
> parseFloat('a123.34');
NaN

> parseFloat('12a3.34');
12
```

此外，parseFloat()还可以接收指数形式的输入（这点与 parseInt()不同）。例如：

```
> parseFloat('123e-2');
1.23

> parseFloat('1e10');
10000000000

> parseInt('1e10');
1
```

3. isNaN()

通过 isNaN()，我们可以确定某个输入值是否是一个可以参与算术运算的数字。因而，该函数也可以用来检查 parseInt()和 parseFloat()的调用以及其他算术运算成功与否。例如：

```
> isNaN(NaN);
true

> isNaN(123);
false

> isNaN(1.23);
false
```

```
> isNaN(parseInt('abc123'));
true
```

该函数也会试图将其所接收的输入转换为数字。例如：

```
> isNaN('1.23');
false

> isNaN('a1.23');
true
```

isNaN()函数是非常有用的，因为NaN自己不存在等值的概念，也就是说表达式NaN === NaN返回的是false，所以NaN无法用于检查某个值是否为有效数字[①]。

4. isFinite()

isFinite()可以用来检查输入是否是一个既非Infinity也非NaN的数字。例如：

```
> isFinite(Infinity);
false

> isFinite(-Infinity);
false

> isFinite(12);
true

> isFinite(1e308);
true

> isFinite(1e309);
false
```

关于后两个调用的结果，我们可以回忆第 2 章中的内容，即 JavaScript 中的最大数字为1.7976931348623157e+308，因此1e309会被视为无穷数。

5. URI的编码与反编码

在统一资源定位符（Uniform Resource Locator，URL）或统一资源标识符（Uniform Resource Identifier，URI）中，有一些字符是具有特殊含义的。如果我们想“转义”这些字

① 事实上，读者可以将NaN理解为一个集合，同属于一个集合的值自然未必是等值的。——译者注

符，可以调用函数 encodeURI()或 encodeURIComponent()。前者会返回一个可用的 URL，而后者则会认为我们所传递的仅仅是 URL 的一部分。例如，对于下面这个查询字符串来说，这两个函数所返回的字符编码分别是：

```
> var url = 'http://www.****.com/script.php?q=this and that';
> encodeURI(url);
"http://www.****.com/script.php?q=this%20and%20that"

> encodeURIComponent(url);
"http%3A%2F%2Fwww.****.com%2Fscript.php%3Fq%3Dthis%20and%20that"
```

encodeURI()和 encodeURIComponent()分别都有各自对应的反编码函数：decodeURI()和 decodeURIComponent()。

另外，我们有时候还会在一些遗留代码中看到相似的编码函数 escape()和反编码函数 unescape()和，但我们并不赞成使用这些函数来执行相关的操作，它们的编码规则也不尽相同。

6. eval()

eval()会将输入的字符串当作 JavaScript 代码来执行。例如：

```
> eval('var ii = 2;');
> ii;
2
```

所以，这里的 eval('var ii = 2;')与表达式 var ii = 2;的执行效果是相同的。

尽管 eval()在某些情况下是很有用的，但如果有别的选择的话，我们应该尽量避免使用它。毕竟在大多数情况下，我们有更优雅的选择，这些选择通常也更易于编写和维护。对于许多经验丰富的 JavaScript 程序员来说，“eval is evil”（eval 是魔鬼）是一句至理名言。

因为 eval()是这样一种函数：

- 安全性方面——JavaScript 拥有的功能很强大，但这也意味着很大的不确定性，如果你对放在 eval()函数中的代码没有太大把握，最好还是不要使用；
- 性能方面——它是一种由函数执行的“动态”代码，所以比直接执行脚本慢。

一点惊喜——alert()函数

接下来，让我们来看一个非常常见的函数——alert()。该函数不是 JavaScript 核心的一部分（即它没有包括在 ECMA 标准中），而是由宿主环境——浏览器所提供的，其作用是显示一个带文本的消息对话框。这对于某些调试很有帮助。当然，大多数情况下，现代浏览器的调试工具更加好用一些。

图 3-1 展示了 `alert("Hi There!")` 的执行效果。

图 3-1

当然，在使用这个函数之前，我们必须要明白这样做会阻塞当前的浏览器线程。也就是说，在 `alert()` 的执行窗口关闭之前，当前所有的代码都会暂停执行。因此，对于一个忙碌的 Ajax 应用程序来说，`alert()` 通常不是一个好的选择。

3.5　变量的作用域

这是一个至关重要的问题。特别是当我们从别的语言转向 JavaScript 时，必须要明白一点，即在 JavaScript 中，变量的定义并不是以代码块作为作用域的，而是以函数作为作用域的。也就是说，如果变量是在某个函数中定义的，那么它在函数以外的地方是不可见的。而如果该变量是定义在 `if` 或者 `for` 这样的代码块中的，它在代码块之外是可见的。另外，在 JavaScript 中，术语"全局变量"指的是定义在所有函数之外的变量（也就是定义在全局代码中的变量），与之相对的是"局部变量"，它指的则是在某个函数中定义的变量。函数内的代码可以像访问自己的局部变量那样访问全局变量，反之则不行。

下面来看一个具体示例，请注意两点：

- 函数 `f()` 可以访问变量 `global`；
- 在函数 `f()` 以外，变量 `local` 是不存在的。

```
var global = 1;
function f() {
  var local = 2;
  global++;
  return global;
}
```

让我们来测试一下：

```
> f();
2
> f();
3
> local;
ReferenceError: local is not defined
```

还有一点很重要，如果我们声明一个变量时没有使用 `var` 语句，那么该变量会被默认为全局变量。让我们来看一个具体示例，如图 3-2 所示。

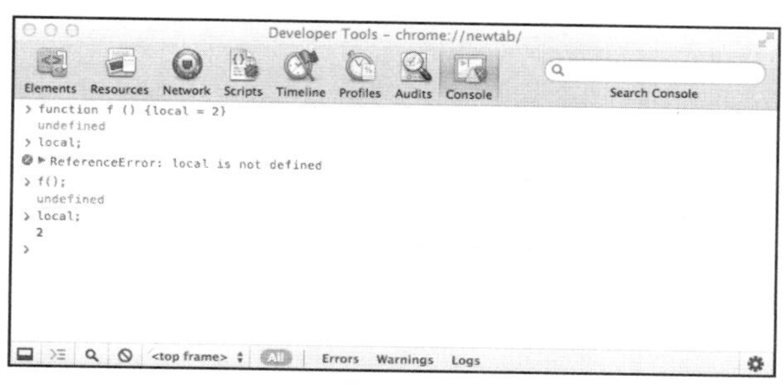

图 3-2

让我们来看看图 3-2 所示的代码究竟发生了些什么。首先，我们在函数 `f()` 中定义了一个变量 `local`。在该函数被调用之前，这个变量是不存在的。该变量会在函数首次被调用时创建，并被赋予全局作用域，这使我们可以在该函数以外的地方访问它。

最佳实践

- 尽量将全局变量的数量降到最低，以避免命名冲突。因为如果有两个人在同一段脚本的不同函数中使用了相同的全局变量名，就很容易产生不可预测的结果和难以察觉的 bug。
- 最好总是使用 `var` 语句来声明变量。
- 可以考虑使用“单一 var”模式，即，仅在函数体内的第一行使用一个 `var` 来定义这个作用域中所需的变量。这样一来，我们就能很轻松地找到相关变量的定义，并且在很大程度上避免了不小心污染全局变量的情况。

变量提升

下面，我们再来看一个很有趣的例子，它展示了关于局部作用域和全局作用域的另一个重要问题。

```
var a = 123;

function f() {
  alert(a);
  var a = 1;
  alert(a);
}

f();
```

你可能会想当然地认为alert()第一次显示的是123（也就是全局变量a的值），而第二次显示的是1（即局部变量a的值）。但事实并非如此，第一个alert()实际上显示的是undefined，这是因为函数域始终优先于全局域，所以局部变量a会覆盖所有与它同名的全局变量。尽管在alert()第一次被调用时，a还没有被正式定义（即该值为undefined），但该变量本身已经存在于局部空间了。这种特殊的现象叫作提升（hoisting）。

也就是说，当JavaScript执行过程进入新的函数时，这个函数内被声明的所有变量都会被移动（或者说提升）到函数最开始的地方。这个概念很重要，必须牢记。另外需要注意的是，被提升的只有变量的声明，这意味着，只有变量本身被提升，而与之相关的赋值操作并不会被提升，还在原来的位置上。例如在前面的例子中，局部变量本身被提升到了函数开始处，但并没有在开始处就被赋值为1。这个例子可以被等价地改写为：

```
var a = 123;

function f() {
  var a; // 相当于 var a = undefined;
  alert(a); // undefined
  a = 1;
  alert(a); // 1
}
```

当然，我们也可以采用在最佳实践中提到过的单一var模式。在这个例子中，我们可以手动提升变量声明的位置，这样一来代码就不会被 JavaScript 的提升行为所混淆了。

3.6 块作用域

ES6 提供了新的声明变量的作用域。我们在上述内容中讨论了函数作用域，以及它对用 var 关键字声明的变量的影响。而如果你是在使用 ES6 进行编码，块作用域在很大程度上能够替代使用 var 关键字声明变量的需求。然而，如果你还是选择 ES5 的话，则要注意变量提升带来的影响。

ES6 引入了两个新的关键字 let 和 const 来声明变量。

使用 let 关键字声明的变量只会在块作用域中生效。而 var 关键字声明的变量则会在整个函数作用域中生效，下面是一个示例：

```
var a = 1;
{
    let a = 2;
    console.log( a ); // 2
}
console.log( a );     // 1
```

大括号之间的部分被称为一个块。如果你有 Java 或 C/C++的背景，那么对这一概念应该有所了解。在这类语言中，开发者通过块来定义作用域。然而在 JavaScript 中，块是没有其独立的作用域的。不过 ES6 允许你通过 let 关键字创建只在块级作用域中生效的变量。正如你在上述的示例中所见，在块中声明的变量 a 只在块中可用。我们一般都会在块的开头使用 let 来声明块作用域变量。下面我们来看一个区分块作用域和函数作用域的例子：

```
function swap(a,b){ // <--函数作用域
  if(a>0 && b>0){   // <--块作用域
    let tmp=a;
    a=b;
    b=tmp;
  }                 // <--块作用域结束于此
  console.log(a,b);
  console.log(tmp); // tmp 未定义，因为它只在块作用域中可用
  return [a,b];
}
swap(1,2);
```

正如你所见，使用 let 声明的 tmp 只在 if 的块作用域中可用。为了实际需要，你应该最大限度地利用好块级作用变量。除非有一些必须使用 var 才能够实现的需求，否则请确保你使用的是块级作用对象。然而你也要避免一些错误的用法，例如 let 是不能在同一个函数或块作用域中重复声明同一个变量的：

```
function blocker(x){
  if(x){
    let f;
    let f; //重复声明 "f"
  }
}
```

同时也要注意，ES6 中用 let 关键字声明的变量并没有提升的特性，因此在声明一个变量之前就调用它会发生引用错误。

const 是 ES6 新引入的另一个声明变量的关键字。通过 const 可以创建一个只读的引用值。但要注意这并不代表指向的值本身是不可变的。然而变量标识符是无法被重新赋值的。所谓的常量（constant）和 let 创建的变量具有相同的作用域特性。同样，你也必须在声明它们的时候就为其赋值。

虽然我们将其称为常量，但 const 并不代表不可变的值。const 只是创建了一种不可变的绑定关系。这一重要的区别必须被正确理解。我们还是通过一个例子来加以区分：

```
const car = {}
car.tyres = 4
```

上述代码是可以正常运行的。我们先将{}赋值给常量 car。一旦赋值，它们之间的引用关系就无法修改，但对象中的属性事实上是可以进行操作的。[1]在 ES6 中，你应该遵循以下规则：

- 对于不会改变的值尽量使用 const；
- 使用 let 来声明变量；
- 避免使用 var。

① car.tyres = 4 可以改变其指向对象的属性，但重新赋值 car = {} 则会报错。——译者注

3.7 函数也是数据

在 JavaScript 中，函数实际上也是一种数据。这个概念对于我们日后的学习至关重要。也就是说，我们可以把一个函数赋值给一个变量。例如：

```
var f = function() {
  return 1;
};
```

上面这种定义方式通常称为函数标识记法（function literal notation）。

`function(){ return 1;}`是一个函数表达式。函数表达式可以被命名，称为命名函数表达式（named function expression，NFE）。因此，以下这种情况也是合法的，虽然我们不常用到（IE 会错误地创建 `f` 和 `myFunc` 这两个变量[①]）：

```
var f = function myFunc() {
  return 1;
};
```

这样看起来，似乎命名函数表达式与函数声明没有什么区别，但其实它们是不同的。两者的差别在于它们所在的上下文。函数声明只会出现在程序代码里（在另一个函数的函数体中，或者在主程序中）。本书的后续章节会有更多的示例来阐明这些概念。

如果我们对函数变量使用操作符 `typeof`，返回的字符串是`"function"`。例如：

```
> function define() {
    return 1;
  }

> var express = function () {
    return 1;
  };

> typeof define;
"function"

> typeof express;
```

① 其实，新版的 IE 已经修复了这个问题。——译者注

```
"function"
```

所以，JavaScript 中的函数也是一种数据，只不过这种特殊类型的数据有以下这两个重要的特性。

- 它们所包含的是代码。
- 它们是可执行的（或者说是可调用的）。

和我们之前看到的一样，要调用某个函数，只需要在它的名字后面加一对括号。我们再来看一个示例，下面这段代码的功能与函数的定义方式无关，它展示的是如何像变量那样使用函数——也就是说，我们可以将它复制给不同的变量。

```
> var sum = function(a, b) {
    return a + b;
  };

> var add = sum;
> typeof add;
"function"

> add(1, 2);
3
```

由于函数也是赋值给变量的一种数据，因此函数的命名规则与一般变量相同，即函数名不能以数字开头，并且可以由任何字母、数字、下划线和美元符号组合而成。

3.7.1 匿名函数

正如你所知，我们可以这样定义一个函数：

```
var f = function(a){
  return a;
};
```

通过这种方式定义的函数常被称为匿名函数（即没有名字的函数），特别是当它没有被赋值给变量单独使用的时候。在这种情况下，此类函数有以下两种优雅的用法：

- 你可以将匿名函数作为参数传递给其他函数，这样，接收方函数就能利用我们所传递的函数来完成某些事情；
- 你可以定义某个匿名函数来执行某些一次性任务。

接下来，我们来看两个具体的应用示例，通过其中的细节来进一步了解匿名函数。

3.7.2 回调函数

既然函数与任何可以被赋值给变量的数据是相同的，那么它当然可以像其他数据那样被定义、复制以及当成参数传递给其他函数。

在下面的示例中，我们定义了一个函数，这个函数有两个函数类型的参数，然后它会分别执行这两个参数所指向的函数，并返回它们的返回值之和。

```
function invokeAdd(a, b){
  return a() + b();
}
```

下面让我们来简单定义一下这两个参与加法运算的函数（使用函数声明模式），它们只是返回一个固定值：

```
function one() {
  return 1;
}

function two() {
  return 2;
}
```

现在，我们只需将这两个函数传递给目标函数 invokeAdd()，就可以得到结果了：

```
> invokeAdd(one, two);
3
```

事实上，我们也可以直接用匿名函数（即函数表达式）来代替 one()和 two()，以作为目标函数的参数，例如：

```
> invokeAdd(function () {return 1; }, function () {return 2; });
3
```

或者，我们可以换一种可读性更高的写法：

```
> invokeAdd(
    function () { return 1; },
    function () { return 2; }
```

```
  );
3
```

或者，你也可以这样写：

```
> invokeAdd(
    function () {
      return 1;
    },
    function () {
      return 2;
    }
  );
3
```

当我们将函数A传递给函数B，并由B来执行A时，A就成了一个回调函数（callback function）。如果这时A还是一个无名函数，我们就称它为匿名回调函数。

那么，应该什么时候使用回调函数呢？下面我们将通过几个应用实例来展示回调函数的优势，包括：

- 它可以让我们在没有命名的情况下传递函数（这意味着可以节省变量名的使用）；
- 我们可以将一个函数调用操作委托给另一个函数（这意味着可以节省一些代码编写工作）；
- 它也有助于提升性能。

回调示例

在编程过程中，我们通常需要将一个函数的返回值传递给另一个函数。在下面的例子中，我们定义了两个函数：第一个是multiplyByTwo()，该函数会通过一个循环将其所接收的3个参数分别乘以2，并以数组的形式返回结果；第二个函数addOne()只接收一个值，然后将它加1并返回。

```
function multiplyByTwo(a, b, c) {
  var i, ar = [];
  for(i = 0; i < 3; i++) {
    ar[i] = arguments[i] * 2;
  }
  return ar;
}
```

```
function addOne(a) {
  return a + 1;
}
```

现在，我们来测试一下这两个函数，结果如下：

```
> multiplyByTwo(1, 2, 3);
[2, 4, 6]

> addOne(100);
101
```

接下来，假设我们有一个数组myarr，该数组有3个元素，我们要实现这3个元素在两个函数之间的传递。我们先从multiplyByTwo()的调用开始：

```
> var myarr = [];
> myarr = multiplyByTwo(10, 20, 30);
[20, 40, 60]
```

然后，用循环遍历每个元素，并将它们分别传递给addOne()：

```
> for (var i = 0; i < 3; i++) {
    myarr[i] = addOne(myarr[i]);
  }
> myarr;
[21, 41, 61]
```

如你所见，这段代码可以工作，但是显然还有一定的改善空间。特别是这里使用了两个循环。如果数据量很大或循环操作很复杂的话，开销一定不小。因此，我们需要将它们合二为一。这就需要对multiplyByTwo()函数做一些改动，使其接收一个回调函数，并在每次迭代操作中调用这个回调函数。具体如下：

```
function multiplyByTwo(a, b, c, callback) {
  var i, ar = [];
  for(i = 0; i < 3; i++) {
    ar[i] = callback(arguments[i] * 2);
  }
  return ar;
}
```

函数修改完成之后，之前的工作只需要一次函数调用就够了，我们只需像下面这样同时将初始值和回调函数传递给它：

```
> myarr = multiplyByTwo(1, 2, 3, addOne);
[3, 5, 7]
```

同样，我们还可以用匿名函数来代替 addOne()，这样做可以节省一个额外的全局变量。例如：

```
> multiplyByTwo(1, 2, 3, function (a){
    return a + 1;
  });
[3, 5, 7]
```

而且，使用匿名函数也更易于随时根据需求调整代码。例如：

```
> multiplyByTwo(1, 2, 3, function(a){
    return a + 2;
  });
[4, 6, 8]
```

3.7.3　即时函数

目前我们已经讨论了匿名函数在回调方面的应用。接下来，我们来看匿名函数的另一个应用示例——这种函数可以在定义后立即调用。例如：

```
(
  function(){
    alert('boo');
  }
)();
```

这种语法看上去有点吓人，但其实很简单，我们只需将匿名函数的定义放进一对括号中，然后外面紧跟一对括号。其中，第二对括号起到的是“立即调用”的作用，同时它也是我们向匿名函数传递参数的地方。例如：

```
(
  function(name){
    alert('Hello ' + name + '!');
  }
```

```
)('dude');
```

另外，你也可以将第一对括号的后括号放在第二对括号之后。这两种做法都有效。例如：

```
(function () {
  // ...
} () );

// vs.

(functioin () {
  // ...
})();
```

使用即时（自调）匿名函数的好处是不会产生任何全局变量。当然，缺点是这样的函数是无法重复执行的（除非你将它放在某个循环或其他函数中）。这也使得即时函数非常适合于执行一些一次性的或初始化的任务。

如果需要的话，即时函数也可以有返回值，虽然并不常见：

```
var result = (function () {
  // 具有临时局部变量的复杂部分……

  // 返回结果
}());
```

当然，在这个例子中，将整个函数表达式用括号包起来是不必要的，我们在函数最后使用一对括号来执行这个函数即可。所以上例又可以改为：

```
var result = function () {
  // 具有临时局部变量的复杂部分……
  // 返回结果
}();
```

虽然这种写法也有效，但可读性毕竟稍微差了点：不读到最后，你就无法知道 `result` 到底是一个函数，还是一个即时函数的返回值。

3.7.4 内部（私有）函数

我们都记得，函数与其他类型的值在本质上是一样的，因此，没有什么理由可以阻止我们在一个函数内部定义另一个函数。例如：

```
function outer(param) {
  function inner(theinput) {
    return theinput * 2;
  }
  return 'The result is ' + inner(param);
}
```

我们也可以改用函数标识记法来编写这段代码：

```
var outer = function (param) {
  var inner = function (theinput) {
    return theinput * 2;
  };
  return 'The result is ' + inner(param);
};
```

当我们调用全局函数 `outer()`时，局部函数 `inner()`也会在其内部被调用。由于 `inner()`是局部函数，它在 `outer()`以外的地方是不可见的，因此我们也可以将它称为私有函数。例如：

```
> outer(2);
"The result is 4"

> outer(8);
"The result is 16"

> inner(2);
ReferenceError: inner is not defined
```

使用私有函数的好处主要有以下两点：

- 有助于我们确保全局名字空间的纯净性（这意味着不太可能出现命名冲突）；
- 确保私有性——这使我们可以选择只将一些必要的函数暴露给“外部世界”，而保留属于自己的函数，使它们不能被该应用程序的其他部分所使用。

3.7.5 返回函数的函数

正如之前所提到的，函数始终都会有一个返回值，即便不是显式返回，它也会隐式返回一个 undefined。既然函数能返回一个唯一值，那么这个值就也有可能是另一个函数。例如：

```
function a() {
  alert('A!');
  return function(){
    alert('B!');
  };
}
```

在这个例子中，函数 a()会在执行它的工作（弹出'A!'）之后返回另一个函数。而所返回的函数又会去执行另外一些任务（弹出'B!'）。我们只需将该返回值赋值给某个变量，然后就可以像使用一般函数那样调用它了。例如：

```
> var newFunc = a();
> newFunc();
```

如你所见，上面第一行执行的是 alert('A!')，第二行才是 alert('B!')。

如果你想让返回的函数立即执行，也可以不用将它赋值给变量，直接在该调用后加一对括号即可，效果是一样的：

```
> a()();
```

3.7.6 能重写自己的函数

由于一个函数可以返回另一个函数，因此我们可以用新的函数来覆盖旧的函数。例如在之前的例子中，我们也可以通过 a()的返回值来重写 a()函数自身：

```
> a = a();
```

当前这行代码依然会执行 alert ('A!')，但如果我们再次调用 a()，它就会执行 alert ('B!')了。这对于要执行某些一次性初始化工作的函数来说会非常有用。这样一来，该函数可以在第一次被调用后重写自身，从而避免了每次调用时重复一些不必要的操作。

在上面的例子中，我们是在外部重新定义该函数的，即我们将函数返回值赋值给函数本身。我们也可以让函数从内部重写自身。例如：

```
function a() {
  alert('A!');
  a = function(){
    alert('B!');
  };
}
```

这样一来，当我们第一次调用该函数时会有以下情况发生。

- alert ('A!')将会被执行（可以视为一次性的准备操作）。
- 全局变量 a 将会被重新定义，并被赋予新的函数。

而如果该函数再被调用的话，被执行的就是 alert ('B!')了。

下面，我们来看一个组合型的应用示例，其中有些技术我们将会在本章最后几节中讨论。

```
var a = (function () {

  function someSetup () {
    var setup = 'done';
  }

  function actualWork() {
    alert('Worky-worky');
  }

  someSetup();
  return actualWork;

}() );
```

这个例子中有以下情况。

- 我们使用了私有函数——someSetup()和 actualWork()。
- 我们也使用了即时函数——用括号括起来的匿名函数在定义后可被调用。
- 当该函数第一次被调用时，它会调用 someSetup()，并返回函数变量 actualWork

的引用。请注意，返回值中是不带括号的，因此该结果仅仅是一个函数引用，并不会产生函数调用。

◆ 由于这里的执行语句是以 `var a =`开头的，因此该自调函数所返回的值会重新赋值给 `a`。

如果我们想测试一下自己对上述内容的理解，可以尝试回答一下这个问题：上面的代码在以下情景中 `alert()`分别会执行什么内容？

◆ 当它最初被加载时。

◆ 之后再次调用 `a()`时。

这项技术对于某些浏览器相关的操作会相当有用，因为在不同浏览器中，实现相同任务的方法可能是不同的。我们都知道浏览器的特性不可能因为函数调用而发生任何改变，因此，最好的选择就是让函数根据其当前所在的浏览器来重新定义自己。这就是所谓的“浏览器兼容性探测”技术。关于这方面的应用示例，我们会在本书后面的章节中展示。

3.8 闭包

在本章剩余的部分中，我们来谈谈闭包（正好用来关闭本章①）。闭包这个概念最初接触起来是有一定难度的，所以即使你在首次阅读时没能“抓住”重点，也大可不必感到灰心丧气。后续章节中还有大量的实例可供你去慢慢理解它们，所以，如果你觉得现在没有完全理解，可以在以后涉及相关话题时再回过头来看看这部分内容。

在我们讨论闭包之前，最好先来回顾一下 JavaScript 中作用域的概念，然后再进行某些话题扩展。

3.8.1 作用域链

如你所知，尽管 JavaScript 中不存在大括号级的作用域，但有函数作用域，也就是说，在某函数内定义的所有变量在该函数外是不可见的。但如果该变量是在某代码块中被定义的（如在某个 `if` 或 `for` 语句中），那么它在代码块外是可见的。例如：

```
> var a = 1;
> function f() {
```

① 这里作者用了双关语，因为闭包（closure）这个词也可以理解为“关闭”。——译者注

```
      var b = 1;
      return a;
  }
> f();
1

> b;
ReferenceError: b is not defined
```

在这里，变量 a 是属于全局域的，而变量 b 的作用域就在函数 f() 内了。所以：

- 在 f() 内，a 和 b 都是可见的；
- 在 f() 外，a 是可见的，b 则不可见。

在下面的例子中，如果我们在函数 outer() 中定义了另一个函数 inner()，那么，在 inner() 中可以访问的变量既来自它自身的作用域，也来自其“父级”作用域。这就形成了一条作用域链（scope chain），该链的长度（或深度）则取决于我们的需要。例如：

```
var global = 1;
function outer(){
  var outer_local = 2;
  function inner() {
    var inner_local = 3;
    return inner_local + outer_local + global;
  }
  return inner();
}
```

现在让我们来测试一下 inner() 是否真的可以访问所有变量：

```
> outer();
6
```

3.8.2 利用闭包突破作用域链

现在，我们先通过图示的方式来介绍一下闭包的概念。让我们通过下面这段代码了解其中的奥秘。

```
var a = "global variable";
```

```
var F = function () {
  var b = "local variable";
  var N = function () {
    var c = "inner local";
  };
};
```

首先当然是全局作用域 G，我们可以将其视为包含一切的宇宙，如图 3-3 所示。

其中可以包含各种全局变量（如 a）和全局函数（如 F），如图 3-4 所示。

每个函数也都会拥有一块属于自己的私有空间，用以存储一些别的变量（如 b）以及内部函数（如 N）。所以，我们最终可以把示意图画成图 3-5 所示的样子。

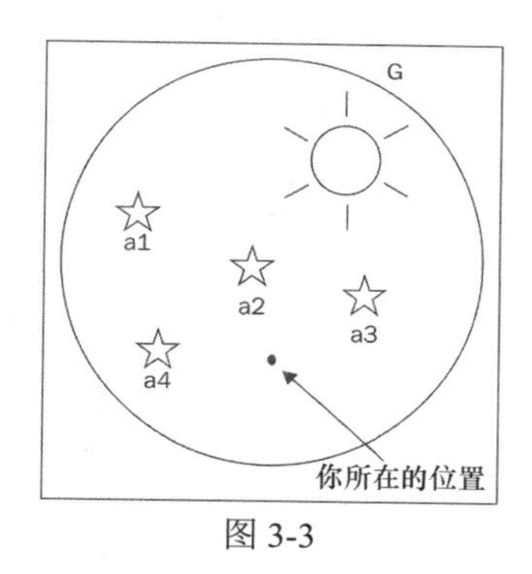

图 3-3

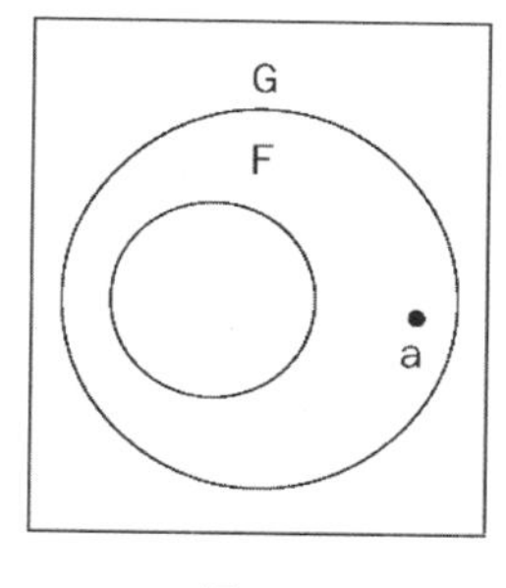

图 3-4

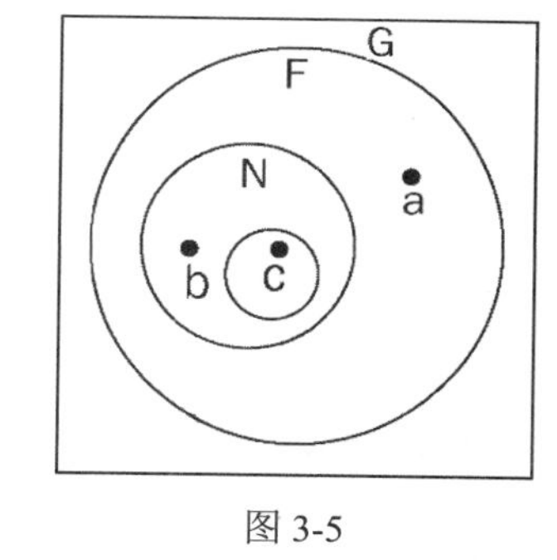

图 3-5

在图 3-5 中，如果我们在 a 点，就位于全局空间中。而如果在 b 点，我们就在函数 F 的空间里，在这里我们既可以访问全局空间，也可以访问 F 空间。如果我们在 c 点，就位于函数 N 中，我们可以访问的空间包括全局空间、F 空间和 N 空间。其中，a 和 b 之间是不连通的，因为 b 在 F 以外是不可见的。但如果愿意的话，我们是可以将 c 点和 b 点连通起来的，或者将 N 与 b 连通起来。当我们将 N 的空间扩展到 F 以外，并止步于全局空间以内时，就产生了一件有趣的东西——闭包，如图 3-6 所示。

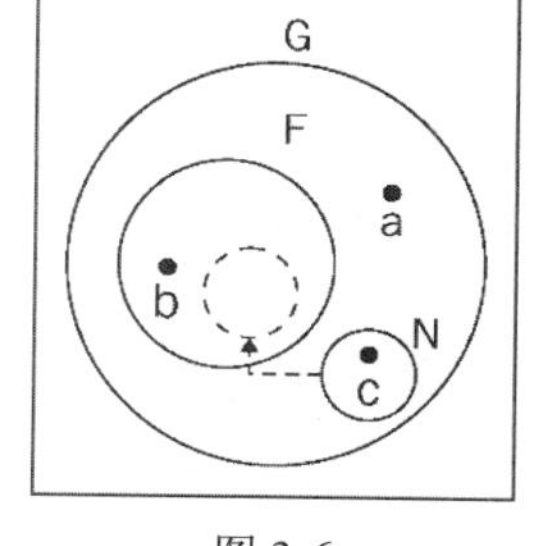

图 3-6

知道接下来会发生什么吗？N 将会和 a 一样置身于全局空间。而且由于函数还记得它在被定义时所设定的环境，因此 N 依然可以访问 F 空间并使用 b。这很有趣，因为现在 N 和 a 同处于一个空间，但 N 可以访问 b，而 a 不能。

那么，N 究竟是如何突破作用域链的呢？我们只需要将它们升级为全局变量（不使用 var 语句）或通过 F 传递（或返回）给全局空间。下面，我们来看看具体是怎样实现。

1. 闭包#1

首先，我们先来看一个函数。这个函数与之前所描述的一样，只不过在 F 中多了返回函数 N，而在函数 N 中多了返回变量 b，N 和 b 都可通过作用域链进行访问。例如：

```
var a = "global variable";
var F = function () {
  var b = "local variable";
  var N = function () {
    var c = "inner local";
    return b;
  };
  return N;
};
```

函数 F 中包含了局部变量 b，因此后者在全局空间里是不可见的。例如：

```
> b;
ReferenceError: b is not defined
```

函数 N 有自己的私有空间，同时也可以访问函数 F()的空间和全局空间，所以 b 对它来说是可见的。因为 F()是可以在全局空间中被调用的（它是一个全局函数），所以我们可以将它的返回值赋值给另一个全局变量，从而生成一个可以访问 F()的私有空间的新全局函数。例如：

```
> var inner = F();
> inner();
"local variable"
```

2. 闭包#2

下面这个例子的最终结果与之前的相同，但在实现方法上存在一些细微的不同。在这里 F()不再返回函数了，而是直接在函数体内创建一个新的全局函数 inner()。

首先，我们需要声明一个全局函数的占位符。尽管这种占位符不是必须的，但最好还是声明一下。然后，我们就可以将函数 F()定义如下：

```
var inner; // 占位符
var F = function (){
  var b = "local variable";
  var N = function () {
    return b;
  };
  inner = N;
};
```

现在，请读者自行尝试，F()被调用时会发生什么：

```
> F();
```

我们在 F()中定义了一个新的函数 N()，并且将它赋值给了全局变量 inner。由于 N()是在 F()内部定义的，它可以访问 F()的作用域，因此即使该函数后来升级成了全局函数，它也保留了对 F()作用域的访问权。例如：

```
> inner();
"local variable"
```

3. 相关定义与闭包#3

事实上，每个函数都可以被认为是一个闭包，因为每个函数都在其所在域（即该函数的作用域）中维护了某种私有联系。但在大多数时候，该作用域在函数体执行之后就自行销毁了，除非发生一些有趣的事（比如像上述示例代码中那样），使作用域保持。

根据目前的讨论，我们可以说，如果一个函数会在其父级函数返回之后留住对父级作用域的链接的话[①]，相关闭包就会被创建。但其实每个函数本身就是一个闭包，因为每个函数至少都有访问全局作用域的权限，而全局作用域是不会被破坏的。

让我们再来看一个闭包的例子。这次我们使用的是函数参数（function parameter）。该参数与函数的局部变量没什么不同，但它们是隐式创建的(即它们不需要使用 var 来声明)。我们在这里创建了一个函数，该函数将返回一个子函数，而这个子函数返回的则是其父函数的参数：

```
function F(param) {
  var N = function(){
    return param;
```

① 如上例所示，F 是 N 的父级函数，在 F 返回之后，N 依然可以访问 F 中的局部变量 b。——译者注

```
    };
    param++;
    return N;
}
```

然后我们可以这样调用它：

```
> var inner = F(123);
> inner();
124
```

注意，当我们的返回函数被调用时①，param++已经执行过一次递增操作了，所以inner()返回的是更新后的值。由此我们可以看出，函数所绑定的是作用域本身，而不是在函数定义时该作用域中的变量或变量当前所返回的值。

3.8.3 循环中的闭包

接下来，让我们来看看新手在闭包问题上会犯哪些典型的错误。毕竟由闭包所导致的bug往往很难被发现，因为它从表面上看起来总是一切正常。

让我们来看一个3次的循环操作，它在每次迭代中都会创建一个返回当前循环序号的新函数。该新函数会被添加到一个数组中，最终会返回这个数组。具体代码如下：

```
function F() {
  var arr = [], i;
  for (i = 0; i < 3; i++) {
    arr[i] = function () {
      return i;
    };
  }
  return arr;
}
```

下面，我们来运行一下函数，并将结果赋值给数组arr：

```
> var arr = F();
```

现在，我们拥有了一个包含3个函数的数组。你可以通过在每个数组元素后面加一对

① N被赋值时函数并没有被调用，调用是在N被求值，也就是执行return N;语句时发生的。——译者注

括号来调用它们。按通常的预期，它们应该会依照循环顺序分别输出 0、1 和 2，下面就让我们来试试：

```
> arr[0]();
3

> arr[1]();
3

> arr[2]();
3
```

显然，这并不是我们想要的结果。究竟是怎么回事呢？原来我们在这里创建了 3 个闭包，而它们都指向一个共同的局部变量 i。但是，闭包并不会记录它们的值，它们所拥有的只是相关域在创建时的一个连接（即引用）。在这个例子中，变量 i 恰巧存在于这 3 个函数被定义时所处的环境中。对这 3 个函数中的任何一个而言，当它要去获取某个变量时，它会从其所在的域开始逐级寻找距离最近的 i 值。由于循环结束时 i 的值为 3，因此这 3 个函数都指向了这一共同值。

为什么结果是 3 不是 2 呢？这也是一个值得思考的问题，它能帮助你更好地理解 for 循环，请你自行思考。

那么，应该如何纠正这种行为呢？答案是换一种闭包形式：

```
function F() {
  var arr = [], i;
  for(i = 0; i < 3; i++) {
    arr[i] = (function (x){
      return function () {
        return x;
      }
    }(i));
  }
  return arr;
}
```

这样就能获得我们预期的结果了：

```
> var arr = F();
> arr[0]();
```

```
0

> arr[1]();
1

> arr[2]();
2
```

在这里，我们不再直接创建一个返回 i 的函数了，而是将 i 传递给了另一个即时函数。在该函数中，i 就被赋值给了局部变量 x，这样一来，每次迭代中的 x 就会拥有不同的值了。

或者，我们也可以定义一个“正常点”的内部函数（不使用即时函数）来实现相同的功能。重点是在每次迭代操作中，我们要在中间函数内将 i 的值“局部化”。例如：

```
function F() {

  function binder(x) {
    return function(){
      return x;
    };
  }

  var arr = [], i;
  for(i = 0; i < 3; i++) {
    arr[i] = binder(i);
  }
  return arr;
}
```

3.8.4 getter 与 setter

接下来，让我们再来看两个关于闭包的应用示例。首先是创建 getter 函数和 setter 函数。假设现在有一个变量，它所表示的是某类特定值，或某特定区间内的值。我们不想将该变量暴露给外部，因为那样的话，其他部分的代码就有直接修改它的可能，所以我们需要将它保护在相关函数的内部，然后提供两个额外的函数——一个用于获取变量值，另一个用于给变量重新赋值。然后还要在函数中引入某种验证措施，以便在赋值之前给予变量一定的保护。另外，简洁起见，我们对该类中的验证部分进行了简化：这里只处理数字值。

我们需要将 getter 和 setter 这两个函数放在同一个函数中，并在该函数中定义 secret 变量，这使得两个函数能够共享同一作用域。具体代码如下：

```
var getValue, setValue;

 (function() {

  var secret = 0;

  getValue = function(){
    return secret;
  };

  setValue = function (v) {
    if (typeof v === "number") {
      secret = v;
    }
  };

}());
```

在这里，所有的一切都是通过一个即时函数来实现的，我们在其中定义了全局函数 setValue()和 getValue()，并以此来确保局部变量 secret 的不可直接访问性。例如：

```
> getValue();
0

> setValue(123);
> getValue();
123
> setValue(false);
> getValue();
123
```

3.8.5 迭代器

在最后一个关于闭包应用的示例（这也是本章的最后一个示例）中，我们将展示闭包在实现迭代器方面的功能。

通常情况下，我们都知道如何用循环来遍历一个简单的数组，但是有时候我们需要面对更为复杂的数据结构，它们通常会有与数组截然不同的序列规则。这时候就需要将一些“谁是下一个”的复杂逻辑封装成易于使用的 next() 函数，然后，我们只需要简单地调用 next() 就能实现相关的遍历操作了。

在下面这个例子中，我们将依然通过简单的数组，而不是复杂的数据结构来说明问题。该例子是一个接收数组输入的初始化函数，我们在其中定义了一个私有指针 i，该指针会始终指向数组中的下一个元素。

```
function setup(x) {
  var i = 0;
  return function(){
    return x[i++];
  };
}
```

现在，我们只需用一组数据来调用 setup()，就可创建出我们所需要的 next() 函数了。具体如下：

```
> var next = setup(['a', 'b', 'c']);
```

这是一种既简单又好玩的循环形式：我们只需重复调用一个函数，就可以不停地获取下一个元素。例如：

```
> next();
"a"

> next();
"b"
> next();
"c"
```

3.9 IIFE 与作用域

ES5 本身不提供块级作用域，一种应用比较广泛的创建块级作用域的方法是使用立即调用函数表达式（immediately invoked function expression, IIFE），例如：

```
(function () {
  var block_scoped=0;
}());
console.log(block_scoped); //引用错误
```

在 ES6 中，只需使用 `let` 或 `const` 声明就可以满足需求了。

3.10 箭头函数

JavaScript 语法使用了几乎所有类型的箭头符号。ES6 引入了一种新的声明函数的语法。我们对 JavaScript 当中的函数表达式已经习以为常了。印象中，我们使用 JavaScript 函数的示例（jQuery 代码）如下：

```
$("#submit-btn").click(function (event) {
  validateForm();
  submitMessage();
});
```

这是一个非常标准的 jQuery 的事件处理函数。`click()` 函数接收一个简单的匿名函数作为其参数。我们称这种形式的匿名函数表达式为 Lambda 表达式。已经有不少的编程语言拥有这类表达式的特性。大多数新的编程语言也都支持这一功能，JavaScript 自然也不例外。但此前 JavaScript 的 lambda 语法比较繁杂。所以在 ES6 里提供了一种更简洁的方式来编写函数。

相较于之前传统的方式，箭头函数（arrow function）提供了一种更简洁的书写函数的方式，例如下面这个示例：

```
const num = [1,2,3]
const squares = num.map(function(n){
  return n*n;
});
console.log(squares); //[1,4,9]
```

通过使用箭头函数，我们可以把上述函数简化成一行代码：

```
const squares = num.map(n => n*n)
```

你应该已经察觉到了，在这里我们并没有使用任何的 function 或 return 关键字。如果你的函数只需要一个参数，你甚至能够将其简化为 identifer => expression 的形式。而接收多个参数的函数则需要使用小括号将参数包裹起来，如下。

- 无参数：() => {...}。
- 一个参数：a => {...}。
- 多个参数：(a,b) => {...}。

箭头函数的主体可以是表达式，也可以是函数语句块的形式：

```
n => { return n+n }    //语句块
n =>n+n                //表达式
```

两者的效果都是相同的，但后一种书写方式明显更加简洁。箭头函数都是匿名的。特别需要注意的一点是，箭头函数没有其自身的 this，它的 this 继承自定义时的作用域。我们还没有详细介绍 this 关键字，这部分内容会放在后面讨论。

3.11 练习题

（1）编写一个将十六进制数转换为颜色的函数。以蓝色为例，#0000FF 应被表示成 rgb(0,0,255) 的形式。然后将函数命名为 getRGB()，并用以下代码进行测试。提示：可以将字符串视为数组，这个数组的元素为字符。

```
> var a = getRGB("#00FF00");
> a;
"rgb(0, 255, 0)"
```

（2）如果在控制台中执行以下各行代码，分别会输出什么内容？

```
> parseInt(1e1);
> parseInt('1e1');
> parseFloat('1e1');
> isFinite(0/10);
```

```
> isFinite(20/0);
> isNaN(parseInt(NaN));
```

（3）下面代码中，alert()弹出的内容会是什么？

```
var a = 1;

function f() {
  function n() {
     alert(a);
   }
   var a = 2;
   n();
}

f();
```

（4）以下所有示例都会弹出"Boo! "警告框，你能分别解释其中的原因吗？

示例 1

```
var f = alert;
eval('f("Boo!")');
```

示例 2

```
var e;
var f = alert;
eval('e=f')('Boo!');
```

示例 3

```
(function(){
  return alert; }
)()('Boo!');
```

3.12 小结

现在，我们已经完成了对于 JavaScript 函数的基本概念介绍，为今后学习 JavaScript 的面向对象特性以及相关的现代编程模式打下了一定的基础。在这之前，我们一直在刻意回避有关面向对象特性的内容，但之后，本书将带你深入这些更为有趣的内容。下面，让我们来花一点时间回顾一下本章所讨论的内容。

- 定义和调用函数的基础知识——你既可以使用函数声明语法，也可以使用函数表达式。
- 函数的参数及其灵活性。
- 内建函数，包括 `parseInt()`、`parseFloat()`、`isNaN()`、`isFinite()`、`eval()` 以及对 URL 执行编码/斜杠反编码操作的 4 个相关函数。
- JavaScript 变量的作用域——尽管这些变量没有大括号级作用域，但它有函数作用域以及相关的作用域链。
- 函数也是一种数据，即函数可以跟其他数据一样被赋值给一个变量，我们可以据此实现大量有趣的应用，具体如下。
  - 私有函数和私有变量。
  - 匿名函数。
  - 回调函数。
  - 即时函数。
  - 能重写自身的函数。
- 闭包。
- 箭头函数。

第 4 章 对象

到目前为止，我们已经了解了 JavaScript 中的基本数据类型、数组及函数，现在是时候学习本书最重要的一部分内容——对象了。

JavaScript 以一种独特的方式沿袭了传统的面向对象编程。面向对象编程是一种在 Java、C++等编程语言中广泛应用的编程范式。传统面向对象编程中有许多定义完备的概念，它们被应用在大多数编程语言中。然而，JavaScript 有其自己实现的方式。接下来，我们来一起了解一下 JavaScript 是如何支持面向对象编程的。

在这一章中，我们将介绍以下内容：

- 如何创建并使用对象；
- 什么是构造器函数；
- JavaScript 中的内建对象及其运用。

4.1 从数组到对象

正如我们在第 2 章中所介绍的那样，数组实际上就是一组值的列表。该列表中的每一个值都有自己的索引（即数字键），索引从 0 开始，依次递增。例如：

```
> var myarr = ['red', 'blue', 'yellow', 'purple'];
> myarr;
["red", "blue", "yellow", "purple"];
```

```
> myarr[0];
"red"

> myarr[3];
"purple"
```

如果我们将索引单独排成一列，再把对应的值排成另一列，就会列出这样一个键/值对表，如表 4-1 所示。

表 4-1

键	值
0	red
1	blue
2	yellow
3	purple

事实上，对象跟数组很相似，唯一的区别是它的键是自定义的。也就是说，我们的索引方式不再局限于数字了，而可以使用一些更为友好的键名，比如 `first_name`、`age` 等。

下面，让我们通过一个简单的示例来看看对象是由哪几部分组成的：

```
var hero = {
  breed: 'Turtle',
  occupation: 'Ninja'
};
```

正如我们所见：

- 这里有一个用于表示该对象的变量名 `hero`；
- 与定义数组时所用的方括号`[]`不同，对象使用的是大括号`{}`；
- 括号中用逗号分隔的是组成该对象的元素（通常称为属性）；
- 键/值对之间用冒号分隔，例如，`key: value`。

有时候，我们还可以在键（属性名）上加一对引号。例如，下面 3 行代码所定义的内容是完全相同的：

```
var hero = {occupation: 1};
var hero = {"occupation": 1};
var hero = {'occupation': 1};
```

通常情况下，我们不建议你在属性名上加引号（这也能减少一些输入），但在以下这些情境中，引号是必需的。

- 如果属性名是 JavaScript 中的保留字之一（具体可参考附录 A）。
- 如果属性名中包含空格或其他特殊字符（包括任何除字母、数字、下划线及美元符号以外的字符）。
- 如果属性名以数字开头。

总而言之，如果我们所选的属性名不符合 JavaScript 中的变量命名规则，就必须为其添加一对引号。

下面，让我们来看一个怪异的对象定义：

```
var o = {
  $omething: 1,
  'yes or no': 'yes',
  '!@#$%^&*': true
};
```

虽然这个对象的属性名看起来很另类，但该对象是合法的，因为我们在它的第二和第三个属性名上加了引号，否则会出错。

在本章稍后的内容中，我们还会介绍除`[]`和`{}`以外的定义数组和对象的方法。但首先要明白的是当前这种方法的术语：用`[]`定义数组的方法称为数组文本标识法（array literal notation）；用大括号`{}`定义对象的方法称为对象文本标识法（object literal notation）。

4.1.1 元素、属性、方法与成员

说到数组的时候，我们常说其中包含的是元素。而当我们说对象时，就会说其中包含的是属性。实际上对于 JavaScript 来说，它们并没有太大的区别，只是在技术术语上的表达习惯有所不同罢了。这也是它区别于其他编程语言的地方。

另外，对象的属性也可以是函数，因为函数本身也是一种数据。在这种情况下，我们称该属性为方法。例如下面的`talk`就是一个方法：

```
var dog = {
```

```
    name: 'Benji',
    talk: function(){
      alert('Woof, woof!');
    }
  };
```

按照第 3 章的经验，我们也可以像下面这样，在数组中存储一些函数元素并在需要时调用它们，但这在实践中并不多见。例如：

```
> var a = [];
> a[0] = function(what){ alert(what); };
> a[0]('Boo!');
```

有时候你可能还会看到一个对象的属性指向另一个对象属性的情况，而且所指向的属性也可以是函数。

4.1.2 哈希表和关联型数组

在一些编程语言中，通常会存在两种不同的数组形式：

- 一般性数组，也叫作索引型数组或者枚举型数组（通常以数字为键）；
- 关联型数组，也叫作哈希表或者字典（通常以字符串为键）。

在 JavaScript 中，我们会用数组来表示索引型数组，而用对象来表示关联型数组。因此，如果我们想在 JavaScript 中使用哈希表，就要用到对象。

4.1.3 访问对象属性

我们可以通过以下两种方式来访问对象的属性：

- 方括号表示法，如 `hero['occupation']`；
- 点号表示法，如 `hero.occupation`。

相对而言，点号表示法更易于读写，但也不是总适用的。这一规则也适用于引用属性名，如果我们所访问的属性不符合变量命名规则，它就不能通过点号表示法来访问。

接下来，让我们通过 hero 对象来学习一下这两种表示法：

```
var hero = {
  breed: 'Turtle',
  occupation: 'Ninja'
```

```
};
```

下面我们用点号表示法来访问属性：

```
> hero.breed;
"Turtle"
```

再用方括号表示法来访问属性：

```
> hero['occupation'];
"Ninja"
```

如果我们访问的属性不存在，代码就会返回 undefined：

```
> 'Hair color is ' + hero.hair_color;
"Hair color is undefined"
```

另外，由于对象中可以包含任何类型的数据，自然也包括其他对象：

```
var book = {
  name: 'Catch-22',
  published: 1961,
  author: {
    firstname: 'Joseph',
    lastname: 'Heller'
  }
};
```

在这里，如果我们想访问 book 对象的 author 属性对象的 firstname 属性，就需要这样表示：

```
> book.author.firstname;
"Joseph"
```

当然，也可以连续使用方括号表示法，例如：

```
> book['author']['lastname'];
"Heller"
```

甚至可以混合使用这两种表示法，例如：

```
> book.author['lastname'];
"Heller"
```

```
> book['author'].lastname;
"Heller"
```

另外还有一种情况，如果我们要访问的属性名是不确定的，就必须使用方括号表示法了，它允许我们在运行时通过变量来实现相关属性的动态存储。例如：

```
> var key = 'firstname';
> book.author[key];
"Joseph"
```

4.1.4 调用对象方法

由于方法实际上只是一个函数类型的属性，因此它的访问方式与属性完全相同，即用点号表示法或方括号表示法均可。其调用（请求）方式也与其他函数相同，在指定的方法名后加一对括号即可。例如下面的 say 方法：

```
> var hero = {
    breed: 'Turtle',
    occupation: 'Ninja',
    say: function() {
      return 'I am ' + hero.occupation;
    }
  };
> hero.say();
"I am Ninja"
```

如果调用方法时需要传递一些参数，做法也和一般函数一样。例如：

```
> hero.say('a', 'b', 'c');
```

另外，由于我们可以像访问数组一样用方括号来访问属性，因此这意味着我们同样可以用方括号来调用方法：

```
> hero['say']();
```

使用方括号来调用方法在实践中并不常见，除非属性名是在运行时定义的：

```
var method = 'say';
hero[method]();
```

尽量不要使用引号（除非别无他法）。尽量使用点号表示法来访问对象的方法与属性。不要在对象中使用带引号的属性标识。

4.1.5 修改属性与方法

JavaScript 允许我们随时对现存对象的属性和方法进行修改，其中自然也包括添加与删除属性。因此，我们也可以先创建一个空对象，稍后再为它添加属性。下面，让我们来看看具体是怎样实现的。

首先创建一个“空”对象：

```
> var hero = {};
```

“空”对象

在本节，我们构造了一个“空”对象：`var hero = {};`。这个“空”字要打引号，因为实际上这个对象并不是空的。虽然我们并没有为它定义属性，但它本身有一些继承的属性。你会在后续章节学习属性继承的知识。当然，在 ES3 中，对象不可能是空的。然而在 ES5 中，我们确实是可以真正创建一个不继承任何属性的空对象的。但现在我们暂时还是将这个知识先放一放吧。

这时候，如果我们访问一个不存在的属性，就会像下面这样：

```
> typeof hero.breed;
"undefined"
```

现在，我们来为该对象添加一些属性和方法：

```
> hero.breed = 'turtle';
> hero.name = 'Leonardo';
> hero.sayName = function() {
    return hero.name;
  };
```

然后调用该方法：

```
> hero.sayName();
"Leonardo"
```

接下来，我们删除一个属性：

```
> delete hero.name;
true
```

然后再调用该方法，它就找不到被删除的 name 属性了：

```
> hero.sayName();
"undefined"
```

灵活的对象

在 JavaScript 中，对象在任何时候都是可以改变的，例如增加、删除、修改属性。但这种规则也有例外的情况：某些内建对象的一些属性是不可改变的（例如我们之后会讨论的 Math.PI）。另外，ES5 允许创建不可改变的对象。这方面的更多知识请参考附录 C。

4.1.6　使用 this 值

在之前的示例中，方法 sayName()是直接通过 hero.name 来访问 hero 对象的 name 属性的。而事实上，当我们处于某个对象的方法内部时，还可以用另一种方法来访问同一对象的属性，即使用特殊值 this。例如：

```
> var hero = {
    name: 'Rafaelo',
    sayName: function() {
      return this.name;
    }
  };

> hero.sayName();
"Rafaelo"
```

也就是说，当我们引用 this 时，实际上所引用的就是“这个对象”或者“当前对象”。

4.1.7 构造器函数

另外，我们还可以通过构造器函数（constructor function）的方式来创建对象。下面来看一个例子：

```
function Hero() {
  this.occupation = 'Ninja';
}
```

为了能使用该函数来创建对象，我们需要使用 new 操作符，例如：

```
> var hero = new Hero();
> hero.occupation;
"Ninja"
```

使用构造器函数的好处之一是它可以在创建对象时接收一些参数。下面，我们就来修改一下上面的构造器函数，使它可以通过接收参数的方式来设定 name 属性：

```
function Hero(name) {
  this.name = name;
  this.occupation = 'Ninja';
  this.whoAreYou = function() {
    return "I'm " +
           this.name +
           " and I'm a " +
           this.occupation;
  };
}
```

现在，我们就能利用同一个构造器来创建不同的对象了：

```
> var h1 = new Hero('Michelangelo');
> var h2 = new Hero('Donatello');
> h1.whoAreYou();
"I'm Michelangelo and I'm a Ninja"

> h2.whoAreYou();
"I'm Donatello and I'm a Ninja"
```

依照惯例，我们应该将构造器函数的首字母大写，以便显著地将其区别于其他一般函数。

如果我们在调用一个构造器函数时忽略了 new 操作符，尽管代码不会出错，但它的行为可能不是我们所预期的，例如：

```
> var h = Hero('Leonardo');
> typeof h;
"undefined"
```

能看出来上面的代码中发生了什么吗？由于这里没有使用 new 操作符，因此我们不是在创建一个新的对象。这个函数调用与其他函数并没有区别，这里的 h 值应该就是该函数的返回值。而由于该函数没有显式返回值（它没有使用 return 函数），因此它实际上返回的是 undefined，并将该值赋值给了变量 h。

那么，在这种情况下 this 引用的是什么呢？答案是全局对象。

4.1.8　全局对象

之前，我们已经讨论过全局变量（以及应该如何避免使用它们）和 JavaScript 程序在宿主环境（如浏览器）中的具体运行情况。现在，我们又学习了对象的相关知识，是时候了解一些真相了：事实上，程序所在的宿主环境一般都会为其提供一个全局对象，而所谓的全局变量其实都只不过是该对象的属性罢了。

例如，当程序的宿主环境是 Web 浏览器时，它所提供的全局对象就是 window。另一种获取全局对象的方法（这种方法在浏览器以外的其他大多数环境也同样有效）是在构造器函数之外使用 this 关键字。例如，可以在任何函数之外的全局代码部分这么做。

下面，我们来看一个具体示例。首先，我们在所有函数之外声明一个全局变量，例如：

```
> var a = 1;
```

然后，我们就可以通过各种不同的方式来访问该全局变量了。

- 可以当作变量 a 来访问。
- 可以当作全局对象的一个属性来访问，例如 window['a']或者 window.a。
- 可以通过 this 所指向的全局对象属性来访问。例如：

```
> var a = 1;
> window.a;
1

> this.a;
1
```

现在，让我们回过头来分析一下刚才不使用 new 操作符调用构造器函数的情况，这时，this 值指向的是全局对象，并且所有的属性设置都是针对 this 所代表的 window 对象的。

也就是说，当我们声明了一个构造器函数，但又不通过 new 来调用它时，代码就会返回 undefined：

```
> function Hero(name) {
    this.name = name;
  }
> var h = Hero('Leonardo');
> typeof h;
"undefined"

> typeof h.name;
TypeError: Cannot read property 'name' of undefined
```

由于我们在 Hero 中使用了 this，因此这里就会创建一个全局变量（同时也是全局对象的一个属性）name：

```
> name;
"Leonardo"

> window.name;
"Leonardo"
```

而如果我们使用 new 来调用相同的构造器函数，我们就会创建一个新对象，并且 this 也会自动指向该对象：

```
> var h2 = new Hero('Michelangelo');
> typeof h2;
"object"

> h2.name;
```

```
"Michelangelo"
```

除此之外，我们在第3章所见的那些内建全局函数也都可以当作 `window` 对象方法来调用，例如下面两个调用的效果完全相同：

```
> parseInt('101 dalmatians');
101

> window.parseInt('101 dalmatians');
101
```

4.1.9 构造器属性

当我们创建对象时，实际上同时也赋予了该对象一种特殊的属性——构造器属性（constructor property）。该属性实际上是一个指向用于创建该对象的构造器函数的引用。

我们继续之前的例子：

```
> h2.constructor;
function Hero(name){
  this.name = name;
}
```

当然，由于构造器属性所引用的是一个函数，因此我们也可以利用它来创建一个其他的新对象。例如像下面这样，大意就是："无论对象 `h2` 有没有被创建，我们都可以用它来创建另一个对象"。

```
> var h3 = new h2.constructor('Rafaello');
> h3.name;
"Rafaello"
```

另外，如果对象是通过对象文本标识法所创建的，那么实际上它就是由内建构造器 `Object()` 函数所创建的（关于这一点，我们稍后还会再做详细介绍）。例如：

```
> var o = {};
> o.constructor;
function Object(){ [native code] }

> typeof o.constructor;
"function"
```

4.1.10 instanceof 操作符

通过 instanceof 操作符，我们可以测试一个对象是否是由某个指定的构造器函数所创建的。例如：

```
> function Hero(){}
> var h = new Hero();
> var o = {};
> h instanceof Hero;
true

> h instanceof Object;
true

> o instanceof Object;
true
```

注意，这里的函数名后面没有加括号（即不是 h instanceof Hero()），因为这里不是函数调用，所以我们只需像使用其他变量一样引用该函数的名字。

4.1.11 返回对象的函数

除了使用 new 操作符调用构造器函数，我们也可以抛开 new 操作符，只用一般函数来创建对象。这就需要一个能完成某些预备工作并以对象为返回值的函数。

例如，下面就有一个用于产生对象的简单函数 factory()：

```
function factory(name) {
  return {
    name: name
  };
}
```

然后我们调用 factory()来生成对象：

```
> var o = factory('one');
> o.name;
"one"
```

```
> o.constructor
function Object(){ [native code] }
```

实际上，构造器函数也是可以返回对象的，只不过在 this 值的使用上会有所不同。这意味着我们需要修改构造器函数的默认行为。下面，我们来看看具体是怎样实现的。

这是构造器的一般用法：

```
> function C() {
    this.a = 1;
  }
> var c = new C();
> c.a;
1
```

但现在要考虑的是这种用法：

```
> function C2() {
    this.a = 1;
    return {b: 2};
  }
> var c2 = new C2();
> typeof c2.a;
"undefined"

> c2.b;
2
```

能看出来发生了什么吗？在这里，构造器返回的不再是包含属性 a 的 this 对象，而是另一个包含属性 b 的对象[①]。但这也只有在函数的返回值是一个对象时才会发生，而当我们企图返回的是一个非对象类型时，该构造器将会照常返回 this。

关于对象在构造器函数内部是如何创建出来的，你可以设想在函数开头处存在一个叫作 this 的变量，这个变量会在函数结束时被返回，就像这样：

```
function C() {
  // var this = {}; //伪代码
  this.a = 1;
  // return this;
}
```

① 注意，return 语句中使用的是大括号，也就是说{b:2}是一个独立的对象。——译者注

4.1.12 传递对象

当我们复制某个对象或者将它传递给某个函数时，往往传递的都是该对象的引用。因此我们在引用上所做的任何改动，实际上都会影响它所引用的原对象。

在下面的示例中，我们将会看到对象是如何赋值给另一个变量的，并且，如果我们对该变量做一些改变操作的话，原对象也会随之改变：

```
> var original = {howmany: 1};
> var mycopy = original;
> mycopy.howmany;
1

> mycopy.howmany = 100;
100

> original.howmany;
100
```

同样，将对象传递给函数的情况也大抵如此：

```
> var original = {howmany: 100};
> var nullify = function(o) {o.howmany = 0;}
> nullify(original);
> original.howmany;
0
```

4.1.13 比较对象

当我们对对象进行比较操作时，当且仅当两个引用指向同一个对象时，结果为 `true`。而如果是不同的对象，即使它们碰巧拥有相同的属性和方法，比较操作也会返回 `false`。

下面，我们来创建两个看上去完全相同的对象：

```
> var fido = {breed: 'dog'};
> var benji = {breed: 'dog'};
```

然后，我们对它们进行比较，将会返回 `false`：

```
> benji === fido;
false
```

```
> benji == fido;
false
```

我们可以新建一个变量 mydog，并将其中一个对象赋值给它。这样一来 mydog 实际上就指向了这个变量：

```
> var mydog = benji;
```

在这种情况下，mydog 与 benji 所指向的对象是相同的（也就是说，改变 mydog 的属性就相当于改变 benji），比较操作就会返回 true：

```
> mydog === benji;
true
```

并且，由于 fido 是一个与 mydog 不同的对象，因此它与 mydog 的比较结果仍为 false：

```
> mydog === fido;
false
```

4.1.14 Webkit 控制台中的对象

在进一步深入介绍 JavaScript 的内建对象之前，让我们先来了解一些对象在 Webkit 控制台中的工作情况。

到目前为止，我们已经在本章中测试了许多示例，你应该已经注意到对象在控制台中的显示方式。如果我们想要创建一个对象，只需要在控制台中输入它的名字并按 Enter 键，后者就会返回一个单词 Object。

该单词就代表了我们的新对象，它前面还有一个箭头。单击这个箭头可以展开对象的属性。如果某个属性的值仍然是一个对象，它的前面也有一个箭头，我们就可以反复地单击展开对象。展开操作可以帮助你了解对象内部具体有哪些属性。如图 4-1 所示。

你可以暂时忽略__proto__属性。在第 5 章中我们会具体解释该属性。

console.log

另外，控制台还为我们提供了一个叫作 console 的对象和一系列的方法，例如 console.log()和 console.error()。通过这些函数，我们可以在控制台中显示我们想要查看的值，如图 4-2 所示。

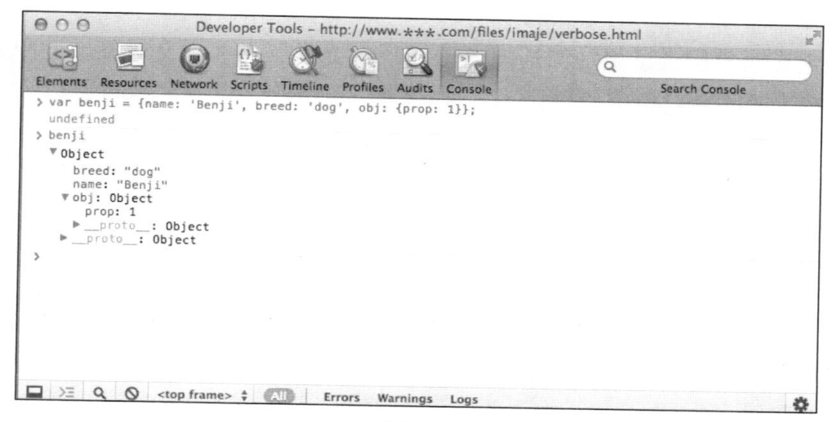

图 4-1

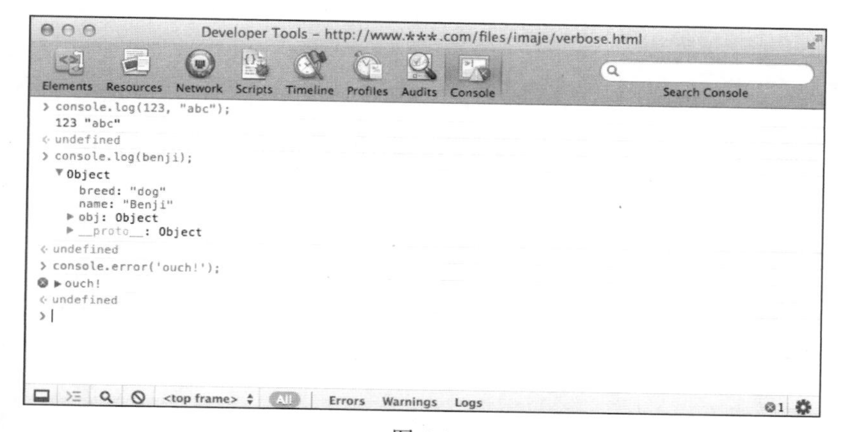

图 4-2

其中，`console.log()`既可以在我们想进行某种快速测试时提供一些便利，也可以在我们处理某些真实脚本时记录一些中间调试信息。例如在下面这个例子中，我们示范了如何在循环中使用该函数：

```
> for(var i = 0; i < 5; i++) {
    console.log(i);
  }
0
1
2
3
4
```

4.1.15 ES6 对象语法

ES6 为定义对象提供了更加简洁的语法。ES6 提供了一些定义对象属性和方法的简写形式。例如在为 JSON 对象传值时：

```
let a = 1
let b = 2
let val = {a: a, b: b}
console.log(val) // {"a":1,"b":2}
```

上述示例是我们为对象属性赋值的标准方式。在 ES6 中，如果对象属性名与变量名相同，我们可以采用以下这种简写形式：

```
let a = 1
let b = 2
let val = {a, b}
console.log(val) // {"a":1,"b":2}
```

在定义方法属性时，同样有简写的方式，正如我们之前讨论的，方法只是一些值为函数的对象属性。例如下面这个示例：

```
var obj = {
  prop: 1,
  modifier:  function() {
    console.log(this.prop);
  }
}
```

在 ES6 中，你可以直接省略 `function` 关键字。上述代码在 ES6 中可以简写为下面这种形式：

```
var obj = {
  prop: 1,
  modifier () {
    console.log(this.prop);
  }
}
```

ES6 允许你使用计算的属性名。在 ES6 之前，对象的属性名必须是固定的：

```
var obj = {
```

```
    prop: 1,
    modifier: function () {
      console.log(this.prop);
    }
  }
  obj.prop = 2;
  obj.modifier(); //2
```

上述示例中，对象的属性名 prop 和 modifier 都是固定不变的。ES6 允许你使用计算的属性名。你可以通过使用函数返回的值来动态地创建属性名：

```
let vehicle = "car"
function vehicleType(){
  return "truck"
}
let car = {
  [vehicle+"_model"]: "Ford"
}
let truck= {
  [vehicleType() + "_model"]: "Mercedez"
}
console.log(car) //{"car_model":"Ford"}
console.log(truck) //{"truck_model":"Mercedez"}
```

在创建对象 car 时，我们使用了变量 vehicle 和字符串的组合作为其属性名。在创建 truck 对象时，我们则使用了函数的返回值和字符串的组合。这种计算属性名的方式，为我们创建对象提供了极大的灵活性，同样也非常有助于消除冗余代码。

这种语法对于对象的方法属性也同样适用：

```
let object_type = "Vehicle"
let obj = {
  ["get"+object_type]() {
    return "Ford"
  }
}
```

4.2 对象属性与类型

对象一般都有若干属性，而每一个属性则拥有其键和类型。某个属性的状态都由这些类型决定，所有的属性都包含以下类型设置项。

- Enumerable（布尔值）：可枚举类型。这一类型设置定义了对象属性的可枚举性，一般系统内置属性是不可枚举的，而用户定义属性都是可枚举的，如果没有特殊的需求，一般不会修改此设置项。
- Configurable（布尔值）：可设置类型。如果此项被设置为 `false`，则该属性无法被删除或修改。

你可以通过 `Object.getOwnPropertyDescriptor()` 方法来获取对象属性的设置项：

```
let obj = {
  age: 25
}
console.log(Object.getOwnPropertyDescriptor(obj, 'age'));
//{"value":25,"writable":true,"enumerable":true,"configurable":true}
```

同时，你可以通过使用 `Object.defineProperty()` 方法来配置属性的设置项：

```
let obj = {
  age: 25
}
Object.defineProperty(obj, 'age', { configurable: false })
console.log(Object.getOwnPropertyDescriptor(obj, 'age'));
//{"value":25,"writable":true,"enumerable":true,"configurable":false}
```

虽然你很少有机会使用上述方法，但理解其作用是非常有必要的。本书的后续内容也会介绍这些方法的具体使用场景。

4.3　ES6 对象方法

ES6 提供了一些新的对象的辅助方法。例如，`Object.assign` 方法就是操作对象进行浅复制的一种非常好的方式。

4.3.1　使用 Object.assign 复制对象属性

这个方法提供了在对象之间复制属性的一种方式。换句话讲，我们可以通过这一方法将对象的属性合并（merge）到某个目标对象上：

```
let a = {}
Object.assign(a, { age: 25 })
console.log(a)  //{"age":25}
```

Object.assign 方法的第一个参数是目标对象，也是此方法返回的对象。相同的目标对象被返回给调用者。在合并时，相同的属性会被覆盖，而剩余属性则会被保留：

```
let a = {age : 23, gender: "male"}
Object.assign(a, { age: 25 })    // age overwritten, but gender ignored
console.log(a)  //{"age":25, "gender":"male"}
```

Object.assign 方法可以接收多个对象作为其参数，你可以通过 Object.assign (target, source1, source2)的方式来调用，例如：

```
console.log(Object.assign({a:1, b:2}, {a: 2}, {c: 4}, {b: 3}))
//Object {
//"a": 2,
//"b": 3,
//"c": 4
//}
```

上述示例中，我们通过该方法合并了多个对象。注意，console.log()方法返回的是我们传入 Object.assign()方法中的第一个作为参数的目标对象。

值得一提的是，只有对象中的（非继承的）可枚举属性才能通过 Object.assign()方法复制。而对象原型链（本书后续内容会有相关介绍）上的属性是不包含在内的。你也可以参考之前的属性类型来加深理解。

例如下面这个示例中，我们通过 defineProperty()方法定义了一个不可枚举属性。在通过 Object.assign()方法进行复制时，这一属性就被忽略了：

```
let a = {age : 23, gender: "male"}
Object.defineProperty(a,'superpowers', {enumberable:false, value:'ES6'})
console.log(Object.assign({}, a))
// {age: 23, gender: "male"}
```

对象中的 superpowers 属性被设置为不可枚举类型，在复制属性时被忽略。

4.3.2　使用 Object.is 方法进行比较

ES6 提供了一个非常便捷的比较两个值的方法。我们之前已经介绍了严格相等运算符===。然而，对于一些特殊值，如 NaN、-0、+0 一类的值，严格相等运算符的结果会出人意料，例如：

```
console.log(NaN===NaN) //false
console.log(-0===+0) //true
//ES6 Object.is
console.log(Object.is(NaN,NaN)) //true
console.log(Object.is(-0,+0)) //false
```

除了上述这些特殊值之间的比较，我们可以放心使用===运算符。

4.4 解构赋值

我们在编写代码时经常会进行各种对象和数组的操作。JavaScript 中的对象和数组与 JSON 格式十分类似。你可以定义对象或数组，然后访问其中的元素。ES6 中提供了很多非常方便的、访问对象属性或数组元素的方法，例如下面这个示例：

```
var config = {
  server: 'localhost',
  port: '8080'
}
var server = config.server;
var port = config.port;
```

在上述示例中，我们把 config 对象的属性赋值给了两个变量，简洁明了。但是，设想一下如果 config 对象有非常多的属性需要被赋值，其中一部分甚至是互相嵌套的属性，那么采用这种赋值方法就会非常烦琐。

ES6 提供了一种称为解构赋值（destructuring）的语法。这种语法可以通过赋值语句左侧的属性名遍历对象，允许你一次性赋值多个对象属性。例如下面这个示例中，我们通过解构赋值的方式，将 config 对象中的属性赋值给了运算符左侧的变量：

```
let config = {
  server: 'localhost',
  port: '8080',
  timeout: 900,
}
let {server,port} = config
console.log(server, port) //"localhost" "8080"
```

我们通过这种方式将 config 中的属性一次性赋值给了与属性同名的局部变量

server 和 port。当然，在使用解构赋值时，你也可以自定义变量名：

```
let {timeout : t} =config
console.log(t) //900
```

上述示例中，我们将 config 对象中 timeout 属性的值赋给了局部变量 t。

另外，你可以将对象的属性值赋值给已经声明过的变量。但要注意，在使用解构赋值时，你需要在外面加上小括号：

```
let config = {
  server: 'localhost',
  port: '8080',
  timeout: 900,
}
let server = '127.0.0.1';
let port = '80';
({server,port} = config) //用()赋值
console.log(server, port) //"localhost" "8080"
```

解构赋值语法会计算返回语句左侧的内容，因此，我们在为函数传参时，也可以使用解构赋值的方式：

```
let config = {
  server: 'localhost',
  port: '8080',
  timeout: 900,
}
let server='127.0.0.1';
let port ='80';
let timeout ='100';
function startServer(configValue){
  console.log(configValue)
}
startServer({server,port,timeout} = config)
```

如果你要赋值的变量名在对象中找不到与之匹配的属性名，这个变量的值会变成 undefined。当然，在解构赋值时，你也可以为变量设置默认值：

```
let config = {
  server: 'localhost',
  port: '8080'
```

```
}
let {server,port,timeout=0} = config
console.log(timeout)
```

在上述示例中，我们为变量 timeout 提供了默认值，这样即使 config 对象中没有 timeout 属性，timeout 也不至于被赋值为 undefined。

解构赋值同样也适用于数组，类似地，我们只需用数组的语法代替对象：

```
const arr = ['a','b']
const [x,y] = arr
console.log (x,y) /"a" "b"
```

上述示例和我们进行对象的解构赋值时几乎没什么两样。我们将数组 arr 中每个元素的值依次赋值给了 x 和 y 两个变量。如果你想跳过数组中的某个元素，可以采取下面这种方法：

```
const days = ['Thursday','Friday','Saturday','Sunday']
const [,,sat,sun] = days
console.log (sat,sun) //"Saturday" "Sunday"
```

我们可以使用逗号来占位，跳过数组的前两项，将后两项赋值给变量。数组的解构赋值同样可以摆脱变量互换赋值时对临时变量的依赖：

```
let a=1, b=2;
[b,a] = [a,b]
console.log(a,b) //2 1
```

另外，你也可以使用剩余操作符（...）来将数组中剩余的所有元素以数组的形式赋值给变量。剩余操作符在使用时只能被放置在最后：

```
const [x, ...y] = ['a', 'b', 'c']; // x='a'; y=['b', 'c']
```

4.5 内建对象

到目前为止，本章所使用的实际上都是 Object() 构造器函数，它会在我们使用对象文本标识法或访问相关构造器属性时返回新建的对象。Object() 只是 JavaScript 中众多内建构造器之一。在本章接下来的内容中，我们将会一一介绍其余的内建构造器。

内建对象大致上可以分为 3 大类，如下所示。

- 数据封装类对象——包括 Object、Array、Boolean、Number 和 String。这些对象代表着 JavaScript 中不同的数据类型，并且都拥有各自不同的 typeof 返回值（这点我们在第 2 章中讨论过），以及 undefined 和 null 状态。
- 工具类对象——包括 Math、Date、RegExp 等用于提供便利的对象。
- 错误类对象——包括一般性错误对象以及其他各种更特殊的错误类对象。它们可以在某些异常发生时帮助我们纠正程序的工作状态。

在本章，我们只讨论这些内建对象的一小部分方法。如果想获得更完整的资料，读者可以参考附录 C 中的内容。

另外值得一提的是，不要去纠结什么是内建对象，什么是内建构造器，实际上它们是一回事。用不了多久你就会明白，无论是函数还是构造器函数，最后都是对象。

4.5.1 Object[①]

Object 是 JavaScript 中所有对象的父级对象，这意味着我们创建的所有对象都继承于此。为了新建一个空对象，我们既可以用对象文本标识法，也可以调用 Object() 构造器函数，即下面这两行代码的执行结果是等价的：

```
> var o = {};
> var o = new Object();
```

我们之前提到过，所谓的“空”对象，实际上并非是完全无用的，它还是包含了一些继承来的方法和属性的。在本书中，“空”对象指的是像{}这种除继承来的属性之外不含任何自身属性的对象。下面，我们就来看看之前所创建的“空”对象 o 中的部分属性。

- o.constructor：返回构造器函数的引用。
- o.toString()：返回对象的描述字符串。
- o.valueOf()：返回对象的单值描述信息，通常返回的就是对象本身。

下面，我们来实际应用一下这些方法。首先创建一个对象：

```
> var o = new Object();
```

然后调用 toString() 方法，返回该对象的描述字符串：

① 由于 Object 本身就是一个 JavaScript 对象的名称，这里就不进行翻译了。——译者注

```
> o.toString();
"[object Object]"
```

toString()方法会在某些需要用字符串来表示对象的时候被 JavaScript 内部调用。例如 alert()的工作就需要用到这样的字符串。所以，如果我们将对象传递给了一个 alert()函数，toString()方法就会在后台被调用，也就是说，下面两行代码的执行结果是相同的：

```
> alert(o);
> alert(o.toString());
```

另外，字符串拼接操作也会使用字符串描述文本。如果我们将某个对象与字符串进行拼接，那么该对象就先调用其本身的 toString()方法：

```
> "An object: " + o;
"An object: [object Object]"
```

valueOf()方法也是所有对象共有的一个方法。对于简单对象（以 Object()为构造器的对象）来说，valueOf()方法所返回的就是对象本身：

```
> o.valueOf() === o;
true
```

总而言之：

- 我们创建对象时既可以用 var o = {}的形式（执行对象文本标识法，我们比较推荐这种方法），也可以用 var o = new Object()；
- 无论是多复杂的对象，它都继承自 Object 对象，并且拥有其所有的方法（如 toString()）和属性（如 constructor）。

4.5.2 Array()

Array()是一个用来构建数组的内建构造器函数，例如：

```
> var a = new Array();
```

它与下面的数组文本标识法是等效的：

```
> var a = [];
```

无论数组是以什么方式创建的，我们都能照常往里添加元素：

```
> a[0] = 1;
> a[1] = 2;
> a;
[1, 2]
```

当我们使用 Array() 构造器创建新数组时，也可以通过传值的方式为其设定元素：

```
> var a = new Array(1,2,3,'four');
> a;
[1, 2, 3, "four"]
```

但是如果我们传递给构造器的是一个单独的数字，就会出现一种异常情况，即该数字会被认为是数组的长度：

```
> var a2 = new Array(5);
> a2;
[undefined x 5]
```

既然数组是由构造器来创建的，那么这是否意味着数组实际上是一个对象呢？的确如此，我们可以用 typeof 操作符来验证一下：

```
> typeof [1, 2, 3];
"object"
```

由于数组也是对象，那么就说明它也继承了 Object 的所有方法和属性：

```
> var a = [1, 2, 3, 'four'];
> a.toString();
"1,2,3,four"

> a.valueOf();
[1, 2, 3, "four"]

> a.constructor;
function Array(){ [native code] }
```

尽管数组也是一种对象，但还是有一些特殊之处，因为：

◆ 数组的属性名从 0 开始递增，并自动生成数值；

◆ 数组拥有一个用于记录元素数量的 length 属性；

◆ 数组在父级对象的基础上扩展了更多额外的内建方法。

下面来实际验证一下对象与数组之间的区别，让我们从创建空对象 o 和空数组 a 开始：

```
> var a = [], o = {};
```

首先，定义数组对象时会自动生成一个 length 属性，而这在一般对象中是没有的：

```
> a.length;
0

> typeof o.length;
"undefined"
```

在为数组和对象添加以数字或非数字为键名的属性操作上，两者间并没有多大的区别：

```
> a[0] = 1;
> o[0] = 1;
> a.prop = 2;
> o.prop = 2;
```

length 属性通常会随着数字键名属性的数量而更新，并忽略非数字键名属性：

```
> a.length;
1
```

我们也可以手动设置 length 属性。如果设置的值大于当前数组中元素的数量，那么剩下的那部分会被自动创建（值为 undefined）的空元素所填充：

```
> a.length = 5;
5
> a;
[1, undefined x 4]
```

而如果我们设置的 length 值小于当前元素数，多出的那部分元素将会被移除：

```
> a.length = 2;
2
> a;
[1, undefined x 1]
```

一些数组方法

除了从父级对象那里继承的方法，数组对象中还有一些更为有用的方法，例如sort()、join()和slice()等（完整的方法列表见附录C）。

下面，我们将通过一个数组来试验一下这些方法：

```
> var a = [3, 5, 1, 7, 'test'];
```

push()方法会在数组的末端添加一个新元素，而pop()方法则会移除最后一个元素。也就是说a.push('new')就相当于a[a.length] = 'new'，而a.pop()则与a.length--的结果相同。

另外，push()返回的是改变后的数组长度，而pop()所返回的则是被移除的元素：

```
> a.push('new');
6

> a;
[3, 5, 1, 7, "test", "new"]

> a.pop();
"new"

> a;
[3, 5, 1, 7, "test"]
```

sort()方法则是用于给数组排序的，它会返回排序后的数组。在下面的示例中，排序完成后，a和b所指向的数组是相同的：

```
> var b = a.sort();
> b;
[1, 3, 5, 7, "test"]

> a === b;
true
```

join()方法会返回一个由目标数组中所有元素值用连接符连接而成的字符串，我们可以通过join()方法的参数来设定这些元素之间用什么字符（串）连接。例如：

```
> a.join(' is not ');
```

```
"1 is not 3 is not 5 is not 7 is not test"
```

slice()方法会在不修改目标数组的情况下返回其中的某个片段，该片段的首尾索引将由 slice()的头两个参数来指定（都以 0 为基数），第一个参数为起始索引，第二个参数为结束索引。起始索引标记的元素会被包含在内，而结束索引标注的元素则不会。例如：

```
> b = a.slice(1, 3);
[3, 5]

> b = a.slice(0, 1);
[1]

> b = a.slice(0, 2);
[1, 3]
```

所有的截取完成之后，原数组不变：

```
> a;
[1, 3, 5, 7, "test"]
```

splice()方法则会修改目标数组。它会移除并返回指定切片，并且在可选情况下，它还会用指定的新元素来填补被切除的空缺。该方法的头两个参数指定的是要移除切片的首尾索引，其他参数则用于填补的新元素值：

```
> b = a.splice(1, 2, 100, 101, 102);
[3, 5]

> a;
[1, 100, 101, 102, 7, "test"]
```

当然，用于填补空缺的新元素是可选的，我们也可以直接跳过：

```
> a.splice(1, 3);
[100, 101, 102]

> a;
[1, 7, "test"]
```

4.6 ES6 中的数组方法

ES6 中新加入了一些类似于第三方库 lodash 和 underscore 中的方法。有了这些新的辅助方法，创建和操作数组变得更加简单、方便。

4.6.1 Array.from

以前在 JavaScript 中，将类数组值转换为数组是很棘手的问题。人们创造了许多包含奇技淫巧的第三方库来解决这一问题。

ES6 引入了一个非常好用的方法，可以将类数组对象或可枚举值转换为数组。类数组值是指拥有 `length` 属性及索引元素的对象。例如每一个函数中都包含一个名为 `arguments` 的类数组对象，`arguments` 包含所有传入该函数的参数。在 ES6 之前，我们只能通过逐个复制的方式来将 `arguments` 转换为数组：

```
function toArray(args) {
    var result = [];
    for (var i = 0, len = args.length; i < len; i++) {
        result.push(args[i]);
    }
    return result;
}
function doSomething() {
    var args = toArray(arguments);
    console.log(args)
}
doSomething("hellow", "world")
//Array [
//  "hellow",
//  "world"
//]
```

这里我们通过循环遍历的方法，把 `arguments` 对象中的元素复制到了数组中。但这样的代码是非常冗杂的。`Array.from()`方法提供了一种非常简洁的转换类数组对象的方式：

```
function doSomething() {
    console.log(Array.from(arguments))
```

```
}
doSomething("hellow", "world")
//Array [
//  "hellow",
//  "world"
//]
```

你也可以传入自定义的映射方法来转换类数组对象中的每个元素，这在很多场景下是非常有用的，例如：

```
function doSomething() {
   console.log(Array.from(arguments, function(elem)
   { return elem + " mapped"; }));
}
```

在上述示例中，我们使用 Array.from() 方法将 arguments 对象转换为了数组，并通过传入自定义方法为其中的每个元素添加了后缀。

4.6.2 使用 Array.of 创建数组

使用 Array() 构造器创建数组可能会产生一些歧义。传入不同个数和不同类型的参数时 Arrary() 构造器会产生不同的行为。例如我们传入单个数值作为参数时，它会返回一个由赋值给参数的值所代表的长度的 undefined 元素组成的数组：

```
let arr = new Array(2)
console.log(arr) //[undefined, undefined]
console.log(arr.length) //2
```

而当你传入非数值参数时，它又会返回以该值为元素的数组：

```
let arr = new Array("2")
console.log(arr) //["2"]
console.log(arr.length) //1
```

这还没有结束。当你传入多个参数时，它会返回以所有参数为元素的数组：

```
let arr = new Array(1,"2",{obj: "3"})// [1,"2",{obj: "3"}]
console.log(arr.length) // 3
```

所以，为了避免被这种令人困惑的特性干扰，ES6 引入了一个新的方法 Array.of() 来创建数组。Array.of() 的工作方式与 Array() 构造器类似，但它只有一种行为模式，不会受传入的参数类型或个数的影响：

```
let arr1 = Array.of(2) //[2]
let arr2 = Array.of("2") //["2"]
let arr3 = Array.of(1,"2",{obj: "3"}) //[1,"2",{obj: "3"}]
```

4.6.3 Array.prototype 方法

ES6 还为数组实例提供了一些有趣的方法。你可以通过这些方法来遍历或搜索数组中的元素，这在许多场景下都非常有用。

下面是一些遍历数组元素的方法。

- `Array.prototype.entries()`
- `Array.prototype.values()`
- `Array.prorotype.keys()`

这 3 个方法的返回值均为迭代器（iterator）。你可以在 `for` 循环语句中使用它们或者传入 `Array.form()` 方法将其转换为数组：

```
let arr = ['a','b','c']
for (const index of arr.keys()){
  console.log(index) //0 1 2
}
for (const value of arr.values()){
  console.log(value) //a b c
}
for (const [index,value] of arr.entries()){
  console.log(index,value)
}
//0 "a"
//1 "b"
//2 "c"
```

同样，还有一些用来搜索数组中元素的方法。此前想要在数组中搜索某个元素，很多情况下必须遍历整个数组进行比较，因为没有内建的方法，所以即使有 `indexOf()` 或 `lastIndexOf()` 之类的方法可以找到某个元素，它们也很难满足一些复杂场景的需求。ES6 提供了以下两个方法。

- `Array.prototype.find`
- `Array.prototype.findIndex`

上述两个方法均接收两个参数。第一个是回调函数（callback），通常是条件判断规则，第二个则是可选的 this 关键字。你可以传入条件判断的逻辑作为回调函数。回调函数则接收三个参数，分别为数组元素、元素下标及数组本身。当元素符合判断条件时，回调函数会返回 ture：

```
let numbers = [1,2,3,4,5,6,7,8,9,10];
console.log(numbers.find(n => n > 5)); //6
console.log(numbers.findIndex(n => n > 5)); //5
```

4.6.4 函数

之前，我们已经了解了函数是一种特殊的数据类型，但事实还远不止如此，它实际上是一种对象。函数对象的内建构造器是 Function()，你可以将它作为创建函数的一种备选方式（但我们并不推荐这种方式）。

下列代码展示了 3 种定义函数的方式：

```
> function sum(a, b) { // 函数声明
    return a + b;
  }
> sum(1, 2);
3

> var sum = function(a, b) { // 函数表达式
    return a + b;
  };
> sum(1, 2)
3

> var sum = new Function('a', 'b', 'return a + b;');
> sum(1, 2)
3
```

如果我们使用的是 Function() 构造器，就必须要通过参数传递的方式来设定函数的参数名（通常是用字符串）以及函数体中的代码（也是用字符串）。JavaScript 引擎会对这些源代码进行解析[1]，并随即创建新函数，这样一来，就会出现与 eval() 相似的缺点。因此我们要尽量避免使用 Function() 构造器来定义函数。

如果你一定要用 Function() 构造器来创建一个拥有许多参数的函数，就要了解一

① 这是因为 JavaScript 引擎无法检查字符串（即你所传递的参数）中的内容。——译者注

点：这些参数可以是一个由逗号分隔而成的单列表。所以，下面例子中的这些函数定义是相同的：

```
> var first = new Function(
    'a, b, c, d',
    'return arguments;'
  );
> first(1,2,3,4);
[1, 2, 3, 4]

> var second = new Function(
    'a, b, c',
    'd',
    'return arguments;'
  );
> second(1,2,3,4);
[1, 2, 3, 4]

> var third = new Function(
    'a',
    'b',
    'c',
    'd',
    'return arguments;'
  );
> third(1,2,3,4);
[1, 2, 3, 4]
```

请尽量避免使用 Function()构造器。因为它与 eval()和 setTimeout()（关于该函数的讨论，我们稍后会看到）一样，始终会以字符串的形式通过 JavaScript 的代码检查。

1. 函数对象的属性

与其他对象相同的是，函数对象中也含有名为 constructor 的属性，其引用的就是 Function()这个构造器函数。无论你使用何种方式创建函数都是如此，例如：

```
> function myfunc(a){
```

```
    return a;
  }
> myfunc.constructor;
function Function(){[native code]}
```

另外，函数对象中也有一个 length 属性，用于记录该函数声明时所确定的参数数量：

```
> function myfunc(a, b, c){
    return true;
  }
> myfunc.length;
3
```

2. 使用 prototype 属性

prototype 属性是 JavaScript 中使用最为广泛的函数属性。我们将会在第 5 章中详细介绍它，现在只是做个简单说明：

- 每个函数的 prototype 属性都指向了一个对象；
- 它只有在该函数是构造器时才会发挥作用；
- 该函数创建的所有对象都会持有一个该 prototype 属性的引用，并可以将其当作自身的属性来使用。

下面，我们来演示一下 prototype 属性的使用。先创建一个简单对象，对象中只有一个 name 属性和一个 say() 方法：

```
var ninja = {
  name: 'Ninja',
  say: function(){
    return 'I am a ' + this.name;
  }
};
```

这方面的验证很简单，因为任何一个新建函数（即使这个函数没有函数体）中都会有一个 prototype 属性，而该属性会指向一个新对象：

```
> function F(){}
> typeof F.prototype;
"object"
```

如果我们现在对该 prototype 属性进行修改，就会发生一些有趣的变化：当前默认的空对象被直接替换成了其他对象。下面我们将变量 ninja 赋值给这个 prototype：

```
> F.prototype = ninja;
```

现在，如果我们将 F()当作一个构造器函数来创建对象 baby_ninja，那么新对象 baby_ninja 就会拥有对 F.prototype 属性（也就是 ninja）的访问权：

```
> var baby_ninja = new F();
> baby_ninja.name;
"Ninja"

> baby_ninja.say();
"I am a Ninja"
```

关于 prototype 属性的更多内容，我们将会在后续章节中继续讨论。实际上第 5 章整章都与此相关的内容。

3. 函数对象的方法

所有的函数对象都是继承自顶级父对象 Object 的，因此它也拥有 Object 对象的方法，例如 toString()。当我们对一个函数调用 toString()方法时，所得到的就是该函数的源码：

```
> function myfunc(a, b, c) {
    return a + b + c;
  }
> myfunc.toString();
"function myfunc(a, b, c) {
  "return a + b + c;
}"
```

但如果我们想用这种方法来查看那些内建函数的源码的话，就只会得到一个毫无用处的字符串[native code]：

```
> parseInt.toString();
"function parseInt() {[native code]}"
```

如你所见，我们可以用 toString()函数来区分本地方法和自定义方法。

toString()方法的行为与运行环境有关，浏览器之间也会有差异，比如空格和空行的多少。

4. call()与 apply()

在 JavaScript 中，每个函数都有 call()和 apply()两个方法，你可以用它们来请求函数，并指定相关的调用参数。

此外，这两个方法还有另外一个功能，即它可以让一个对象去“借用”另一个对象的方法，并为己所用。这也是一种非常简单而实用的代码复用。

下面我们定义一个 some_obj 对象，该对象中有一个 say()方法：

```
var some_obj = {
  name: 'Ninja',
  say: function(who){
    return 'Haya ' + who + ', I am a ' + this.name;
  }
};
```

这样一来，我们就可以调用该对象的 say()方法，并在其中使用 this.name 来访问其 name 属性了：

```
> some_obj.say('Dude');
"Haya Dude, I am a Ninja"
```

下面，我们再创建一个 my_obj 对象，它只有一个 name 属性：

```
> var my_obj = {name: 'Scripting guru'};
```

显然，some_obj 的 say()方法也适用于 my_obj，因此我们希望将该方法当作 my_obj 自身的方法来调用。在这种情况下，我们就可以试试 say()函数中的对象方法 call()：

```
> some_obj.say.call(my_obj, 'Dude');
"Haya Dude, I am a Scripting guru"
```

成功了！但你明白这是怎么回事吗？我们在调用 say()函数的对象方法 call()时传递了两个参数：对象 my_obj 和字符串'Dude'。这样一来，当 say()被调用时，其中的 this 就被自动设置成了 my_obj 对象的引用。因而我们看到，this.name 返回的不再是 Ninja，而是 Scripting guru 了[1]。

如果我们调用 call() 方法时需要传递更多的参数，可以在后面依次加入它们：

```
some_obj.someMethod.call(my_obj, 'a', 'b', 'c');
```

另外，如果我们没有将对象传递给 call() 的首参数，或者传递给它的是 null，它的调用对象将会被默认为全局对象[2]。

apply() 的工作方式与 call() 的基本相同，唯一的不同之处在于参数的传递形式，这里目标函数所需要的参数都是通过一个数组来传递的。所以，下面两行代码的作用是等效的：

```
some_obj.someMethod.apply(my_obj, ['a', 'b', 'c']);
some_obj.someMethod.call(my_obj, 'a', 'b', 'c');
```

因而，对于之前的示例，我们也可以这样写：

```
> some_obj.say.apply(my_obj, ['Dude']);
"Haya Dude, I am a Scripting guru"
```

5. 重新认识 arguments 对象

在上一章中，我们已经掌握了如何在一个函数中通过 arguments 来访问传递给该函数所需的全部参数。例如：

```
> function f() {
    return arguments;
  }
> f(1,2,3);
[1, 2, 3]
```

尽管 arguments 看上去像是一个数组，但它实际上是一个类似于数组的对象。它和数组相似是因为其中也包含了索引元素和 length 属性。但相似之处也就到此为止了，因为 arguments 不提供像 sort()、slice() 这样的数组方法。

但我们可以把 arguments 转换成数组，这样就可以对它使用各种各样的数组方法了。在下面这个例子中，我们用刚学到的 call() 方法做到了这点：

---

① 实际上就是通过 call() 的首参数修改了对象函数的 this 值。——译者注

② 即 this 指向的是全局对象。——译者注

```
> function f(){
    var args = [].slice.call(arguments);
    return args.reverse();
}

> f(1,2,3,4);
[4,3,2,1]
```

如你所见，这里的做法是新建一个空数组[]，再使用它的 slice 属性。当然，你也可以通过 Array.prototype.slice 来调用同一个函数。

4.7　箭头函数中的 this

我们在之前的章节中对 ES6 的箭头函数作了初步的介绍。需要特别注意的是，箭头函数与普通函数在一些行为模式上是有区别的。这一区别看似微小却很重要，那就是箭头函数并没有属于自身的 this。箭头函数的 this 值继承于定义时的作用域环境。

函数方法在被调用时都会传入一个特殊的变量 this。而 this 值则是根据函数定义的上下文和执行环境（通常是在某个对象中）动态变化的。所以它有时也称为动态 this。函数会在两种作用域中被调用：词法作用域及动态作用域。词法作用域表示该函数的上下文环境，而动态作用域则是调用该函数的作用域（通常是一个对象）。

在 JavaScript 中，函数扮演着不同的角色。例如非方法函数（又称为子例程或函数声明）、方法函数（属于某个对象的函数）以及构造器函数。通过函数声明创建的函数由于 this 会动态变化的特性，可能会产生一些问题。因为它不隶属于某个对象，在严格模式中它的 this 为 undefined，在其他情况下则指向全局对象（如 window）。如此一来，在我们执行回调函数的时候，就可能会遇到一些困难：

```
var greeter = {
  default: "Hello ",
  greet: function (names){
    names.forEach(function(name) {
console.log(this.default + name); //不能读取属性
    'default' of undefined
    })
  }
}
console.log(greeter.greet(['world', 'heaven']))
```

我们为数组 name 的 forEach()方法传入的回调函数并不能够访问到对象 greeter 的 this，但在示例中，显然它需要获取到 this 才能够顺利执行，然而 greet 方法并不能访问到其作用域外的 this。很明显，这个对象的子例程需要获取上下文中的 this。传统的解决方案是，将 this 赋值给一个临时变量，然后在回调函数中访问：

上述示例可以修改为：

```
var greeter = {
  default: "Hello ",
  greet: function (names){
    let that = this
    names.forEach(function(name) {
      console.log(that.default + name);
    })
  }
}
console.log(greeter.greet(['world', 'heaven']))
```

这确实不是唯一的曲线救国的方法。但这种写法会影响代码的可维护性。维护和审查此类代码的人需要精通 this 关键字的各类特殊行为。即使你对 this 关键字的行为了如指掌，也需要时刻注意代码中出现的此类投机取巧的写法。

箭头函数则不需要这类奇技淫巧也能够顺利获取 this。它更适合在一个对象的子例程中使用。我们可以将上述示例改写成下列用箭头函数的写法：

```
var greeter = {
  default: "Hello ",
  greet: function (names){
    names.forEach(name=> {
      console.log(this.default + name); //该子程序可以使用词法'this'
    })
  }
}
console.log(greeter.greet(['world', 'heaven']))
```

4.7.1 推断对象类型

之前，我们已经介绍过 arguments 对象跟数组之间的相似之处。但二者之间具体应该如何区分呢？或者我们换一种问法：既然数组的 typeof 返回值也为 object，那么该如何区分对象与数组呢？

答案是使用 Object 对象的 toString()方法。这个方法会返回所创建对象的内部类名：

```
> Object.prototype.toString.call({});
"[object Object]"

> Object.prototype.toString.call([]);
"[object Array]"
```

在这里，toString()方法必须来自 Object 构造器的 prototype 属性。直接调用 Array 的 toString()方法是不行的，因为在 Array 对象中，这个方法已经出于其他目的被覆写了：

```
> [1, 2, 3].toString();
"1,2,3"
```

也可以写为：

```
> Array.prototype.toString.call([1, 2, 3]);
"1,2,3"
```

下面我们来做一些更有趣的尝试。你也可以单独为 Object.prototype.toString 设置一个引用变量，以便让代码更简短一些：

```
> var toStr = Object.prototype.toString;
```

如果用这个方法调用 arguments，你很快就能发现它与 Array 之间的区别：

```
> (function () {
    return toStr.call(arguments);
  }());
"[object Arguments]"
```

同样，这个方法也适用于 DOM 元素：

```
> toStr.call(document.body);
"[object HTMLBodyElement]"
```

4.7.2 Boolean

下面继续我们的 JavaScript 内建对象之旅。接下来要介绍的对象相对来说就简单多了，它们不过是一些基本数据类型的封装，主要包括 Boolean、Number、String 等。

在第 2 章中，我们已经学习了大量关于 Boolean 类型的应用。在这里，我们要介绍的是与 Boolean()构造器相关的内容：

```
> var b = new Boolean();
```

最重要的一点是，我们必须明白这里所新创建的 b 是一个对象，而不是一个基本数据类型的布尔值。如果想将 b 转换成基本数据类型的布尔值，我们可以调用它的 valueOf()方法（继承自 Object 对象）：

```
> var b = new Boolean();
> typeof b;
"object"

> typeof b.valueOf();
"boolean"

> b.valueOf();
false
```

总体而言，用 Boolean()构造器所创建的对象并没有多大实用性，因为它并没有提供来自父级对象以外的任何方法和属性。

不使用 new 操作符而作为一般函数单独使用时，Boolean()可以将一些非布尔值转换为布尔值（其效果相当于进行两次取反操作：!!）：

```
> Boolean("test");
true

> Boolean("");
false

> Boolean({});
true
```

而且，在 JavaScript 中，除了那 6 种 falsy 值外，其他所有的都属于 truthy 值[①]，其中也包括所有的对象。这就意味着所有由 new Boolean()语句创建的布尔对象都等于 true，因为它们都是对象：

```
> Boolean(new Boolean(false) );
```

① 关于 falsy 和 truthy，作者在第 2 章中已经讨论过了。——译者注

```
true
```

这种情况确实很容易让人混淆。而且考虑到 Boolean 对象中并没有很特别的方法，我们建议你最好还是一直使用基本类型来表示布尔值比较妥当。

4.7.3 Number

Number()函数的用法与 Boolean()类似，即：

- 在被当作构造器函数时（即使用 new 操作符），它会创建一个对象；
- 在被当作一般函数时，它会试图将任何值转换为数字，这与 parseInt()或 parseFloat()的作用基本相同。

```
> var n = Number('12.12');
> n;
12.12

> typeof n;
"number"

> var n = new Number('12.12');
> typeof n;
"object"
```

由于函数本身也是对象，因此会拥有一些属性。在 Number()函数中，有一些内建属性是值得我们注意的（它们是不可修改的）：

```
> Number.MAX_VALUE;
1.7976931348623157e+308

> Number.MIN_VALUE;
5e-324

> Number.POSITIVE_INFINITY;
Infinity

> Number.NEGATIVE_INFINITY;
-Infinity

> Number.NaN;
NaN
```

此外，Number 对象还提供了 3 个方法，它们分别是：toFixed()、toPrecision() 和 toExponential()（详细内容见附录 C）：

```
> var n = new Number(123.456);
> n.toFixed(1);
"123.5"
```

需要注意的是，你可以在事先未创建 Number 对象的情况下使用这些方法。在这些例子中，Number 对象均在后台被创建和销毁：

```
> (12345).toExponential();
> "1.2345e+4"
```

与所有的对象一样，Number 对象也提供了自己的 toString() 方法。但值得注意的是，该对象的 toString() 方法有一个可选的 radix 参数（它的默认值是 10）：

```
> var n = new Number(255);
> n.toString();
"255"

> n.toString(10);
"255"

> n.toString(16);
"ff"

> (3).toString(2);
"11"

> (3).toString(10);
"3"
```

4.7.4　String

同样，我们可以通过 String() 构造器函数来新建 String 对象。该对象为我们提供了一系列用于文本操作的方法。

下面，我们通过一个示例来看看 String 对象与基本的字符串类型之间有什么区别。

```
> var primitive = 'Hello';
> typeof primitive;
"string"
```

```
> var obj = new String('world');
> typeof obj;
"object"
```

String 对象实际上就像是一个字符数组，其中也包括用于每个字符的索引属性（虽然这个特性在 ES5 开始才引入，但早已被除了早期版本的 IE 外的各大浏览器支持），以及整体的 length 属性。例如：

```
> obj[0];
"w"

> obj[4];
"d"

> obj.length;
5
```

如果我们想获得 String 对象的基本类型值，可以调用该对象的 valueOf()或 toString()方法（都继承自 Object 对象）。不过你可能很少有机会这么做，因为在很多场景中，String 对象都会被自动转换为基本类型的字符串：

```
> obj.valueOf();
"world"

> obj.toString();
"world"

> obj + "";
"world"
```

而基本类型的字符串就不是对象了，因此它们不含有任何属性和方法。但 JavaScript 还是为我们提供了一些将基本类型字符串转换为 String 对象的语法（就像我们之前转换基本类型的数字一样）。

例如在下面的示例中，当我们将一个基本字符串当作对象来使用时，后台就会相应的创建 String 对象，在调用完之后又把 String 对象立即销毁。

```
> "potato".length;
6
```

```
> "tomato"[0];
"t"

> "potato"["potatoes".length - 1];
"s"
```

最后我们再来看一个说明基本字符串与 String 对象之间区别的例子。当它们被转换成布尔值时，尽管空字符串属于 falsy 值，但所有的 String 对象都是 truthy 值（因为所有的对象都是 truthy 值）。

```
> Boolean("");
false

> Boolean(new String(""));
true
```

与 Number() 和 Boolean() 类似，如果我们不通过 new 操作符来调用 String()，它就会试图将其参数转换为一个基本字符串：

```
> String(1);
"1"
```

如果其参数是一个对象的话，这就等于调用该对象的 toString() 方法：

```
> String({p: 1});
"[object Object]"

> String([1,2,3]);
"1,2,3"

> String([1, 2, 3]) === [1, 2, 3].toString();
true
```

String 对象的一些方法

下面，让我们来示范一下部分 String 对象方法的调用（如果想获得完整的方法列表，可以参考附录 C）。

首先从新建 String 对象开始：

```
> var s = new String("Couch potato");
```

接下来是用于字符串大小写转换的方法，toUpperCase()与 toLowerCase()：

```
> s.toUpperCase();
"COUCH POTATO"

> s.toLowerCase();
"couch potato"
```

charAt()方法返回的是我们指定位置的字符，它与方括号的作用相当（字符串本身就是一个字符数组）。例如：

```
> s.charAt(0);
"C"

> s[0];
"C"
```

如果我们传递给 charAt()方法的位置并不存在，它就会返回一个空字符串：

```
> s.charAt(101);
""
```

indexOf()方法可以帮助我们实现字符串内部搜索，该方法在遇到匹配字符时会返回第一次匹配位置的索引。因为该索引是从 0 开始计数的，所以字符串 Couch 中第二个字符 o 的索引为 1：

```
> s.indexOf('o');
1
```

另外，我们也可以通过可选参数指定搜索开始的位置（以索引的形式）。例如下面代码所找到的就是字符串中的第二个 o，因为我们指定的搜索是从索引 2 开始的。

```
> s.indexOf('o', 2);
7
```

如果我们想让搜索从字符串的末端开始，可以调用 lastIndexOf()方法（但返回的索引仍然是从前到后计数的）：

```
> s.lastIndexOf('o');
11
```

当然，上述方法的搜索对象不仅仅局限于字符，也可以用于字符串搜索，并且搜索是区分大小写的：

```
> s.indexOf('Couch');
0
```

如果方法找不到匹配对象，返回的索引就为-1：

```
> s.indexOf('couch');
-1
```

如果我们想进行一次大小写无关的搜索，可以将字符串转换为小写后再执行搜索：

```
> s.toLowerCase().indexOf('couch'.toLowerCase());
0
```

如果相关的搜索方法返回的索引是 0，就说明字符串的匹配部分是从索引 0 开始的。这有可能会给 `if` 语句的使用带来某些混淆，当我们像下面这样使用 `if` 语句时，就会将索引 0 隐式地转换为布尔值 `false`。虽然这种写法没有什么语法错误，但在逻辑上却完全错了：

```
if (s.indexOf('Couch')) {...}
```

正确的做法是：当我们用 `if` 语句检测一个字符串中是否包含另一个字符串时，可以用数字-1 来作为 `indexOf()` 结果的比较参照。例如：

```
if (s.indexOf('Couch') !== -1) {...}
```

接下来，我们要介绍的是 `slice()` 和 `substring()`，这两个方法都可以用于返回目标字符串中指定的区间：

```
> s.slice(1, 5);
"ouch"

> s.substring(1, 5);
"ouch"
```

需要注意的是，这两个方法的第二个参数所指定的都是区间的末端位置，而不是该区间的长度。这两个方法的不同之处在于对负值参数的处理方式上。`substring()` 方法会将负值视为 0，而 `slice()` 方法则会将负值与字符串的长度相加。因此，如果我们传给它们的参数是

(1,-1)的话，它们的实际情况分别是substring(1, 0)和slice (1,s. length-1)：

```
> s.slice(1, -1);
"ouch potat"

> s.substring(1, -1);
"C"
```

还有一个方法 substr()，但因为它不在 JavaScript 的标准中，所以你应该尽量用substring()代替它。

split()方法可以根据我们所传递的分隔字符串，将目标字符串分割成一个数组。例如：

```
> s.split(" ");
["Couch", "potato"]
```

split()是join()的反操作，join()则会将一个数组合并成一个字符串。例如：

```
> s.split(' ').join(' ');
"Couch potato"
```

concat()方法通常用于合并字符串，它的功能与基本字符串类型的+操作符类似：

```
> s.concat("es");
"Couch potatoes"
```

需要注意的是，到目前为止，我们所讨论的方法返回的都是一个新的基本字符串，它们所做的任何修改都不会改动源字符串。所有的方法调用都不会影响原始字符串的值。例如：

```
> s.valueOf();
"Couch potato"
```

通常情况下，我们会用 indexOf()和 lastIndexOf()方法进行字符串内搜索，但除此之外还有一些功能更为强大的方法（如search()、match()、replace()等）。它们可以将正则表达式作为参数来执行搜索任务。关于正则表达式，我们将会在稍后的RegExp()构造器函数介绍中加以详细讨论。

现在，数据封装类对象已经全部介绍完了，接下来，我们要介绍一些工具类对象，它们分别是Math、Date和RegExp。

4.7.5 Math

Math 与我们之前所见过的其他全局内建对象是有些区别的。Math 对象不是函数对象，所以我们不能对它使用 new 操作符以创建别的对象。实际上，Math 只是一个包含一系列方法和属性、用于数学运算的全局内建对象。

Math 的属性都是一些不可修改的常数，因此它们都以名字大写的方式来表示自己与一般属性变量的不同（这类似于 Number() 构造器的常数属性）。下面就让我们来看看这些属性。

◆ 数字常数 π：

```
> Math.PI;
3.141592653589793
```

◆ 2 的平方根：

```
> Math.SQRT2;
1.4142135623730951
```

◆ 欧拉常数 e：[1]

```
> Math.E;
2.718281828459045
```

◆ 2 的自然对数：

```
> Math.LN2;
0.6931471805599453
```

◆ 10 的自然对数：

```
> Math.LN10;
2.302585092994046
```

现在，你知道下次该如何在朋友们面前炫耀了吧？（无论出于怎么样的尴尬理由）当他们开始使劲回想诸如“e 的值是什么？我怎么忘记了”时，我们只需要轻松地在控制台中输入 Math.E，就会立即得到答案。

接下来，我们再来看看 Math 对象所提供的一些方法（完整的方法列表请见附录 C）。

① 即自然对数的底数。——译者注

首先是生成随机数：

```
> Math.random();
0.3649461670235814
```

random()所返回的是 0 到 1 之间的某个数，所以如果我们想要获得 0 到 100 之间的某个数的话，就可以这样：

```
> 100 * Math.random();
```

如果我们需要的是某两个值（max 和 min）之间的值，可以通过一个公式((max - min) * Math.random()) + min 来获取。例如，我们想获取的是 2 到 10 之间的某个数，就可以这样：

```
> 8 * Math.random() + 2;
9.175650496668485
```

如果这里需要的是一个整数的话，你可以调用以下取整方法。

- floor()：取小于或等于指定值的最大整数。
- ceil()：取大于或等于指定值的最小整数。
- round()：取最靠近指定值的整数。

例如，下面的执行结果要么是 0 要么是 1：

```
> Math.round(Math.random());
```

如果我们想获得一个数字集合中的最大值或最小值，则可以调用 max()和 min()方法。所以，当我们在一个表单中需要一个合法的月份值时，则可以用下面的方式来确保相关的数据能正常工作：

```
> Math.min(Math.max(1, input), 12);
```

除此之外，Math 对象还提供了一些用于执行数学运算的方法，对于这些运算，我们不需要专门设计即可使用。这意味着当我们想要执行指数运算时只需要调用 pow()方法，而求平方根时只需要调用 sqrt()，另外还包括所有的三角函数运算——sin()、cos()、atan()等。

例如，求 2 的 8 次方：

```
> Math.pow(2, 8);
256
```

求 9 的平方根：

```
> Math.sqrt(9);
3
```

4.7.6 Date

Date() 是用于创建 Date 对象的构造器函数，我们在用它创建对象时可以传递以下几种参数。

- 无参数（默认为当天的日期）。
- 一个用于表示日期的字符串。
- 分开传递的日、月、时间等值。
- 一个时间戳（timestamp）值。[①]

下面是一个表示当天日期和时间的对象示例（使用的是浏览器时间）：

```
> new Date();
Wed Feb 27 2013 23:49:28 GMT-0800 (PST)
```

控制台显示了调用 Date 对象的 toString() 方法的结果，因此这里的长字符串“Wed Feb 27 2013 23:49:28 GMT-0800(PST)”实际上就是这个 Date 对象的字符串表示。

接下来，我们来看一些用字符串初始化 Date 对象的示例，注意它们各自不同的格式以及所指定的时间。

```
> new Date('2015 11 12');
Thu Nov 12 2015 00:00:00 GMT-0800 (PST)

> new Date('1 1 2016');
Fri Jan 01 2016 00:00:00 GMT-0800 (PST)

> new Date('1 mar 2016 5:30');
Tue Mar 01 2016 05:30:00 GMT-0800 (PST)
```

① UNIX 时间，或称 POSIX 时间，是 UNIX 或类 UNIX 系统使用的时间表示方式：从协调世界时 1970 年 1 月 1 日 0 时 0 分 0 秒起至现在的总秒数，不包括闰秒。——译者注

Date 构造器可以接收各种不同格式的字符串日期输入表示法，但若要定义一个精确的日期，例如将用户的输入直接传递给 Date 构造器，这样做显然不够可靠。更好的选择是向 Date()构造器传递一些具体的数值，其中包括以下部分。

- 年份。
- 月份：从 0（1 月）到 11（12 月）。
- 日期：从 1 到 31。
- 小时数：从 0 到 23。
- 分钟数：从 0 到 59。
- 秒数：从 0 到 59。
- 毫秒数：从 0 到 999。

现在让我们来看一些具体示例。

如果我们传递所有参数：

```
> new Date(2015, 0, 1, 17, 05, 03, 120);
Tue Jan 01 2015 17:05:03 GMT-0800 (PST)
```

如果只传递日期和小时数：

```
> new Date(2015, 0, 1, 17);
Tue Jan 01 2015 17:00:00 GMT-0800 (PST)
```

在这里，我们需要注意一件事，因为月份是从 0 开始的，所以这里的 1 指的是 2 月：

```
> new Date(2016, 1, 28);
Sun Feb 28 2016 00:00:00 GMT-0800 (PST)
```

如果我们所传递的值越过了被允许的范围，Date 对象会自行启动“溢出式”前进处理。例如，因为 2016 年 2 月不存在 30 日这一天，所以它会自动解释为该年的 3 月 1 日（2016 年为闰年）：

```
> new Date(2016, 1, 29);
Mon Feb 29 2016 00:00:00 GMT-0800 (PST)

> new Date(2016, 1, 30);
Tue Mar 01 2016 00:00:00 GMT-0800 (PST)
```

类似，如果我们传递的是 12 月 32 日，就会被自动解释为来年的 1 月 1 日：

```
> new Date(2012, 11, 31);
Mon Dec 31 2012 00:00:00 GMT-0800 (PST)

> new Date(2012, 11, 32);
Tue Jan 01 2013 00:00:00 GMT-0800 (PST)
```

最后，我们也可以通过时间戳的方式来初始化一个 Date 对象（这是一个以毫秒为单位的 UNIX 纪元方式，开始于 1970 年 1 月 1 日）：

```
> new Date(1357027200000);
Tue Jan 01 2013 00:00:00 GMT-0800 (PST)
```

如果我们在调用 Date()时没有使用 new 操作符，那么无论是否传递了参数，所得字符串的内容始终都将是当前的日期和时间（就像下面示例所运行的那样）：

```
> Date();
Wed Feb 27 2013 23:51:46 GMT-0800 (PST)

> Date(1, 2, 3, "it doesn't matter");
Wed Feb 27 2013 23:51:52 GMT-0800 (PST)

> typeof Date();
"string"

> typeof new Date();
"object"
```

1. Date 对象的方法

一旦我们创建了 Date 对象，就可以调用该对象中的许多方法了。其中使用最多的都是一些名为 set*()或 get*()的方法，例如 getMonth()、setMonth()、getHours()、setHours()等。下面我们来看一些具体的示例。

首先，新建一个 Date 对象：

```
> var d = new Date(2015, 1, 1);
> d.toString();
Sun Feb 01 2015 00:00:00 GMT-0800 (PST)
```

然后，将其月份设置成3月（记住，月份值是从0开始的）：

```
> d.setMonth(2);
1425196800000

> d.toString();
Sun Mar 01 2015 00:00:00 GMT-0800 (PST)
```

接着，我们读取月份值：

```
> d.getMonth();
2
```

除了这些实例方法，`Date()`函数/对象中还有另外两个方法（ES5中又新增了一个）。这两个属性不需要在实例化情况下使用，它们的工作方式与 `Math` 方法基本相同。在基于类的概念的编程语言中，它们往往被称为“静态”方法，因为它们的调用不需要依托对象实例。

例如，`Date.parse()`方法会将其所接收的字符串转换成相应的时间戳格式，并返回：

```
> Date.parse('Jan 11, 2018');
1515657600000
```

而 `Date.UTC()`方法则可以接收包括年份、月份、日期等在内的所有参数，并以此产生一个相应的、符合格林尼治时间标准的时间戳值：

```
> Date.UTC(2018, 0, 11);
1515628800000
```

由于用 `Date` 创建对象时可以接收一个时间戳参数，因此我们也可以直接将 `Date.UTC()`的结果传递给该构造器。在下面的示例中，我们演示了如何在新建 `Date` 对象的过程中，将 `UTC()`返回的格林尼治时间转换为本地时间：

```
> new Date(Date.UTC(2018, 0, 11));
Wed Jan 10 2018 16:00:00 GMT-0800 (PST)

> new Date(2018, 0, 11);
Thu Jan 11 2018 00:00:00 GMT-0800 (PST)
```

此外，ES5 还为 `Date` 构造器新增了 `now()`方法，以用于返回当前的时间戳。与在 ES3 中对一个 `Date` 对象调用 `getTime()`方法相比，这种新方法显然更为简洁。例如：

```
> Date.now();
1362038353044

> Date.now() === new Date().getTime();
true
```

你可以认为，日期的内部表达形式就是一个整数类型的 timestamp，而它的其他表达形式只不过是这种内部形式的“糖衣”。这么一来，我们就很容易理解为什么 Date 对象的 valueOf()返回的是一个 timestamp：

```
> new Date().valueOf();
1362418306432
```

而将 Date 转换为整数则只需要一个+操作符：

```
> + new Date();
1362418318311
```

2. 例子：计算生日

下面，我们再来看最后一个关于 Date 对象的示例。假如，我很好奇自己 2016 年的生日（6 月 20 日）是星期几，就可以这样：

```
> var d = new Date(2016, 5, 20);
> d.getDay();
1
```

由于星期数是从 0（星期日）开始计数的，因此，1 应该代表星期一。我们来验证一下：

```
> d.toDateString();
"Mon Jun 20 2016"
```

好吧，星期一是没错，但那显然不是一个搞派对的最佳日子。接下来我要设计一个循环，看看从 2016 年到 3016 年有多少个 6 月 20 日是星期一，并查看一下这些日子在一周当中的分布情况。

首先，我们来初始化一个包含 7 个元素的数组，每个元素都分别对应一周中的一天，以充当计数器。也就是说，在循环到 3016 年的过程中，我们将会根据执行情况递增相关的计数器：

```
var stats = [0,0,0,0,0,0,0];
```

接下来就是该循环的实现：

```
for (var i = 2016; i < 3016; i++) {
   stats[new Date(i, 5, 20).getDay()]++;
}
```

然后，我们来看看结果：

```
> stats;
[140, 146, 140, 145, 142, 142, 145]
```

哇哦！有 142 个星期五和 145 个星期六，不错不错！

4.7.7 RegExp

正则表达式（regular expression）提供了一种强大的文本搜索和处理的方式。对于正则表达式，不同的语言有着不同的实现（就像“方言”）。JavaScript 所采用的是 Perl 5 的语法。

另外，简便起见，人们经常会将 regular expression 缩写成 regex 或者 regexp。

一个正则表达式通常由以下两部分组成。

- 一个用于匹配的模式文本。
- 用 0 个或多个修饰符（也称为标志）描述的匹配模式细节。

该匹配模式也可以是简单的全字符文本，但这种情况极少，而且此时我们多半会使用 `indexOf()` 这样的方法，而很少会用到正则表达式。在大多数情况下，匹配模式往往更为复杂，也更难以理解。事实上，掌握正则表达式是一个很大的话题，我们也不打算在这里详细讨论它们。我们只会介绍它在 JavaScript 中的语法，以及可用于正则表达式的对象和方法。另外，我们还在附录 D 中提供了一份完整的匹配模式编写指南，以供读者参考。

在 JavaScript 中，我们通常会利用内建构造器 `RegExp()` 来创建正则表达式对象，例如：

```
> var re = new RegExp("j.*t");
```

另外，`RegExp` 对象还有一种更为简便的正则文本标记法（regexp literal notation）：

```
> var re = /j.*t/;
```

在上面的示例中，“j.*t”就是我们之前说的正则表达式模式。其具体含义是“匹配任何以 j 开头、以 t 结尾的字符串，且这两个字符之间可以包含 1 个或多个字符”。其中的*的意思就是“0 个或多个单元”，而这里的点号（.）所表示的是“任意字符”。当然，当我们向 RegExp() 构造器传递该模式时，还必须将它放在一对引号中。

1. RegExp 对象的属性

以下是一个正则表达式对象所具有的属性。

- global：如果该属性值为 false（这也是默认值），相关搜索在找到第一个匹配时就会停止。如果需要找出所有的匹配，将其设置为 true 即可。
- ignoreCase：设置大小写相关性，默认为 false（默认值为大小写相关）。
- multiline：设置是否跨行搜索，默认为 false。
- lastIndex：搜索开始的索引位，默认值为 0。
- source：用于存储 RegExp 模式。

另外，除了 lastIndex，上面所有属性在对象创建之后就不能再被修改了。

而且，前 3 个属性是可以通过 regex 修饰符来表示的。当我们通过构造器来创建 regex 对象时，可以向构造器的第二参数传递下列字符的任意组合。

- g 代表 global。
- i 代表 ignoreCase。
- m 代表 multiline。

这些字符可以以任意顺序传递，只要它们被传递给了构造器，相应的修饰符就会被设置为 true。例如在下面的示例中，我们将所有的修饰符都设置成了 true：

```
> var re = new RegExp('j.*t', 'gmi');
```

现在来验证一下：

```
> re.global;
true
```

不过，这里的修饰符一旦被设置了就不能更改：

```
> re.global = false;
```

```
> re.global;
true
```

另外，我们也可以通过文本方式来设置这种 regex 的修饰符，只需将它们加在斜杠后面：

```
> var re = /j.*t/ig;
> re.global;
true
```

2. RegExp 对象的方法

RegExp 对象中有两种可用于查找匹配内容的方法：test()和 exec()。这两个方法的参数都是一个字符串，但 test()方法返回的是一个布尔值（找到匹配内容时为 true，否则就为 false），exec()方法返回的则是一个由匹配到的字符串组成的数组。显然，exec()能做的工作更多，而 test()只有在我们不需要匹配的具体内容时才会有所用处。人们通常会用正则表达式来执行某些验证操作，在这种情况下往往使用 test()就够了。

下面的表达式是不匹配的，因为目标字符串中是大写的 J：

```
> /j.*t/.test("Javascript");
false
```

如果将其改成大小写无关的，结果就返回 true 了：

```
> /j.*t/i.test("Javascript");
true
```

同样，我们也可以用测试一下 exec()方法，并访问它所返回数组的首元素：

```
> /j.*t/i.exec("Javascript")[0];
"Javascript"
```

3. 以正则表达式为参数的字符串方法

在本章前面，我们曾介绍过如何使用 String 对象的 IndexOf()和 lastIndexOf()方法来搜索文本。但这些方法只能用于纯字符串式的搜索，如果想获得更强大的文本搜索能力就需要用到正则表达式了。String 对象也为我们提供了这种能力。

在 String 对象中，以正则表达式对象为参数的方法主要有以下。

- match()方法：返回的是一个包含匹配内容的数组。

- search()方法：返回的是第一个匹配内容所在的位置。
- replace()方法：该方法能将匹配的文本替换成指定的字符串。
- split()方法：能根据指定的正则表达式将目标字符串分割成若干数组元素。

4. search()与 match()

下面来看一些 search()与 match()方法的示例。首先，我们来新建一个 String 对象：

```
> var s = new String('HelloJavaScriptWorld');
```

然后调用其 match()方法，这里返回的结果数组中只有一个匹配对象：

```
> s.match(/a/);
["a"]
```

接下来，我们对其施加 g 修饰符，进行全局搜索，这样一来返回的数组中就有了两个元素：

```
> s.match(/a/g);
["a", "a"]
```

下面进行大小写无关的匹配操作：

```
> s.match(/j.*a/i);
["Java"]
```

search()方法则会返回匹配字符串的位置：

```
> s.search(/j.*a/i);
5
```

5. replace()

replace()方法可以将相关的匹配文本替换成某些其他字符串。在下面的示例中，我们移除了目标字符串中的所有大写字符（实际上是替换为空字符串）：

```
> s.replace(/[A-Z]/g, '');
"elloavacriptorld"
```

如果我们忽略 g 修饰符，结果就只有首个匹配字符被替换掉：

```
> s.replace(/[A-Z]/, '');
"elloJavaScriptWorld"
```

当某个匹配对象被找到时，如果我们想让相关的替换字符串中包含匹配的文本，可以使用$&来代替所找到的匹配文本。例如，我们在每一个匹配字符前面加了一个下划线：

```
> s.replace(/[A-Z]/g, "_$&");
"_Hello_Java_Script_World"
```

如果正则表达式中分了组（即带括号），那么可以用$1来表示匹配分组中的第一组，而$2 则表示第二组，以此类推：

```
> s.replace(/([A-Z])/g, "_$1");
"_Hello_Java_Script_World"
```

假设我们的 Web 页面上有一个注册表单，上面会要求用户输入 E-mail 地址、用户名和密码。当用户输入他们的 E-mail 地址时，我们可以利用 JavaScript 将 E-mail 地址的前半部分提取出来，作为后面用户名字段的建议：

```
> var email = "stoyan@phpied.com";
> var username = email.replace(/(.*)@.*/, "$1");
> username;
"stoyan"
```

6. 回调式替换

当我们需要执行一些特定的替换操作时，也可以通过返回字符串的函数来完成。这样，我们就可以在执行替换操作之前实现一些必要的处理逻辑：

```
> function replaceCallback(match){
   return "_" + match.toLowerCase();
  }

> s.replace(/[A-Z]/g, replaceCallback);
"_hello_java_script_world"
```

该回调函数可以接收一系列的参数（在上面的示例中，我们忽略了所有参数，但首参数是依然存在的）。

- 首参数是正则表达式所匹配的内容。
- 尾参数则是被搜索的字符串。
- 尾参数之前的参数表示的是匹配内容所在的位置。
- 剩余的参数可以是由 regex 模式所分组的所有匹配字符串组。

下面让我们来具体测试一下。首先，我们新建一个变量，用于存储之后传递给回调函数的整个 `arguments` 对象：

```
> var glob;
```

下一步是定义一个正则表达式，我们将 E-mail 地址分成 3 个匹配组，具体格式如 `something@something.something`：

```
> var re = /(.*)@(.*)\.(.*)/;
```

最后就是定义相应的回调函数了，它会接收 `glob` 数组中的参数，并返回相应的替换内容：

```
var callback = function(){
  glob = arguments;
  return arguments[1] + ' at ' + arguments[2] + ' dot ' +arguments[3];
};
```

然后我们就可以这样调用它们了：

```
> "stoyan@phpied.com".replace(re, callback);
"stoyan at phpied dot com"
```

下面是该回调函数返回的参数内容：

```
> glob;
["stoyan@phpied.com", "stoyan", "phpied", "com", 0,
"stoyan@phpied.com"]
```

7. split()

我们之前已经了解了 `split()`方法，它能根据指定的分隔字符串将我们的输入字符串分割成一个数组。下面就是我们用逗号将字符串分割的结果：

```
> var csv = 'one, two,three ,four';
> csv.split(',');
["one", " two", "three ", "four"]
```

由于上面的输入字符串中存在逗号前后的空格不一致的情况，这导致生成的数组也会出现多余的空格。如果我们使用正则表达式，就可以在这里用\s*修饰符来解决，意思就是“匹配 0 个或多个空格”：

```
> csv.split(/\s*,\s*/);
["one", "two", "three", "four"]
```

8. 用字符串来代替过于简单的 RegExp 对象

关于我们刚刚讨论的 4 个方法（split()、match()、search()和 replace()），还有最后一件事不得不提，即这些方法可以接收的参数不仅仅是一些正则表达式，也包括字符串。它们会将接收到的字符串参数自动转换成 regex 对象，就像我们直接传递 new RegExp()一样。

例如，下面的 replace()方法直接使用字符串参数来执行替换：

```
> "test".replace('t', 'r');
"rest"
```

它与下面的调用是等价的：

```
> "test".replace(new RegExp('t'), 'r');
"rest"
```

当然，在执行这种字符串传递时，我们就不能像平时使用构造器或者 regex 文本法那样设置表达式修饰符了。使用字符串而不是正则表达式来替换文本比较常见的错误是，使用者往往会误以为原字符串中所有的匹配都会替换。然而如上所述，以字符串为参数的 replace()其 g 修饰符的值将为 false，即只有第一个匹配的字符串才会被替换。这与其他一些编程语言不同，从而容易导致混淆。例如：

```
> "pool".replace('o', '*');
"p*ol"
```

而使用者大多数情况下的意图是替换所有的匹配：

```
> "pool".replace(/o/g, "*");
"p**l"
```

9. Error 对象

当代码中有错误发生时，一个好的处理机制可以帮助我们理解错误发生的原因，并且使我们能以一种较为优雅的方式来纠正错误。在 JavaScript 中，我们将会使用 `try`、`catch` 及 `finally` 语句组合来处理错误。当程序中出现错误时，程序就会抛出一个 `Error` 对象，该对象可能由以下几个内建构造器中的一个生成，它们包括 `EvalError`、`RangeError`、`ReferenceError`、`SyntaxError`、`TypeError` 和 `URIError` 等。所有这些构造器都继承自 `Error`。

下面，我们来主动引发一个错误，看看会发生什么。下面的示例中调用了一个并不存在的函数，在控制台中输入：

```
> iDontExist();
```

我们就会看到如图 4-3 所示的内容。

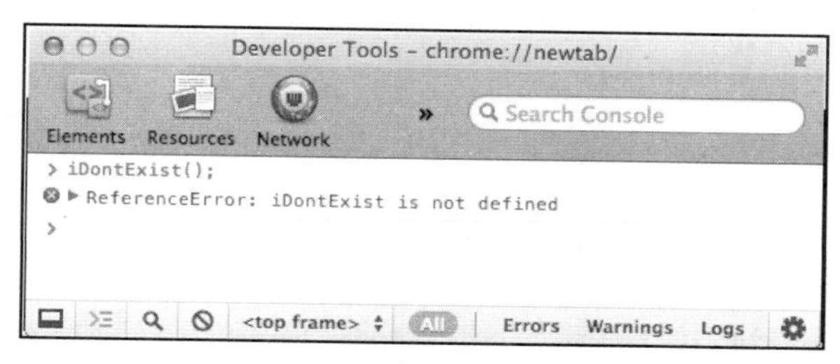

图 4-3

错误显示的方式在各浏览器和宿主环境中差别可能会很大。事实上，大多数现代浏览器倾向于向用户隐藏错误，但不能因此就假设所有的用户都会屏蔽错误显示，而制作一个没有错误、用户体验完美的页面理所当然是开发者的责任。在上面的例子中，错误被显示是因为我们没有尝试捕获（catch）这个错误。程序既没有预测到这里会出现错误，也不知道怎样处理这个错误。幸运的是，捕获错误很容易，我们只需在 `try` 语句后接一个 `catch` 语句。

例如添加下面代码，我们就不会看到图 4-3 中的错误显示了：

```
try {
  iDontExist();
} catch (e){
```

```
  // 没有任何内容
}
```

如你所见，上述代码包含两部分内容。

- try 语句及其代码块。
- catch 语句及其参数变量和代码块。

finally 语句并没有在这个例子中出现，它是一个可选项，主要用于执行一些无论如何（无论有没有错误发生）都要执行的内容。

在上面的示例中，我们并没有在 catch 语句后面的代码块中写入任何内容，但实际上我们可以在这里加入一些用于修复错误的代码，或者至少可以将该应用程序错误的一些特定情况反馈给用户。

catch 语句的参数（括号中的）e 实际上是一个 Error 对象。跟其他对象一样，它也提供了一系列有用的方法与属性。遗憾的是，不同的浏览器对于这些方法与属性都有着各自不同的实现，但其中有两个属性的实现还是基本相同的，那就是 e.name 和 e.message。

现在，让我们来看看下面这段代码：

```
try {
  iDontExist();
} catch (e){
  alert(e.name + ': ' + e.message);
} finally {
  alert('Finally!');
}
```

如你所见，这里的第一个 alert() 显示了 e.name 和 e.message，而后一个则显示了 Finally! 字样。

在 Firefox 和 Chrome 中，第一个 alert() 将显示的内容是"**ReferenceError: iDontExist is not defined**"。而在 Internet Explorer（IE）中则是"**TypeError: Object expected**"。总之，它向我们传递了以下两个信息。

- e.name 所包含的是构造当前 Error 对象的构造器名称。
- 由于 Error 对象在各宿主环境（浏览器）中的表现不一致，因此在这里我们需要使用一些技巧，以便我们的代码能处理各种类型的错误（即 e.name 的值）。

当然，我们也可以用 new Error() 或者其他 Error 对象构造器来自定义一个 Error

对象。然后告诉 JavaScript 引擎某个特定的条件，并使用 throw 语句来抛出该对象。

下面来看一个具体的示例，假设我们需要调用一个 maybeExists() 函数，并将函数的返回结果作为除数来执行除法运算。我们想统一进行错误处理，无论错误原因是 maybeExists() 函数不存在还是返回值不是我们想要的，代码都应该这样写：

```
try {
  var total = maybeExists();
  if (total === 0) {
    throw new Error('Division by zero!');
  } else {
    alert(50 / total);
  }
} catch (e){
   alert(e.name + ': ' + e.message);
} finally {
  alert('Finally!');
}
```

根据 maybeExists() 函数的存在与否及其返回值的值，这段代码会弹出几种不同的信息，具体如下。

- 如果 maybeExists() 函数不存在，我们在 Firefox 中将会得到消息 “**ReferenceError: maybeExists() is not defined**”，而在 IE 中则为 “**TypeError: Object expected**”。
- 如果 maybeExists() 的返回值为 0，我们将得到的消息是 “**Error: Division by zero!**”。
- 如果 maybeExists() 的返回值为 2，我们将得到的警告消息是 “**25**”。

在以上所有的情况下，程序都会弹出第二个警告窗口，内容为 “**Finally!**”。

另外，这里抛出的是一般性的错误提示，使用的是 throw new Error('Division by zero!')语句。我们也可以根据自身的需要来明确错误类型。例如可以利用 throw new RangeError('Division by zero!')语句来抛出该错误，或者不用任何构造器，直接定义一个一般对象抛出：

```
throw {
  name: "MyError",
  message: "OMG! Something terrible has happened"
}
```

这样一来，我们就可以使用自定义的错误名，从而解决了浏览器之间由于抛出错误不相同所导致的问题。

4.8 练习题

（1）请看下列代码：

```
function F() {
  function C() {
   return this;
  }
  return C();
}
var o = new F();
```

请问上面的 this 值指向的是全局对象还是对象 o？

（2）下面代码的执行结果会是什么？

```
function C(){
  this.a = 1;
  return false;
}
console.log(typeof new C());
```

（3）下面这段代码的执行结果又将是什么？

```
> c = [1, 2, [1, 2]];
> c.sort();
> c.join('--');
> console.log(c);
```

（4）在 String()构造器不存在的情况下自定义一个 MyString()的构造器函数。MyString()应尽可能地与 String()相似。记住，由于 String()不存在，因此在编写该构造器函数时不能使用任何属于内建 String 对象的方法和属性。并且要让所创建的对象通过以下测试：

```
> var s = new MyString('hello');
> s.length;
5
```

```
> s[0];
"h"

> s.toString();
"hello"

> s.valueOf();
"hello"

> s.charAt(1);
"e"

> s.charAt('2');
"l"

> s.charAt('e');
"h"

> s.concat(' world!');
"hello world!"

> s.slice(1,3);
"el"

> s.slice(0,-1);
"hell"

> s.split('e');
["h", "llo"]

> s.split('l');
["he", "", "o"]
```

将输入字符串当作一个数组，用 for 循环来进行遍历。

（5）更新上面的 MyString() 构造器，为其添加一个 reverse() 方法。

可以尝试利用数组本身的 reverse() 方法。

（6）在 Array() 构造器以及相关的数组文本标识法都不存在的情况下，自定义一个与 Array() 构造器类似的 MyArray() 构造器，并令其通过以下测试：

```
> var a = new MyArray(1,2,3,"test");
> a.toString();
```

```
"1,2,3,test"

> a.length;
4

> a[a.length - 1];
"test"

> a.push('boo');
5

> a.toString();
"1,2,3,test,boo"

> a.pop();
"boo"

> a.toString();
"1,2,3,test"

> a.join(',');
"1,2,3,test"

> a.join(' isn\'t ');
"1 isn't 2 isn't 3 isn't test"
```

如果你觉得这个练习很有趣，就不用步于 join()方法，继续为其创建尽可能多的方法。

（7）在 Math 对象不存在的情况下，创建一个与 Math 对象类似的 MyMath 对象，并为其添加以下方法。

- MyMath.rand(min, max, inclusive)——随机返回 min 到 max 区间中的一个数，inclusive 为 true 时区间为闭区间（这也是默认情况）。
- MyMath.min(array)——返回目标数组中的最小值。
- MyMath.max(array)——返回目标数组中的最大值。

4.9 小结

在第 2 章中，我们学习了 JavaScript 的五大基本数据类型（number、string、boolean、null 和 undefined）。而且，我们也说过除这些基本类型以外的任何数据都属于对象。在本章，我们又了解了以下内容。

- 对象与数组很类似，但它还允许我们指定键。
- 对象通常都会拥有若干属性。
- 其中有些属性可以是函数（函数本身也是数据，回忆一下 `var f = function(){};`）。这些属性通常称为方法。
- 数组本身也可以看作具有一系列数字属性，并外加一个会自动增长的 `length` 属性的对象。
- `Array` 对象中有一系列非常有用的方法（例如 `sort()` 和 `slice()`）。
- 函数也是一种对象，它们本身也有属性（例如 `length` 和 `prototype`）和方法（例如 `call()` 和 `apply()`）。

对于 5 种基本数据类型，除了 `undefined` 和 `null` 外，其他 3 个都有相应的构造器函数，分别是 `Number()`、`String()` 以及 `Boolean()`。通过它们我们可以创建出相应的对象。通过将这些基本类型封装成对象，我们就可以在其中集成一些有用的方法。

`Number()`、`String()` 以及 `Boolean()` 的调用可分为以下两种形式。

- 使用 `new` 操作符调用——用于新建对象。
- 不使用 `new` 操作符调用——用于将任意值转换成基本数据类型。

此外，我们还学习了一系列内建构造器函数，其中包括 `Object()`、`Array()`、`Function()`、`Date()`、`RegExp()` 和 `Error()`，以及不属于构造器的全局对象 `Math`。

现在，我们应该明白对象在 JavaScript 程序设计中的核心地位，几乎所有的东西都是对象，或者可以封装成对象。

最后，让我们再来熟悉一下对象的文本标识法（见表 4-2）。

表 4-2

名　称	文本记法	构造器	相关示例
对象	`{}`	`new Object()`	`{prop: 1}`
数组	`[]`	`new Array()`	`[1,2,3,'test']`
正则表达式	`/pattern/modifiers`	`new RegExp('pattern', 'modifiers')`	`/java.*/img`

第 5 章 ES6 中的迭代器和生成器

截至目前，我们只介绍了 JavaScript 的基本语法，而没有深入讨论某一具体版本的规范。在这一章中，我们将会集中介绍一些 ES6 引入的新特性。这些新特性会对你已有的编写 JavaScript 的习惯产生非常大的影响。不止是语法的变化本身，这些新特性还为 JavaScript 带来了函数式编程的理念。

接下来，我们将会着重介绍 ES6 的迭代器和生成器，以及它们在集合数据结构（数组、对象等）中的应用。

5.1 for...of 循环结构

`for...of` 是 ES6 中引入的一种新的可以应用在可迭代对象上的循环结构。它可以用来代替 ES5 中的 `for...in` 或 `for...each` 语句。因为 `for...of` 语句也遵循 JavaScript 的迭代规则，所以它可以被应用在内建的数组、字符串、Map、Set 以及对象等类型的数据上。例如下面这个示例：

```
const iter = ['a','b'];
for(const i of iter){
  console.log(i);
}
"a"
"b"
```

`for...of` 循环可以用来遍历内建的类数组的数据。你应该注意到，我们使用了 `const` 关键字而不是 `var` 来声明变量。这是一种推荐的实践方式。当你使用 `const` 时，一个新的变量与其引用和存储空间会被同时创建。如果你只是想通过 for...of 循环来遍历某个变量而不修改其中的内容，你就应该优先选用 const 而不是 var 关键字。

其他一些如字符串类型的数据也是支持 for...of 循环语句的：

```
for(let c of "String"){
  console.log(c);
}
//"S""t""r""i""n""g"
```

for...in 语句和 for...of 之间最主要的区别是，for...in 语句会遍历目标对象的所有可枚举属性，而 for...of 遍历的元素则会随着传入对象自身可迭代协议的变化而变化。

5.2 迭代器与可迭代对象

ES6 引入了新的迭代数据的方法。遍历或操纵一系列数据是非常常见的需求。ES6 加强了这类迭代结构。当我们谈论这个话题时，有两个主要的概念需要明确：迭代器与可迭代对象。

5.2.1 迭代器

JavaScript 中的迭代器（iterator）是指一类提供 next() 方法的特殊对象。该方法返回一个包含 done 和 value 这两个属性的对象。下面是一个迭代器的例子，我们会传入数组并返回一个提供 next() 方法的迭代器。

```
// 传入数组并返回一个迭代器
function iter(array) {
  var nextId = 0;
  return {
    next: function () {
      if (nextId < array.length) {
        return { value: array[nextId++], done: false};
      } else {
        return { done: true };
      }
    }
  }
}
```

```
var it = iter(['Hello', 'Iterators']);
console.log(it.next().value); // 'Hello'
console.log(it.next().value); // 'Iterators'
console.log(it.next().done); //true
```

在上述示例中，我们会不断遍历数组并返回包含 value 和 done 的对象。当数组中的对象穷尽时，会返回一个 done 属性为 true 的对象来表示迭代结束。你可以通过 next() 方法来逐个获取迭代器中的元素。

5.2.2　可迭代对象

可迭代对象（iterable）就是指定义了迭代行为的对象。你可以在 for...of 一类的循环结构中遍历这一类对象。内建的一些诸如数组、字符串类型的对象都具有默认的迭代行为定义。为了实现可迭代，一个对象必须实现@@iterator 方法，这意味着这个对象（或其原型链中的一个对象）必须具有带 Symbol.iterator 键的属性。

你可以通过为某个对象实现键为 Symbol.iterator 的属性来将其转换为可迭代对象。此属性通过 next()方法返回一个类似于迭代器的函数。下面是具体示例：

```
//可迭代对象
//1.带有'Symbol.iterator'键的方法
//2.这个方法通过方法'next'返回一个迭代器
let iter = {
  0: 'Hello',
  1: 'World of ',
  2: 'Iterators',
  length: 3,
  [Symbol.iterator]() {
    let index = 0;
    return {
      next: () => {
        let value = this[index];
        let done = index >= this.length;
        index++;
        return { value, done };
      }
    };
  }
};
for (let i of iter) {
  console.log(i);
```

```
}
"Hello"
"World of "
"Iterators"
```

现在来分析一下上述示例的细节。我们的目的是创建一个可迭代对象。首先通过之前介绍过的语法定义了一个 `iter` 对象。之后，我们为对象 `iter` 实现了一个特殊的 `[Symbol.iterator]`方法。我们在此处使用了之前介绍过的 ES6 中计算属性以及定义方法属性时的简写语法。有了这个特殊的`[Symbol.iterator]`属性之后，我们就可以称这个对象为可迭代对象并遵循可迭代协议。此属性提供并返回一个 `next()`方法。我们现在也能够在 `for...of` 循环中使用这个对象了。

5.3　生成器

ES6 中与迭代器和可迭代对象相关的另一重要概念就是生成器（generator）了。生成器方法返回一个生成器对象。这一名词乍听起来可能会令人困惑。当你在编写函数时，你大概能够摸索到它运行的原理，基本就是逐行逐句按次序运行直至函数结尾。等某个函数执行完毕后，后续的代码就会继续执行。

在支持多线程的编程语言中，上述这种执行次序可能会被打断，已经执行完毕的任务也可以在多个线程、进程或通道之间共享。而 JavaScript 则是一种单线程语言，所以你不需要考虑这类复杂的问题。

然而，生成器函数则是一种支持暂停和恢复操作的方法。不过需要注意的是，这种暂停机制是在生成器函数内部定义的，外部的代码无法使之暂停。在执行过程中，生成器函数通过使用 `yield` 关键字实现暂停的效果。而恢复生成器函数的运行则需要通过外部的调用。

你可以以任意次数暂停或者恢复生成器函数的运行。使用生成器函数编写无限循环，并在需要的时候启动或暂停是一种很常用的模式类型。虽然这样的做法优劣参半，但编写不限次数循环的生成器函数仍是一种通用的模式。

另外值得一提的是，生成器函数有两种进行通信的方式，一种是在函数内部使用 `yield` 关键字，返回消息到生成器函数外部；另一种则是通过外部调用来恢复生成器函数的执行。

我们来看一个具体的生成器函数的示例：

```
function * generatorFunc(){
```

```
  console.log('1');//----------->A
  yield;          //----------->B
  console.log('2');//----------->C
}
const generatorObj = generatorFunc();
console.log(generatorObj.next());
//"1"
//Object{
//"done":false,
//"value":undefined
//}
```

这是一个非常简单的生成器函数的示例，但我们仍需要强调一下其中的特别之处。

首先，注意到我们在声明函数时，使用了特殊的*符号。这种语法用来表明我们要声明的函数是一个生成器函数。你可以将*加在 function 关键字之后或者函数名之前：

```
function *f(){}
function* f(){}
```

在函数内部，最核心的功能则是由 yield 关键字实现的。每当 yield 关键字被触发时，函数会暂停执行：

```
const generatorObj = generatorFunc();
generatorObj.next();//"1"
```

当我们调用一个生成器函数时，它不会像普通函数一样执行，而是返回一个生成器对象。你可以使用返回的生成器对象来控制生成器函数的执行。next()方法就是可以在外部调用恢复生成器函数执行的方法。

当我们第一次调用 next()方法时，函数会执行至第一行（示例中注释 A 标明的位置），遇到 yield 关键字时会暂停执行。当我们再次调用 next()方法时，函数则会从上次暂停的地方开始继续执行：

```
console.log(generatorObj.next());
//"2"
//Object{
//"done": true,
//"value": undefined
//}
```

当整个函数执行完毕后，再调用 next()方法就不会产生任何效果了。我们刚才提到过生成器函数支持两个方向的通信方式。它们具体又是如何工作的呢？在之前的示例当中，每当我们恢复生成器函数执行时都会接收到一个包含 done 属性和 value 属性的对象，在我们的示例中，值为 undefined，这是因为我们没有标明 yield 关键字的返回值。当你通过 yield 关键字返回值时，执行的函数将会接收到它。例如下面这个示例：

```
function* logger(){
  console.log('start')
  console.log(yield)
  console.log(yield)
  console.log(yield)
  return('end')
}

vargenObj=logger();

//第一次调用 next()方法时从函数开头执行直至第一个 yield 语句
console.log(genObj.next())
//"start",Object{"done": false,"value": undefined}
console.log(genObj.next('Save'))
//"Save",Object{"done": false,"value": undefined}
console.log(genObj.next('Our'))
//"Our",Object{"done": false,"value": undefined}
console.log(genObj.next('Souls'))
//"Souls",Object{"done": true,"value": "end"}
```

我们来详细了解一下上述示例。整个生成器函数共有 3 次暂停或者说 3 个 yield 关键字。我们可以通过下面这种方式生成一个生成器对象：

```
var genObj = logger();
```

接下来，我们通过调用 next()方法来继续执行生成器函数，这次函数会执行到第一个 yield 关键字的位置。你应该注意到，我们第一次调用 next()方法时并没有为其传入参数。这一次调用只是为了开始执行生成器函数。接下来，我们再次调用 next()方法，然后为其传入 Save 作为参数。当函数继续执行时，yield 关键字将会接收到这一参数，之后我们就能够在控制台看到它被打印出来：

```
"Save",Object{"done":false,"value": undefined}
```

接下来，我们会再次调用 next()方法并传入不同的参数，得到的结果和上次的差不多。当我们最后一次调用 next()方法时，生成器函数会运行至末尾并输出 end 返回值。最后你也能够观察到，返回对象中的 done 属性会设为 true 且 value 属性被赋值为 end:

```
"Souls",Object{"done": true,"value": "end"}
```

需要注意的是，我们第一次调用 next() 方法只是为了开始生成器函数的执行，第一次会执行至第一个 yield 关键字之前的位置。因此，第一次即使为 next() 传入参数也会被忽略。

结合之前介绍过的内容，我们很容易发现，生成器对象也遵循可迭代协议：

```
function* logger(){
  yield 'a'
  yield 'b'
}
vargenObj=logger();
//生成器对象用生成器函数构建
console.log(typeofgenObj[Symbol.iterator] === 'function') //true
//它是一个可迭代对象
console.log(typeof genObj.next === 'function')//true
//且生成器有 next()方法
console.log(genObj[Symbol.iterator]() === genObj)//true
```

从上述示例我们可以观察到生成器方法同样遵循可迭代协议。

生成器的迭代

生成器属于迭代器中的一种，类似于 ES6 中的其他可迭代数据类型，你可以对生成器进行迭代操作。

例如下面的这个 for...or 循环的例子：

```
function* logger(){
  yield 'a'
  yield 'b'
}
for(const i of logger()){
  console.log(i)
}
//"a""b"
```

在这里我们并没有调用生成器方法来创建生成器对象，for...of 循环会直接将生成器当作可迭代对象运行。

使用展开操作符可以将可迭代对象转换为数组，比如下面这个示例：

```
function * logger(){
  yield 'a'
  yield 'b'
```

```
}
const arr = [...logger()]
console.log(arr)//["a","b"]
```

最后，你也可以在解构赋值的语法中使用生成器：

```
function* logger(){
  yield 'a'
  yield 'b'
}
const[x,y] = logger()
console.log(x,y)//"a""b"
```

生成器在异步编程中扮演着至关重要的角色。我们很快就会在书中讨论 ES6 中有关异步编程及 Promise 的内容。JavaScript 加上 Node.js 为我们提供了一个非常适合异步编程的环境。生成器也可以帮助你编写出支持多任务处理的函数。

5.4 集合

ES6 引入了 4 种新的数据结构：`Map`、`WeakMap`、`Set` 以及 `WeakSet`。与其他一些诸如 Python 或 Ruby 的编程语言相比，JavaScript 对哈希、`Map` 以及字典等类型的数据结构的支持非常弱。此前我们会通过一些操作对象的字符串键的奇技淫巧来模拟 `Map` 结构的特性。但这种方式是有许多副作用的。我们非常迫切地需要语言本身对这类数据结构进行支持。

ES6 原生地支持了字典类型的数据结构，我们会在接下来的内容中进行详细介绍。

5.4.1 Map

`Map` 类型允许任意值作为其键。键与值一一对应，你也可以通过专门的方法来快速取值，我们来看一个使用 `Map` 的具体的例子：

```
Const m = new Map();//创建一个空 Map 对象
m.set('first',1);//设置与键关联的值
console.log(m.get('first'));//通过键得到值
```

我们首先通过构造器函数生成了一个空的 `Map` 对象。你可以通过 `set()` 方法向其添加数据项，使用相同的键则会覆盖之前的数据。你也可以通过 `get()` 方法来取值，如果没有与之相对应的键，程序则会返回 `undefined`。

这里还有一些别的辅助方法：

```
console.log(m.has('first'));//检查键是否存在
//true
m.delete('first');
console.log(m.has('first'));//false

m.set('foo',1);
m.set('bar',0);

console.log(m.size);//2
m.clear();//清空整个Map
console.log(m.size);//0
```

你也可以通过[key,value]的格式为Map对象添加可迭代数据：

```
const m2 = new Map([
    [1,'one'],
    [2,'two'],
    [3,'three'],
]);
```

你也可以通过链式调用的语法来使用set()方法：

```
const m3 = new Map().set(1,'one').set(2,'two').set(3,'three');
```

你可以使用任意类型的值作为键，而普通的对象只支持字符串作为键。在集合类型的数据结构中则没有这一限制。你甚至可以将对象作为键，虽然这不太常见：

```
const obj = {}
const m2 = new Map([
  [1,'one'],
  ["two",'two'],
  [obj,'three'],
]);
console.log(m2.has(obj));//true
```

1. Map类型数据的迭代

需要注意的是，Map中的数据是有次序的。Map会将元素添加的先后顺序作为其次序。

你可以通过一系列方法对Map数据进行迭代，包括keys、values以及entries。

keys()方法会返回 Map 中的所有键：

```
const m = new Map([
  [1,'one'],
  [2,'two'],
  [3,'three'],
]);
for(const k of m.keys()){
  console.log(k);
}
//123
```

与之类似，values()方法会返回 Map 中所有的值：

```
for(const v of m.values()){
  console.log(v);
}
//"one"
//"two"
//"three"
```

而 entries()则会以[key,value]的形式返回 Map 中的内容：

```
for(const entry of m.entries()){
  console.log(entry[0],entry[1]);
}
//1 "one"
//2 "two"
//3 "three"
```

你也可以通过解构赋值的语法来简化上述操作：

```
for(const [key,value] of m.entries()){
  console.log(key,value);
}
//1 "one"
//2 "two"
//3 "three"
```

你甚至可以使用更简洁的语法：

```
for(const [key,value] of m){
  console.log(key,value);
}
//1 "one"
//2 "two"
//3 "three"
```

2. 将 Map 类型数据转换为数组

你可以通过展开操作符（...）很方便地将 Map 转换为数组：

```
const m = new Map([
  [1,'one'],
  [2,'two'],
  [3,'three'],
]);
const keys = [...m.keys()]
console.log(keys)
//Array [
//1,
//2,
//3
//]
```

因为 Map 属于可迭代数据，你也可以直接对其使用展开操作符：

```
const m = new Map([
  [1,'one'],
  [2,'two'],
  [3,'three'],
]);
const arr=[...m]
console.log(arr)
//Array [
//[1,"one"],
//[2,"two"],
//[3,"three"]
//]
```

5.4.2 Set

Set 是一系列值的集合。你可以对其添加或者删除数据。虽然它看起来很像数组，但它不允许相同的数据存在。Set 中的值可以是任意类型。讲到这里，你可能会想 Set 和数组有什么不同。使用 Set 类型的数据你可以很迅速地判断其中元素的归属，而数组则不然。Set 包含一系列类似 Map 中操作数据的方法：

```
const s = new Set();
s.add('first');
s.has('first');//true
s.delete('first');//true
s.has('first');//false
```

和 Map 类型的数据非常相似，你也可以为其添加一组可迭代数据：

```
const colors = newSet(['red',white,'blue']);
```

当你为 Set 添加数据时，如果其中已经包含了这个数据，那么什么都不会发生。与之类似，在进行删除操作的时候，如果 Set 没有包含删除的数据，什么也不会发生。这种情况下也不会抛出任何异常。

5.4.3 WeakMap 和 WeakSet

WeakMap 和 WeakSet 分别有着与 Map 和 Set 非常类似的 API 但又存在一些限制。它们的作用机制基本相同，但也有一些例外，下面是其主要的区别：

- WeakMap 仅支持 new、has()、get()、set()以及 delete()方法；
- WeakSet 仅支持 new、has()、add()以及 delete()方法；
- WeakMap 的键必须是对象类型；
- WeakSet 的值必须是对象类型；
- 你不能直接对 WeakMap 进行遍历操作，只能通过键访问其中的值；
- 你不能对 WeakSet 进行遍历操作；
- 你不能对 WeakMap 或 WeakSet 执行清空（clear()）操作。

我们先试着理解 WeakMap 类型。Map 和 WeakMap 的区别是 WeakMap 会受到内存垃圾收集机制的影响。WeakMap 中的键都属于弱引用。内存垃圾收集机制在进行引用计数时并不会把 WeakMap 包含在内。它们会在可能的情况下被收集。

当你无法控制 Map 中对象的生命周期时可以选择使用 WeakMap 类型。WeakMap 中的存储对象（即使生命周期很长）不会驻留在内存中，因此你也不必担心内存泄露问题。

WeakSet 的特性也基本类似。但因为你不能够对其进行遍历操作，所以它的适用场景很少。

5.5　小结

本章中，我们详细介绍了 ES6 中的生成器。生成器是 ES6 引入的最重要的特性之一。控制函数暂停和恢复运行的能力为协作编程带来了更多可能。生成器主要的优点之一是它在保留单线程、同步语法的同时，将异步功能隐含在内。这让我们能够在无须踩坑异步语法的情况下很自然地表达程序的运行步骤。通过使用生成器，我们获得了分而治之的能力。

生成器遵循可迭代协议并具有迭代器的特性。ES6 引入的新功能在很大程度上增强了语言本身对数据结构的支持。迭代器提供了返回一系列数据的简便方法。通过定义特殊的 @@iterator 属性我们也能够将普通对象转换为可迭代对象。

迭代器最重要的应用场景是我们需要可迭代对象的时候，例如在 for...of 循环中。本章我们也详细介绍了 ES6 中新引入的 for...of 循环结构。for...of 可以和许多支持迭代的内建类型协同使用，因为这些原生对象都包含默认的@@iterator 方法。另外我们也详细介绍了 ES6 引入的新的集合类型：Map、Set、WeakMap 以及 WeakSet。它们也包含本身的如 entries()、values()以及 keys()一类的迭代方法。

在下一章我们会详细介绍 JavaScript 中的原型。

第 6 章 原型

在本章，我们将着重介绍函数对象中的原型（prototype）属性。对于 JavaScript 的学习来说，理解原型的工作原理是非常重要的一环。毕竟，它的对象模型经常被视为基于原型的。当然，要理解原型其实并不是一件很难的事，只不过由于这是一个全新的概念，我们接受起来需要一点时间罢了。事实上在 JavaScript 中，像原型或闭包（见第 3 章）这样的概念，只要我们能“领悟”其中的原理，一切都会显得格外简单而清晰。而且在后续内容中，本书还会围绕原型概念开展大量的示例演示，以帮助读者巩固并加深对这一概念的熟悉程度。

总体而言，本章将涉及以下话题。

- 介绍每个函数都具有的 prototype 属性，而该属性所存储的就是原型对象。
- 如何为原型对象添加属性。
- 如何使用原型对象中的新增属性。
- 如何区分对象的自身属性与原型属性。
- 对 __proto__ 进行介绍，该属性用于保存各对象原型的秘密链接。
- 原型方法简介，包括 isPrototypeOf()、hasOwnProperty() 和 propertyIsEnumerable() 等。
- 介绍如何（利用原型）强化数组或字符串这样的内建对象（并说明这样做的弊端）。

6.1 原型属性

在 JavaScript 中，函数本身也是一个包含了方法和属性的对象。经过之前的学习，相信我们对它的一些方法（如 apply()和 call()）及属性（如 length 和 constructor）已经不会感到陌生了。接下来，我们要介绍的是函数对象的另一个属性——prototype。

众所周知，只要我们像下面这样简单地定义一个函数 foo()，就可以像访问其他对象一样访问该函数的属性：

```
> function foo(a, b){
    return a * b;
  }
> foo.length;
2

> foo.constructor;
function Function(){[native code]}
```

而这些（在函数定义时被创建的）属性中就包括 prototype 属性。prototype 属性的初始值是一个“空”对象：

```
> typeof foo.prototype;
"object"
```

当然，我们也可以自己添加该属性，就像这样：

```
> foo.prototype = {};
```

而且我们还可以赋予这个空对象一些方法和属性，这并不会对 foo()函数本身造成什么影响，因为只有当 foo()作为构造器使用时，这些属性才会起作用。

利用原型添加方法与属性

在第 5 章中，我们已经学会了如何定义构造器函数，并用它来新建（构造）对象。这种做法的主要思想是通过 new 操作符来调用函数，以达到访问对象 this 值的目的。然后，通过 this 我们就可以访问构造器所返回的对象了。这样，我们就有了一种赋予新建对象一定功能（即为其添加属性和方法）的方法。

下面，我们来构建一个具体的构造器函数 Gadget()，看看它究竟是如何在新建对象时使用 this 为对象添加属性与方法的：

```
function Gadget(name, color) {
  this.name = name;
  this.color = color;
  this.whatAreYou = function(){
    return 'I am a ' + this.color + ' ' + this.name;
   };
}
```

当然，添加属性和方法还有另一种方式，即通过构造器函数的 prototype 属性来增加该构造器所能提供的功能。下面让我们为上面的构造器增加两个属性（price 和 rating）和一个方法（getInfo()）。因为 prototype 属性包含的是一个对象，所以你可以像下面这样添加属性和方法：

```
Gadget.prototype.price = 100;
Gadget.prototype.rating = 3;
Gadget.prototype.getInfo = function() {
  return 'Rating: ' + this.rating +
         ', price: ' + this.price;
};
```

如果你不想将属性逐一添加到原型对象中去，也可以另外定义一个对象，然后将其覆盖之前的原型：

```
Gadget.prototype = {
  price: 100,
  rating: ... /* ... */
};
```

6.2 使用原型的方法与属性

在向 prototype 属性中添加所有的方法和属性后，我们就可以直接用该构造器来新建对象了。例如在下面的代码中，我们用构造器 Gadget() 新建了一个 newtoy 对象，然后你就可以访问之前所定义的那些属性和方法了。

```
> var newtoy = new Gadget('webcam', 'black');
> newtoy.name;
```

```
"webcam"

> newtoy.color;
"black"

> newtoy.whatAreYou();
"I am a black webcam"

> newtoy.price;
100

> newtoy.rating;
3

> newtoy.getInfo();
"Rating: 3, price: 100"
```

对原型来说，最重要的一点是要理解它的“实时”（live）性。由于在 JavaScript 中，几乎所有对象都是通过传引用的方式来传递的，因此我们所创建的每个新对象实体中并没有一份属于自己原型的副本。这就意味着我们可以随时修改 prototype 属性，并且由同一构造器创建的所有对象的 prototype 属性也都会同时改变（甚至还会影响在修改之前就已经创建了的那些对象）。

下面继续之前的例子，让我们再向原型中添加一个新方法：

```
Gadget.prototype.get = function(what) {
  return this[what];
};
```

然后你就会看到，即便 newtoy 对象在 get()方法定义之前就已经被创建了，我们依然可以在该对象中访问新增的方法：

```
> newtoy.get('price');
100

> newtoy.get('color');
"black"
```

6.2.1　自身属性与原型属性

在之前关于 getInfo()的那个示例中，我们是使用 this 指针来完成对象访问的，但其实直接引用 Gadget.prototype 也可以完成同样的操作：

```
Gadget.prototype.getInfo = function() {
  return 'Rating: ' + Gadget.prototype.rating +
         ', price: ' + Gadget.prototype.price;
};
```

这之间会有什么不同吗？想要回答这个问题，我们就必须更深入地理解原型的工作原理。

下面，让我们再回到之前的那个 newtoy 对象上：

```
> var newtoy = new Gadget('webcam', 'black');
```

当我们访问 newtoy 的某个属性，例如 newtoy.name 时，JavaScript 引擎会遍历该对象的所有属性，并查找 name 属性，如果找到了就会立即返回其值。例如：

```
> newtoy.name;
"webcam"
```

那么，如果我们访问 rating 属性又会发生什么呢？JavaScript 引擎依然会查找 newtoy 对象的所有属性，但这一回它找不到一个名为 rating 的属性了。接下来，脚本引擎就会去查找用于创建当前对象的构造器函数的原型（等价于我们直接访问 newtoy.constructor.prototype）。如果在原型中找到了该属性，就立即使用该属性。例如：

```
> newtoy.rating;
3
```

这种方式与直接访问原型属性是一样的。每个对象都有属于自己的构造器属性，其所引用的就是用于创建该对象的那个函数：

```
> newtoy.constructor === Gadget;
true

> newtoy.constructor.prototype.rating;
3
```

现在，让我们再仔细回顾一下整个过程：首先我们知道每个对象都会有一个构造器，而原型本身也是一个对象，这意味着它必然也有一个构造器，而这个构造器又会有自己的原型。于是这种结构可能会一直不断地持续下去，它的长度最终取决于原型链（prototype chain）的长度，但其最后一环肯定是内建对象 `Object`，因为它是最高等级的父级对象。事实上，如果你试着调用一下 `newtoy.toString()` 的话，`newtoy` 对象及其原型中都不存在 `toString()` 方法。最后我们能调用的只有 `Object` 对象的 `toString()` 方法了。例如：

```
> newtoy.toString();
"[object Object]"
```

6.2.2 利用自身属性覆写原型属性

通过上面的讨论，我们知道如果在一个对象的自身属性中没有找到指定的属性，就会使用（如果存在的话）在原型链中查找到的相关属性。但是，如果遇上对象的自身属性与原型属性同名又该怎么办呢？答案是对象自身属性的优先级高于原型属性的优先级。

让我们来看一个具体的示例，即同一个属性名同时出现在对象的自身属性和原型属性中：

```
> function Gadget(name) {
    this.name = name;
  }
> Gadget.prototype.name = 'mirror';
```

然后新建一个对象，并访问该对象自身的 `name` 属性：

```
> var toy = new Gadget('camera');
> toy.name;
"camera"
```

我们可以通过 `hasOwnProperty()` 方法来判断一个属性是自身属性还是原型属性：

```
> toy.hasOwnProperty('name');
true
```

这时候，如果我们删除这个属性，同名的原型属性就会“浮出水面”：

```
> delete toy.name;
true
```

```
> toy.name;
"mirror"

> toy.hasOwnProperty('name');
false
```

当然，我们随时都可以重新创建这个对象的自身属性：

```
> toy.name = 'camera';
> toy.name;
"camera"
```

如何判断一个对象的某个原型属性到底是原型链中哪个原型的属性呢？答案仍然是使用 `hasOwnProperty()` 属性。例如，我们想知道 `toString` 属性来自哪里：

```
> toy.toString();
"[object Object]"

> toy.hasOwnProperty('toString');
false

> toy.constructor.hasOwnProperty('toString');
false

> toy.constructor.Protoype.hasOwnProperty('toString');
false

> Object.hasOwnProperty('toString');
false

> Object.prototype.hasOwnProperty('toString');
true
```

枚举属性

如果想获得某个对象所有属性的列表，我们可以使用 `for...in` 循环。在第 2 章中，我们已经知道了如何使用该循环来遍历数组中的所有元素。当时我们提到，`for` 更适合数组而 `for...in` 更适合对象。让我们以构造 URL 字符串为例：

```
var params = {
  productid: 666,
```

```
    section: 'products'
  };

  var url = 'http://****/page.php?',
      i,
      query = [];

  for (i in params) {
      query.push(i + '=' + params[i]);
  }

  url += query.join('&');
```

最后我们得到的变量 url 为：http://某网站/page.php?productid=666 & section = products。

在这里，有些细节需要注意。

- 并不是所有的属性都会在 for...in 循环中显示。例如（数组的）length 属性和 constructor 属性就不会显示。那些会显示的属性被称为是可枚举的，我们可以通过各个对象所提供的 propertyIsEnumerable()方法来判断对象的某个属性是否可枚举。在 ES5 中，我们可以具体指定哪些属性可枚举，而 ES3 没有这个功能。
- 原型链中的各个原型属性也会显示出来，当然前提是它们是可枚举的。我们可以通过对象的 hasOwnProperty()方法来判断一个属性是对象自身的属性还是原型属性。
- 对于所有的原型属性，propertyIsEnumerable()都会返回 false，包括那些在 for...in 循环中可枚举的属性。

下面来看看这些方法具体是如何使用的。首先，我们来定义一个简化版的 Gadget()：

```
function Gadget(name, color) {
  this.name = name;
  this.color = color;
  this.getName = function(){
    return this.name;
  };
}
Gadget.prototype.price = 100;
```

```
Gadget.prototype.rating = 3;
```

然后新建一个对象：

```
var newtoy = new Gadget('webcam', 'black');
```

现在，如果对它执行 `for...in` 循环，该对象中的所有属性就会被列出，包括原型中的属性：

```
for (var prop in newtoy) {
  console.log(prop + ' = ' + newtoy[prop]);
}
```

其结果甚至包括该对象的方法（因为方法本质上也可以被视为函数类型的属性）：

```
name = webcam
color = black
getName = function () {
  return this.name;
}
price = 100
rating = 3
```

如果要对对象属性和原型属性做一个区分，就需要调用 `hasOwnProperty()` 方法，我们可以先来试一下：

```
> newtoy.hasOwnProperty('name');
true

> newtoy.hasOwnProperty('price');
false
```

下面我们再来循环一次，不过这次只显示对象的自身属性：

```
for (var prop in newtoy) {
  if (newtoy.hasOwnProperty(prop)) {
    console.log(prop + '=' + newtoy[prop]);
  }
}
```

结果为：

```
name=webcam
color=black
getName=function () {
  return this.name;
}
```

现在我们来试试 `propertyIsEnumerable()`，该方法会对所有的非内建对象属性返回 `true`：

```
> newtoy.propertyIsEnumerable('name');
true
```

而对于内建属性和方法来说，它们中的大部分都是不可枚举的：

```
> newtoy.propertyIsEnumerable('constructor');
false
```

另外，任何来自原型链中的属性也是不可枚举的：

```
> newtoy.propertyIsEnumerable('price');
false
```

但是需要注意的是，如果 `propertyIsEnumerable()` 的调用是来自原型链上的某个对象，那么该对象中的属性是可枚举的：

```
> newtoy.constructor.prototype.propertyIsEnumerable('price');
true
```

6.2.3 isPrototypeOf()方法

每个对象都会有一个 `isPrototypeOf()` 方法，这个方法会告诉我们当前对象是否是另一个对象的原型。

让我们先来定义一个简单的对象 `monkey`：

```
var monkey = {
  hair: true,
  feeds: 'bananas',
  breathes: 'air'
};
```

然后，我们再创建一个叫作 `Human()` 的构造器函数，并将其原型属性设置为指向

monkey：

```
function Human(name) {
  this.name = name;
}
Human.prototype = monkey;
```

现在，如果我们新建一个叫作 george 的 Human 对象，并提问“monkey 是 george 的原型吗？”，答案是 true：

```
> var george = new Human('George');
> monkey.isPrototypeOf(george);
true
```

需要注意的是，我们在这里是预先知道了 monkey 可能是 george 的原型，才提出了问题“monkey 是你的原型吗？”，然后获得一个布尔值的回应。那么，是否能在不知道某个对象原型是什么的情况下，获得对象的原型呢？答案是：大多数浏览器可以，因为大多数浏览器都实现了 ES5 的 Object.getPrototypeOf() 方法。例如：

```
> Object.getPrototypeOf(george).feeds;
"banana"

> Object.getPrototypeOf(george) === monkey;
true
```

而对于另一部分实现了 ES5 的部分功能却没有实现 getPrototypeOf() 方法的浏览器，我们可以使用特殊属性__proto__。

6.2.4 秘密的__proto__链接

现在，我们已经了解了当我们访问一个在当前对象中不存在的属性时，相关的原型属性就会被纳入查询范围。

下面让我们改写一下那个用 monkey 对象做原型的 Human() 对象构造器：

```
> var monkey = {
    feeds: 'bananas',
    breathes: 'air'
  };
> function Human() {}
> Human.prototype = monkey;
```

这次我们来创建一个 developer 对象，并赋予它一些属性：

```
> var developer = new Human();
> developer.feeds = 'pizza';
> developer.hacks = 'JavaScript';
```

接着，我们来访问一些属性，如 developer 对象的 hacks 属性：

```
> developer.hacks;
"JavaScript"
```

当然，feeds 也一样可以在该对象中找到：

```
> developer.feeds;
"pizza"
```

但 breathes 在 developer 对象自身的属性中是不存在的，所以得去原型中查询它，就好像其中有一个秘密链接或者秘密通道指向了相关的原型对象。例如：

```
> developer.breathes;
"air"
```

在现代 JavaScript 环境中，对象中确实存在一个指向相关原型的链接，这个秘密链接叫作__proto__属性（proto 这个词的两边各有两条下划线）：

```
> developer.__proto__ === monkey;
true
```

当然，出于学习的目的来使用这种秘密的属性是无可厚非的，但如果是在实际的脚本编写中使用，这并不是一个好主意，因为该属性在 IE 之类的浏览器中是不存在的，因此脚本就不能实现跨平台的功能了。

另外需要提示的是，__proto__与 prototype 并不是等价的。__proto__实际上是某个实例对象的属性，而 prototype 则是属于构造器函数的属性。例如：

```
> typeof developer.__proto__;
"object"

> typeof developer.prototype;
"undefined"
```

```
> typeof developer.constructor.prototype;
"object"
```

千万要记住，`__proto__`只能在学习或调试的环境下使用。或者如果你的代码碰巧只需要在符合 ES5 标准的环境中使用的话，你也可以使用 `Object.getPrototypeOf()`方法。

6.3 扩展内建对象

在 JavaScript 中，内建对象的构造器函数（例如 `Array`、`String`、`Object` 和 `Function`）都是可以通过其原型来进行扩展的。这意味着我们可以做一些事情，例如只要往数组原型中添加新的方法，就可以使其在所有的数组中可用。下面，我们就来试试看。

PHP 中有一个叫作 `in_array()`的函数，主要用于查询数组中是否存在某个特定的值。JavaScript 中则没有一个叫作 `inArray()`的方法（不过 ES5 中有 `indexOf()`方法），因此，下面我们通过 `Array.prototype` 来实现这个功能。

```
Array.prototype.inArray = function(needle) {
  for (var i = 0, len = this.length; i < len; i++) {
    if (this[i] === needle) {
      return true;
    }
  }
  return false;
};
```

现在，所有的数据对象都有了一个新方法，我们来测试一下：

```
> var colors = ['red', 'green', 'blue'];
> colors.inArray('red');
true

> colors.inArray('yellow');
false
```

这很简单！我们可以再做一次。假设我们的应用程序需要一个反转字符串的功能，并且我们也觉得 `String` 对象应该有一个 `reverse()`方法，毕竟 `Array` 对象是有 `reverse()`方法的。其实，在 `String` 的原型中添加一个 `reverse()`方法很容易，我们可以借助于

Array.prototype.reverse()方法（这与第4章中的某道练习题很相似）。

```
String.prototype.reverse = function() {
  return Array.prototype.reverse.
          apply(this.split('')).join('');
};
```

在这段代码中，我们实际上是先利用 split()方法将目标字符串转换成数组，然后再调用该数组的 reverse()方法产生一个反向数组。最后通过 join()方法将结果数组转换为字符串。下面我们来测试一下这个新方法。

```
> "bumblebee".reverse();
  "eebelbmub"
```

6.3.1 关于扩展内建对象的讨论

通过原型来扩展内建对象是一项非常强大的技术，有了它，我们几乎可以随心所欲地重塑 JavaScript。但也正是由于它有如此强大的威力，我们在选择使用这项功能时就必须慎之又慎。

原因在于一旦开发者熟悉了 JavaScript，那么无论他在用哪些第三方库或者工具，他都会预期 JavaScript 内建对象与方法和他的认知相同。一旦修改了内建对象，它们的行为会发生改变，代码的用户与维护者就会觉得困惑，从而导致无法预期的错误。

而且，JavaScript 自身也会发展，浏览器厂商支持的功能会越来越多，也许我们今天所缺失的、想通过原型来扩展的功能，明天就会出现在内建方法中。在这种情况下，我们设计的方法就不被需要了。另外，假设我们已经编写了大量的代码，这些代码基于由基本对象扩展而来的自定义方法，而这些方法后来又被浏览器厂商实现为内建方法了。但这些自定义方法又与新的内建方法有些许不同，这个时候会发生什么呢？

其实对基于相关内建原型来增加自定义方法的技术来说，最常用且最能被接受的例子，是让老式浏览器支持新功能，而且应该是已被 ECMAScript 委员会标准化了的、为现代浏览器所实现的新功能。例如让旧版 IE 支持 ES5 中的方法。我们通常把这类扩展叫作 shim 或者 polyfill。

另外，当你用自定义方法扩展原型时，首先应该检查该方法是否已经存在。这样一来，当浏览器内存在同名的内建方法时，我们可以直接调用原生方法，这就避免了方法覆盖。在下面的例子中，我们将为 String 对象添加 trim()方法。该方法是 ES5 标准的一部分，但其在老式浏览器中并没有得到支持：

```
if (typeof String.prototype.trim !=== 'function'){
  String.prototype.trim = function () {
    return this.replace(/^\s+|\s+&/g, '' );
  };
}

> " hello ".trim();
"hello"
```

最佳实践

如果你想要通过原型为某个对象添加一个新属性，务必先检查一下该属性是否已经存在。

6.3.2 原型陷阱

在处理原型问题时，我们需要特别注意以下两种行为。

- 当我们对原型对象执行完全替换时，可能会触发原型链中的某种异常（exception）。
- `prototype.constructor` 属性是不可靠的。

下面，我们来新建一个简单的构造器函数，并用它再创建两个对象：

```
> function Dog() {
    this.tail = true;
  }
> var benji = new Dog();
> var rusty = new Dog();
```

即便在 `benji` 和 `rusty` 对象创建之后，我们也依然能为 `Dog()` 的原型添加属性。在属性被添加之前就已经存在的对象可以随时访问这些新属性。现在，让我们放一个 `say()` 方法进去：

```
> Dog.prototype.say = function(){
    return 'Woof!';
  };
```

这样，上面的两个对象都可以访问这个新方法了：

```
> benji.say();
"Woof!"
```

```
rusty.say();
"Woof!"
```

如果我们检查一下这些对象的构造器函数，就会发现一切正常：

```
> benji.constructor === Dog;
true

> rusty.constructor === Dog;
true
```

现在，我们用一个自定义的新对象来完全覆写原有的 prototype 对象：

```
> Dog.prototype = {
    paws: 4,
    hair: true
  };
```

事实证明，这会使原有对象不能访问原型的新增属性，它们依然通过那个秘密链接与原有的原型对象保持联系：

```
> typeof benji.paws;
"undefined"

> benji.say();
"Woof!"

> typeof benji.__proto__.say;
"function"

> typeof benji.__proto__.paws;
"undefined"
```

而我们之后创建的所有对象使用的都是更新后的 prototype 对象：

```
> var lucy = new Dog();
> lucy.say();
TypeError: lucy.say is not a function

> lucy.paws;
4
```

并且，其秘密链接__proto__也指向了新的 prototype 对象：

```
> typeof lucy.__proto__.say;
"undefined"

> typeof lucy.__proto__.paws;
"number"
```

但这时候，新对象的 constructor 属性就不能再保持正确了，原本应该是 Dog()的引用却指向了 Object()：

```
> lucy.constructor;
function Object(){[native code]}
> benji.constructor;
function Dog(){
  this.tail = true;
}
```

当然，我们可以通过重新设置 constructor 属性来解决上述所有的异常行为：

```
> function Dog() {}
> Dog.prototype = {};
> new Dog().constructor === Dog;
false

> Dog.prototype.constructor = Dog;
> new Dog().constructor === Dog;
true
```

最佳实践

当我们覆写某对象的 prototype 时，需要重新设置相应的 constructor 属性。

6.4 练习题

（1）创建一个名为 shape 的对象，并为该对象设置一个 type 属性和一个 getType()方法。

（2）定义一个原型为 shape 的 Triangle()构造器函数，用 Triangle()创建的对象应该具有 3 个对象属性——a、b、c，分别用于表示三角形的三条边。

（3）在对象原型中添加一个名为 getPerimeter()的新方法。

（4）使用下面的代码来测试之前的实现：

```
> var t = new Triangle(1, 2, 3);
> t.constructor === Triangle;
true

> shape.isPrototypeOf(t);
true

> t.getPerimeter();
6

> t.getType();
"triangle"
```

（5）用循环遍历对象 t，列出其所有的属性和方法（不包括原型部分的）。

（6）实现混洗函数 shuffle()，执行效果如下：

```
> [1,2,3,4,5,6,7,8,9].shuffle();
[2, 4, 1, 8, 9, 6, 5, 3, 7]
```

6.5 小结

现在，让我们来总结一下本章所讨论的几个重要的话题。

- 在 JavaScript 中，所有的函数都会有一个叫作 prototype 的属性，其默认初始值为“空”对象（没有自身属性的对象）。
- 我们可以在相关的原型对象中添加新的方法和属性，甚至可以用自定义对象来完全替换原有的原型对象。
- 当我们通过某个构造器函数来新建对象时（使用 new 操作符），这些对象就会自动拥有一个指向各自 prototype 属性的秘密链接，并且可以通过它来访问相关原型对象的属性。
- 对象自身属性的优先级高于其原型对象中的同名属性。

- 我们可以通过 `hasOwnProperty()` 方法来区分对象的自身属性和原型属性。
- 原型链的存在。如果我们在一个对象 `foo` 中访问一个不存在的属性 `bar`，即当我们访问 `foo.bar` 时，JavaScript 引擎就会搜索该对象的原型的 `bar` 属性。如果依然没有找到 `bar` 属性，则会继续搜索其原型的原型，以此类推，直到搜索到 `Object.prototype`。
- 我们可以对内建的构造器函数进行扩展，以便所有的对象都能引用我们添加的功能。如果将某个函数赋值给 `Array.prototype.flip`，所有的数组对象都能立即添加一个 `flip()` 方法，如 `[1,2,3].flip()`。另外，在添加相关的方法和属性之前，应该做一些对已有方法或属性的检查工作，这将会大大增加脚本对于未来环境的适应能力。

第 7 章
继承

如果回顾一下我们在第 1 章中所讨论的内容，就会发现，我们当时所列出的有关 JavaScript 中面向对象编程的各项话题，现在几乎都已经涉及了。我们了解了对象、方法与属性，我们也知道了 JavaScript 中没有类的概念，但可以用构造器函数来实现相同的功能。有封装吗？显然有，对象本身就包括数据以及与这些数据有关的行为(即方法)。有聚合吗？当然有，一个对象中可以包含其他对象，事实上也一直如此，因为对象方法是靠函数来实现的，而函数本身就是对象。

下面，就让我们把关注点转移到继承（inheritance）部分吧。毕竟继承也是一个非常重要的特性，正因为有了它，我们才能实现代码的复用，做点偷懒的事，这不正是我们从事计算机编程的初衷吗？

JavaScript 是一种动态的编程语言，因此它对于同一个任务往往会同时存在几种不同的解决方案。在继承问题上也不例外。在本章中，我们将介绍一系列常见的继承模式。只有很好地理解了这些模式，我们才能在具体的工程中选择正确的模式或模式组合。

7.1 原型链

让我们先从默认的继承模式开始，即通过原型来实现继承关系链。

正如我们之前所了解的，JavaScript 中的每个函数中都有一个指向某一对象的 `prototype` 属性。该函数被 `new` 操作符调用时会创建并返回一个对象，并且该对象中会有一个指向其原型对象的秘密链接。通过该秘密链接(在某些环境中，该链接名为`__proto__`)，我们就可以在新建的对象中调用相关原型对象的方法和属性。

而原型对象自身也具有对象固有的普遍特征，因此本身也包含了指向其原型的链接。由此就形成了一条链，我们称之为原型链。

如图 7-1 所示，在对象 A 的一系列属性中，有一个叫作`__proto__`的隐藏属性，它指向了另一个对象 B。而 B 的`__proto__`属性又指向了对象 C，以此类推，直至链条末端的 `Object` 对象。该对象是 JavaScript 中的最高等级父对象，语言中所有的对象都必须继承自它。

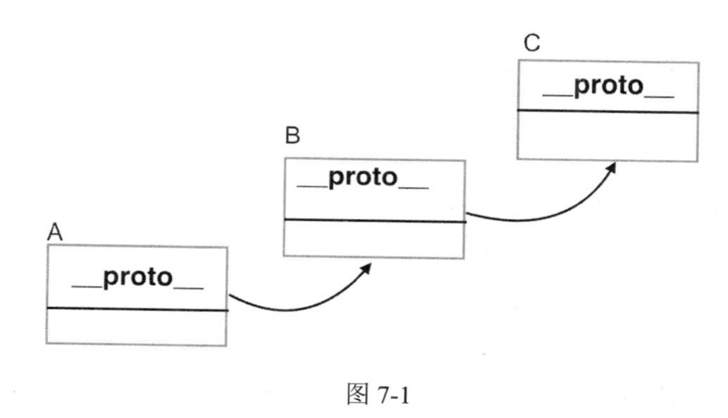

图 7-1

这些都很好理解，但这有什么实际意义吗？显然有，正因为有了这些技术，我们才可以在某个属性不在对象 A 中而在对象 B 中时，依然将它当作对象 A 的属性来访问。同样，如果对象 B 中也没有该属性，还可以继续到对象 C 中去寻找。这就是继承的作用，它能使每个对象都能访问其继承链上的任何一个属性。

在后面内容中，我们将会演示一系列不同的继承应用示例，这些示例将由一组层次分明的结构组成。具体地说，就是一组以通用性对象 `Shape` 为父对象的二维图形对象序列(包括 `Triangle`、`Rectangle` 等)。

7.1.1 原型链示例

原型链是 JavaScript 中实现继承的默认方式。下面，我们就用这种方式来实现之前所描述的层次结构吧！首先我们来定义 3 个构造器函数：

```
function Shape(){
  this.name = 'Shape';
  this.toString = function() {
    return this.name;
  };
```

```
}

function TwoDShape(){
  this.name = '2D shape';
}

function Triangle(side, height) {
  this.name = 'Triangle';
  this.side = side;
  this.height = height;
  this.getArea = function(){
    return this.side * this.height / 2;
  };
}
```

接下来，就是我们施展继承魔法的代码了：

```
TwoDShape.prototype = new Shape();
Triangle.prototype = new TwoDShape();
```

明白上面发生了什么吗？在这里，我们将对象直接创建在 TwoDShape 对象的 prototype 属性中，并没有去扩展这些对象的原有原型。也就是说，我们用构造器 Shape()（通过 new 操作符）另建了一个新的对象，然后用它去覆写 TwoDShape 构造器的 prototype 属性。Triangle 对象也一样，它的 prototype 属性是由构造器 TwoDShape()负责重建的（通过 new 操作符）。切记，JavaScript 是一种完全依靠对象的语言，其中没有类（class）的概念。因此我们需要直接用 new Shape()创建一个实例，然后才能通过该实例的属性完成相关的继承工作，而不能直接继承 Shape()构造器。另外这也确保了在继承实现之后，我们对 Shape()所进行的任何修改、覆写甚至删除都不会对 TwoDShape()产生影响，因为我们所继承的只是由该构造器所建的一个实例。

正如在上一章中所提到的，当我们对对象的 prototype 属性进行完全替换时（这不同于向 prototype 指向的对象添加属性），有可能会对对象的 constructor 属性产生一定的副作用。所以，在我们完成相关的继承关系设置后，对这些对象的 constructor 属性进行相应的重置是一个非常好的习惯。例如：

```
TwoDShape.prototype.constructor = TwoDShape;
Triangle.prototype.constructor = Triangle;
```

下面，我们来测试一下目前为止所实现的内容。先创建一个 Triangle 对象，然后调用它的 getArea()方法：

```
> var my = new Triangle(5, 10);
> my.getArea();
25
```

尽管 my 对象中没有属于自己的 toString()方法，但我们依然可以调用它所继承的 toString()方法。注意，虽然我们这里调用的是一个继承方法，但 this 所指向的依然是 my 对象：

```
> my.toString();
"Triangle"
```

下面，我们来关注一下 JavaScript 引擎在 my.toString()被调用时究竟做了哪些事。

- 首先，它会遍历 my 对象中的所有属性，但没有找到一个叫作 toString()的方法。
- 接着再去查看 my.__proto__所指向的对象，该对象应该是在继承关系构建过程中由 new TwoDShape()所创建的实例。
- 显然，JavaScript 引擎在遍历 TwoDShape 实例的过程中依然找不到 toString()方法。然后，它会继续检查该实例的__proto__属性。这时候，该__proto__属性所指向的实例是由 new Shape()所创建的。
- 终于，在 new Shape()所创建的实例中找到了 toString()方法。
- 最后，该方法就会在 my 对象中被调用，并且其 this 也指向了 my 对象。

如果我们向 my 对象询问："你的构造器函数是哪一个？"它应该是能够给出正确答案的，因为我们在构建继承关系时已经对相关的 constructor 属性进行了重置。

```
> my.constructor === Triangle;
true
```

通过 instanceof 操作符，我们可以验证 my 对象同时是上述 3 个构造器的实例：

```
> my instanceof Shape;
true

> my instanceof TwoDShape;
true
```

```
> my instanceof Triangle;
true

> my instanceof Array;
false
```

同样，当我们以 my 参数调用这些构造器原型的 isPropertypeOf()方法时，结果也是如此：

```
> Shape.prototype.isPrototypeOf(my);
true

> TwoDShape.prototype.isPrototypeOf(my);
true

> Triangle.prototype.isPrototypeOf(my);
true

> String.prototype.isPrototypeOf(my);
false
```

我们也可以用其他两个构造器来创建对象。用 new TwoDShape()所创建的对象也可以获得继承自 Shape()的 toString()方法：

```
> var td = new TwoDShape();
> td.constructor === TwoDShape;
true

> td.toString();
"2D shape"

> var s = new Shape();
> s.constructor === Shape;
true
```

7.1.2 将共享属性迁移到原型中去

当我们用某一个构造器来创建对象时，其属性就会被添加到 this 中去。当被添加的属性实际上不会随着实例改变时，这种做法会显得很没有效率。在上面的示例中，Shape()构造器是这样定义的：

```
function Shape(){
  this.name = 'Shape';
}
```

这种实现意味着我们用 new Shape()创建的每个实例都会有一个全新的 name 属性，并在内存中有自己独立的存储空间。而事实上，我们也可以选择将 name 属性添加到原型上去，这样一来所有的实例就可以共享这个属性了：

```
function Shape() {}
Shape.prototype.name = 'Shape';
```

这样一来，当我们再用 new Shape()新建对象时，name 属性就不再是新对象的私有属性了，而被添加进了该对象的原型中。虽然这样做通常会更有效率，但这也只是针对对象实例中的不可变属性而言的。对象的共有方法尤其适合这种共享形式。

现在，让我们来改进一下之前的示例，将其所有的方法和那些符合条件的属性添加到原型对象中去。就 Shape()和 TwoDShape()而言，几乎所有东西都是可以共享的：

```
// 构造器
function Shape() {}

// 扩展原型
Shape.prototype.name = 'Shape';
Shape.prototype.toString = function() {
  return this.name;
};

// 另一个构造器
function TwoDShape(){}

// 关照继承
TwoDShape.prototype = new Shape();
TwoDShape.prototype.constructor = TwoDShape;

// 扩展原型
TwoDShape.prototype.name = '2D shape';
```

如你所见，我们通常会在对原型对象进行扩展之前，先完成相关的继承关系构建，否则 TwoDShape.prototype 中后续的新内容有可能会消除我们所继承来的东西。

而 Triangle 构造器的情况稍许有些不同，因为由 new Triangle()所创建的各个对象所表示的三角形在尺寸上各不相同。因此，该对象的 side 和 height 这两个属性必须保持私有，而其他属性则可以设置为共享。例如，方法 getArea()的计算方式并不会随着每个 Triangle 实例而改变。另外，需要再强调一次，我们必须在扩展原型对象之前完成继承关系的构建。例如：

```
function Triangle(side, height) {
  this.side = side;
  this.height = height;
}
// 关照继承
Triangle.prototype = new TwoDShape();
Triangle.prototype.constructor = Triangle;

// 扩展原型
Triangle.prototype.name = 'Triangle';
Triangle.prototype.getArea = function(){
return this.side * this.height / 2;
};
```

修改完成之后，之前所有的测试代码都可以同样的方式应用于当前版本。例如：

```
> var my = new Triangle(5, 10);
> my.getArea();
25

> my.toString();
"Triangle"
```

如你所见，实际上调用 my.toString()的区别仅仅存在于背后的某些少量操作。主要区别也就是方法的查找操作将更多地发生在 Shape.prototype 中，而不再需要像前面的示例中那样，到由 new Shape()所创建的实例中查找了。

另外，我们也可以通过 hasOwnProperty()方法来明确对象的自身属性与其原型链属性的区别：

```
> my.hasOwnProperty('side');
true

> my.hasOwnProperty('name');
false
```

而调用 isPrototypeOf()方法和 instanceof 操作符的工作方式与之前并无区别。例如：

```
> TwoDShape.prototype.isPrototypeOf(my);
true

> my instanceof Shape;
true
```

7.2 只继承于原型

正如之前所说，出于效率考虑，我们应该尽可能地将一些可复用的属性和方法添加到原型中去。如果形成了这样的一个好习惯，我们仅仅依靠原型就能完成继承关系的构建了。由于原型中的所有代码都是可复用的，这意味着继承自 Shape.prototype 的实例比继承自 new Shape()所创建的实例好得多。毕竟，new Shape()方式会将 Shape 的属性设定为对象的自身属性，这样的代码是不可复用的（否则会将其设置在原型中），但我们可采取以下方式对效率做一些改善。

- 不要单独为继承关系创建新对象。
- 尽量减少运行时的方法查找（例如 toString()）。

下面是更改后的代码，我们用加粗体显示被修改的部分：

```
function Shape(){}
// 扩展原型
Shape.prototype.name = 'shape';
Shape.prototype.toString = function() {
  return this.name;
};

function TwoDShape() {}
// 关照继承
TwoDShape.prototype = Shape.prototype;
TwoDShape.prototype.constructor = TwoDShape;
// 扩展原型
TwoDShape.prototype.name = '2D shape';

function Triangle(side, height) {
  this.side = side;
  this.height = height;
```

```
}

// 关照继承
Triangle.prototype = TwoDShape.prototype;
Triangle.prototype.constructor = Triangle;
// 扩展原型
Triangle.prototype.name = 'Triangle';
Triangle.prototype.getArea = function(){
  return this.side * this.height / 2;
};
```

测试结果依然相同：

```
> var my = new Triangle(5, 10);
> my.getArea();
25

> my.toString();
"Triangle"
```

但是，这样做会令 `my.toString()` 方法的查找有什么不同吗？首先，JavaScript 引擎同样会先查看 `my` 对象中有没有 `toString()` 方法。当然，它不会找到，于是就会转而去查看该对象的原型属性。此时该原型已经指向了 `TwoDShape` 的原型，而后者指向的又是 `Shape.prototype`。更重要的是，因为这里所采用的都是引用传递而不是值传递，所以这里的方法查找步骤由（之前示例中的）四步或（本章首例中的）三步直接被精简成两步。

这样简单地复制原型从效率上来说固然会更好一些，但也有它的副作用。由于子对象与父对象指向的是同一个对象，因此一旦子对象对其原型进行了修改，父对象也会随即改变，甚至所有的继承关系都是如此。

例如下面这行代码：

```
Triangle.prototype.name = 'Triangle';
```

它对 `name` 属性进行了修改，于是 `Shape.prototype.name` 也随之改变了。也就是说，当我们再用 `new Shape()` 新建实例时，新实例的 `name` 属性也会是 `Triangle`：

```
> var s = new Shape();
> s.name;
"Triangle"
```

因而，这种方法虽然效率更高，但在很多应用场景中并不适用。

临时构造器——new F()

正如之前所述，如果所有 prototype 属性都指向了一个相同的对象，父对象就会受到子对象属性的影响。要解决这个问题，就必须利用某种中介来打破这种连锁关系。我们可以用一个临时构造器函数来充当中介。也就是说，我们创建一个空函数 F()，并将其原型设置为父级构造器。然后，我们既可以用 new F()来创建一些不包含父对象属性的对象，又可以从父对象 prototype 属性中继承一切。

下面是修改之后的代码：

```
function Shape(){}
// 扩展原型
Shape.prototype.name = 'Shape';
Shape.prototype.toString = function() {
  return this.name;
};

function TwoDShape() {}
// 关照继承
var F = function() {};
F.prototype = Shape.prototype;
TwoDShape.prototype = new F();
TwoDShape.prototype.constructor = TwoDShape;
// 扩展原型
TwoDShape.prototype.name = '2D shape';

function Triangle(side, height) {
  this.side = side;
  this.height = height;
}
// 关照继承
var F = function(){};
F.prototype = TwoDShape.prototype;
Triangle.prototype = new F();
Triangle.prototype.constructor = Triangle;
// 扩展原型
Triangle.prototype.name = 'Triangle';
Triangle.prototype.getArea = function(){
  return this.side * this.height / 2;
};
```

下面，我们来创建一个 Triangle 对象，并测试其方法：

```
> var my = new Triangle(5, 10);
> my.getArea();
25
> my.toString();
"Triangle"
```

通过这种方法，我们就可以保持原型链：

```
> my.__proto__ === Triangle.prototype;
true

> my.__proto__.constructor === Triangle;
true

> my.__proto__.__proto__ === TwoDShape.prototype;
true

> my.__proto__.__proto__.__proto__.constructor === Shape;
true
```

并且父对象的属性不会被子对象所覆写：

```
> var s = new Shape();
> s.name;
"Shape"

> "I am a " + new TwoDShape(); // 调用 toString()
"I am a 2D shape"
```

与此同时，该方法也对一种意见提供了支持：将所有要共享的属性与方法添加到原型中，然后只围绕原型构建继承关系。也就是说，这种主张不鼓励将对象的自身属性纳入继承关系，因为自身属性往往随对象的不同而差别甚大，无法复用。

7.3 uber——子对象访问父对象的方式

传统的面向对象语言通常都会提供一种用于子类访问父类（有时也叫超类）的特殊语法，该语法适用于子类方法要包含父类方法的所有行为，且还要附加额外功能的情况。在这种情况下，子类通常就要去调用父类中的同名方法，以便最终完成工作。

JavaScript 中虽然没有这种特殊语法，但是要实现类似的功能还是很常见的。接下来，让我们再对之前的示例做一些修改，在构建继承关系的过程中引入一个 uber 属性，并令其指向其父级原型对象：

```
function Shape(){}
// 扩展原型
Shape.prototype.name = 'shape';
Shape.prototype.toString = function(){
  var const = this.constructor;
  return const.uber
    ? this.const.uber.toString() + ', ' + this.name
    : this.name;
};

function TwoDShape(){}
// 关照继承
var F = function(){};
F.prototype = Shape.prototype;
TwoDShape.prototype = new F();
TwoDShape.prototype.constructor = TwoDShape;
TwoDShape.uber = Shape.prototype;
// 扩展原型
TwoDShape.prototype.name = '2D shape';

function Triangle(side, height) {
  this.side = side;
  this.height = height;
}

// 关照继承
var F = function(){};
F.prototype = TwoDShape.prototype;
Triangle.prototype = new F();
Triangle.prototype.constructor = Triangle;
Triangle.uber = TwoDShape.prototype;
// 扩展原型
Triangle.prototype.name = 'Triangle';
Triangle.prototype.getArea = function(){
  return this.side * this.height / 2;
};
```

在这里，我们主要新增了以下内容。

◆ 将 uber 属性设置成指向其父级原型的引用。

◆ 对 toString() 方法进行了更新。

在此之前，toString()所做的仅仅是返回 this.name 的内容而已。现在我们为它新增了一项额外任务，即检查对象中是否存在 this.constructor.uber 属性，如果存在，就先调用该属性的 toString 方法。由于 this.constructor 本身是一个函数，而 this.constructor.uber 则是指向当前对象父级原型的引用，因此当我们调用 Triangle 实例的 toString()方法时，其原型链上所有的 toString()都会被调用：

```
> var my = new Triangle(5, 10);
> my.toString();
"shape, 2D shape, Triangle"
```

另外，uber 属性的名字原本应该是“superclass”，但这样一来好像显得 JavaScript 中有了类的概念，或许应该叫作“super”（就像 Java 那样），但 super 一词在 JavaScript 中属于保留字。因而，Douglass Crockford 建议采用德语中与“super”同义的词“über”，这个主意看起来不错，挺酷的。

7.4　将继承部分封装成函数

下面，我们要将这些实现继承关系的代码提炼出来，并移入一个名为 extend()的可复用函数中：

```
function extend(Child, Parent) {
  var F = function(){};
  F.prototype = Parent.prototype;
  Child.prototype = new F();
  Child.prototype.constructor = Child;
  Child.uber = Parent.prototype;
}
```

通过应用上面的函数（你也可以自行再定义一个），我们既可以使代码保持简洁，又能将其复用在构建继承关系的任务中。这种方式让我们能通过以下简单的调用来实现继承：

```
extend(TwoDShape, Shape);
```

以及：

```
extend(Triangle, TwoDShape);
```

下面我们来看一个完整的例子：

```
// 继承辅助
function extend(Child, Parent) {
  var F = function () {};
  F.prototype = Parent.prototype;
  Child.prototype = new F();
  Child.prototype.constructor = Child;
  Child.uber = Parent.prototype;
}

// 定义 -> 扩展
function Shape() {};
Shape.prototype.name = 'Shape';
Shape.prototype.toString = function () {
  return this.constructor.uber
    ? this.constructor.uber.toString() + ', ' + this.name
    : this.name;
};

// 定义 -> 继承 -> 扩展
function TwoDShape() {};
extend(TwoDShape, Shape);
TwoDShape.prototype.name = '2D shape';

// 定义
function Triangle(side, height) {
  this.side = side;
  this.height = height;
}
// 继承
extend(Triangle, TwoDShape);
// 扩展
Triangle.prototype.name = 'Triangle';
Triangle.prototype.getArea = function () {
  return this.side * this.height / 2;
};
```

对其进行测试：

```
> new Triangle().toString();
"Shape, 2D shape, Triangle"
```

7.5 属性复制

接下来，让我们尝试一个与之前略有不同的方法。在构建可复用的继承代码时，我们也可以简单地将父对象的属性复制给子对象。参照之前的 extend() 接口，我们可以创建一个 extend2() 函数，该函数也接收两个构造器函数为参数，并将 Parent 的原型的所有属性全部复制给 Child 的原型，包括方法，因为方法本身也是一种函数类型的属性。例如：

```
function extend2(Child, Parent) {
  var p = Parent.prototype;
  var c = Child.prototype;
  for (var i in p) {
    c[i] = p[i];
  }
  c.uber = p;
}
```

如你所见，我们通过一个简单的循环遍历了函数所接收的所有属性。在之前的示例中，如果子对象需要访问父对象的方法，我们可以通过设置 uber 属性来实现。而这里的情况与之前有所不同，因为我们已经完成对 Child 的原型进行扩展，它不会再被完全覆写了，所以不需要再去重置 Child.prototype.constructor 属性了。因此在这里，constructor 属性所指向的值是正确的。

与之前的方法相比，这个方法在效率上略逊一筹。因为这里执行的是子对象原型的逐一复制，而非简单的原型链查询。所以我们必须要记住，这种方式仅适用于只包含基本数据类型的对象。所有的对象类型（包括函数与数组）都是不可复制的，因为它们只支持引用传递。

下面我们来看看具体的应用示例。以下有两个构造器函数 Shape() 和 TwoDShape()。其中，Shape() 的原型中包含了一个基本类型属性 name 和一个非基本类型属性 toString() 方法：

```
var Shape = function(){};
var TwoDShape = function(){};
Shape.prototype.name = 'shape';
Shape.prototype.toString = function(){
```

```
    return this.uber
      ? this.uber.toString() + ', ' + this.name
      : this.name;
};
```

如果我们通过 extend()方法来实现继承，那么 name 属性既不会是 TwoDShape()实例的属性，也不会成为其原型对象的属性，但是子对象依然可以通过继承的方式来访问该属性：

```
> extend(TwoDShape, Shape);
> var td = new TwoDShape();
> td.name;
"shape"

> TwoDShape.prototype.name;
"shape"

> td.__proto__.name;
"shape"

> td.hasOwnProperty('name');
false

> td.__proto__.hasOwnProperty('name');
false
```

而如果继承是通过 extend2()方法来实现的，TwoDShape()的原型中就会获得属于自己的 name 属性。同样，它也会复制属于自己的 toString()方法，但这只是一个函数引用，函数本身并没有被再次创建。例如：

```
> extend2(TwoDShape, Shape);
> var td = new TwoDShape();
> td.__proto__.hasOwnProperty('name');
true

> td.__proto__.hasOwnProperty('toString');
true

> td.__proto__.toString === Shape.prototype.toString;
true
```

如你所见，上面两个 toString()方法实际是同一个函数对象。之所以这样做，也是因为这样的方法重建其实是完全没有必要的。

之所以说 extend2()方法的效率低于 extend()方法，主要是因为前者对部分原型属性进行了重建。当然，这对只包含基本数据类型的对象来说，未必真的如此糟糕。而且，这样做还能使属性查找操作更多地停留在对象本身，从而可以减少原型链上的查找。

现在，让我们再来回顾一下定义 uber 属性的整个过程。这一次的做法有别于之前的通过 Parent 构造器赋值，这里我们是将 Parent 的 prototype 属性赋值给了变量 p，再通过 p 来完成 uber 赋值。之所以要做出这种差异化实现只是为了说明，你可以根据自己的需要来使用你认为合适的继承模式。让我们来测试一下代码：

```
> td.toString();
"Shape, Shape"
```

TwoDShape 并没有重新定义 name 属性，所以在这里打印了两个 Shape。你可以在任何时候重新定义 name 属性，然后所有的实例都会立即“看见”name 属性的更新：

```
> TwoDShape.prototype.name = "2D shape";
> td.toString();
"Shape, 2D shape"
```

7.6 小心处理引用复制

事实上，对象类型（包括函数与数组）通常都是以引用形式来进行复制的，这样有时会产生一些与预期不同的结果。

下面，我们来创建两个构造器函数，并在第一个构造器的原型中添加一些属性：

```
> function Papa() {}
> function Wee() {}
> Papa.prototype.name = 'Bear';
> Papa.prototype.owns = ["porridge", "chair", "bed"];
```

现在，我们让 Wee 继承 Papa（通过 extend()或 extend2()来实现）：

```
> extend2(Wee, Papa);
```

使用 extend2()即 Wee 的原型继承 Papa 的原型属性，并将其变成自身属性：

```
> Wee.prototype.hasOwnProperty('name');
true
```

```
> Wee.prototype.hasOwnProperty('owns');
true
```

其中，name 属于基本类型属性，创建的是一份全新的复制。而 owns 属性是一个数组对象，它所执行的是引用复制：

```
> Wee.prototype.owns;
["porridge", "chair", "bed"]

> Wee.prototype.owns === Papa.prototype.owns;
true
```

改变 Wee 中的 name 属性，不会对 Papa 产生影响：

```
> Wee.prototype.name += ', Little Bear';
"Bear, Little Bear"

> Papa.prototype.name;
"Bear"
```

但如果改变的是 Wee 的 owns 属性，Papa 就会受到影响了，因为这两个属性在内存中引用的是同一个数组：

```
> Wee.prototype.owns.pop();
"bed"

> Papa.prototype.owns;
["porridge", "chair"]
```

当然，如果我们用另一个对象对 Wee 的 owns 属性进行完全覆写（而不是修改现有属性），事情就完全不一样了。在这种情况下，Papa 的 owns 属性会继续引用原有对象，而 Wee 的 owns 属性则指向了新的对象：

```
> Wee.prototype.owns = ["empty bowl", "broken chair"];
> Papa.prototype.owns.push('bed');
> Papa.prototype.owns;
["porridge", "chair", "bed"]
```

这里的主要思想是，当某些东西被创建为一个对象时，它们就被存储在内存中的某个物理位置，相关的变量和属性就会指向这些位置。而当我们将一个新对象赋值给 Wee.prototype.owns 时，就相当于告诉它：“喂，忘了那个旧对象吧，快将指针移到现在这个新对象上来。”

下面，我们可以通过图 7-2 来了解一下内存中对象的存储情况。内存中所存储的对象通常会整齐排列，看上去就像一面用砖头堆起来的墙。而我们的变量则是一些指向这些对象的指针。图 7-2 展示出了以下几种情况。

- 创建一个新对象，并且让变量 A 指向该对象。
- 创建一个新变量 B，并设置其与 A 相等。也就是说，现在 B 和 A 指向了同一个对象，也就是内存中的同一个位置。
- 修改变量 B 所指对象的 color 属性，将它设置为“white”。在图 7-2 中，对应的砖就形象地变为了白色。如果现在我们执行检查 A.color === "white"，就会得到 true。

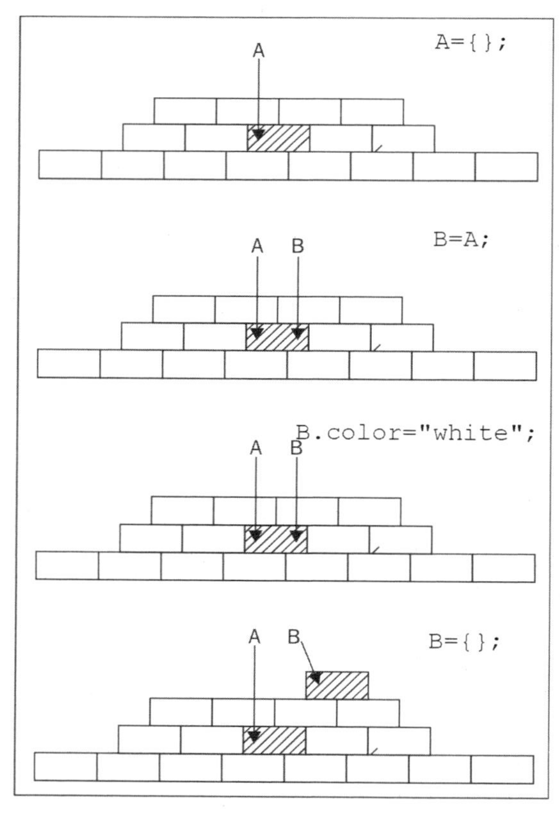

图 7-2

- 再创建一个新对象，然后让变量 B 指向这个新对象。这样一来，因为 A 和 B 指向了内存中的不同位置，所以它们之间已经完全没有关联，对它们之中任何一个所做的更改都不会影响另一个。

如果你想解决引用复制方法无法解决的问题，那么也许应该考虑深度复制方法。该内容我们将在本章后面的内容中进行讨论。

7.7 对象之间的继承

到目前为止，本章所有的示例都是以构造器创建对象为前提的，并且，我们在这些用于创建对象的构造器中引入了从其他构造器中继承而来的属性。但实际上，我们也可以丢开构造器，直接通过对象标识法来创建对象，并且这样做还能减少我们的实际输入。但是，它们是如何实现继承的呢？

在 Java 或 PHP 中，我们是通过类定义来构建不同类之间的继承关系的。所谓传统意义上的面向对象是依靠类来完成的。但 JavaScript 中没有类的概念，因此，那些具有传统编程背景的程序员自然而然地会将构造器函数当作类，因为两者在使用方式上是最为接近的。此外，JavaScript 也提供了 new 操作符，这使得 JavaScript 与 Java 的相似程度更为接近。无论如何，所有的一切最终都要回到对象层面上来。例如在本章的第一个示例中，我们使用的语法是这样的：

```
Child.prototype = new Parent();
```

尽管这里的 Child 构造器（你也可以将其视为类）是从 Parent 继承而来的，但对象本身则是通过 new Parent() 调用来创建的。这就是我们说这是一种仿传统的继承模式的原因，它尽管很像传统继承，但终究不是（因为这里不存在任何类的调用）。

那么，我们为什么不能拿掉这个“中间人”（即构造器/类），直接在对象之间构建继承关系呢？在 extend2() 方法中，父原型对象的属性被逐一复制给了子原型对象，而这两个原型本质上也都是对象。接下来，让我们将原型和构造器忘却，尝试在对象之间直接进行属性复制。

首先，我们用 var o = {}语句创建一个没有任何私有属性的“空”对象作为“画板”，然后再逐步为其添加属性。但这次我们不通过 this 来实现，而是直接将现有对象的属性全部复制过来。例如在下面的实现中，函数将接收一个对象并返回它的副本。

```
function extendCopy(p) {
```

```
    var c = {};
    for (var i in p) {
      c[i] = p[i];
    }
    c.uber = p;
    return c;
  }
```

单纯的属性全复制是一种非常简单、直接的模式，但适用范围很广。下面来看看 extendCopy()的实际应用。首先，我们需要一个基本对象：

```
var shape = {
  name: 'Shape',
  toString: function() {
    return this.name;
  }
};
```

接着我们就可以根据这个旧对象来创建一个新的对象了，你只需调用 extendCopy()函数，该函数会返回一个新对象。然后，我们可以继续对这个新对象进行扩展，添加额外的功能。例如：

```
var twoDee = extendCopy(shape);
twoDee.name = '2D shape';
twoDee.toString = function(){
  return this.uber.toString() + ', ' + this.name;
};
```

下面，我们让 triangle 对象继承一个二维图形对象：

```
var triangle = extendCopy(twoDee);
triangle.name = 'Triangle';
triangle.getArea = function(){
  return this.side * this.height / 2;
};
```

使用该 triangle:

```
> triangle.side = 5;
> triangle.height = 10;
> triangle.getArea();
```

```
25

> triangle.toString();
"shape, 2D shape, Triangle"
```

对于这种方法而言，可能的问题就在于初始化一个新triangle对象的过程过于烦琐，因为我们必须要对该对象的 side 和 height 值进行手动设置，这与之前直接将相关的值作为参数传递给构造器函数是不一样的。但这方面的问题只需要调用一个函数就能轻易解决，例如与构造器函数类似的 init()方法（如果你使用 PHP5，可调用__construct()函数），我们只需在调用时将这两个值以参数形式传递给它。又或者，我们可以将 extendCopy()函数设计为接收两个参数：第一个参数不变，第二个参数是包含我们需要的额外属性的对象。然后我们就可以在函数体中使用这些额外属性对所返回的复制进行扩展，或者换一种说法，将第一个参数的复制与第二个参数合并。

7.8 深复制

在之前的讨论中，extendCopy()函数以及再之前的 extend2()函数所用的创建方式叫作浅复制（shallow copy）。与之相对的，当然就是所谓的深复制（deep copy）了。经过 7.6 节的讨论，我们已经知道当对象被复制时，实际上复制的只是该对象在内存中的位置指针。这一过程就是所谓的浅复制，在这种情况下，如果我们修改了复制对象，就等同于修改了原对象。而深复制则可以帮助我们避免这方面的问题。

深复制的实现方式与浅复制的基本相同，也需要通过遍历对象的属性来进行复制操作。但是在遇到一个对象引用性的属性时，我们需要再次对其调用深复制函数：

```
function deepCopy(p, c) {
  c = c || {};
  for (var i in p) {
    if (p.hasOwnProperty(i)) {
      if (typeof p[i] === 'object') {
        c[i] = Array.isArray(p[i]) ? [] : {};
deepCopy(p[i], c[i]);
       } else {
         c[i] = p[i];
       }
     }
  }
  return c;
```

```
}
```

现在我们来创建一个对象，该对象包含数组和子对象：

```
var parent = {
  numbers: [1, 2, 3],
  letters: ['a', 'b', 'c'],
  obj: {
    prop: 1
  },
  bool: true
};
```

下面，我们分别用深复制和浅复制测试一下，就会发现两者的不同。在深复制中，对复制对象的 numbers 属性进行更新不会对原对象产生影响：

```
> var mydeep = deepCopy(parent);
> var myshallow = extendCopy(parent);
> mydeep.numbers.push(4,5,6);
6

> mydeep.numbers;
[1, 2, 3, 4, 5, 6]

> parent.numbers;
[1, 2, 3]
> myshallow.numbers.push(10);
4

> myshallow.numbers;
[1, 2, 3, 10]
> parent.numbers;
[1, 2, 3, 10];
> mydeep.numbers;
[1, 2, 3, 4, 5, 6]
```

使用 deepCopy() 函数要注意两点。

- 在复制每个属性之前，建议使用 hasOwnProperty() 来确认不会误复制不需要的继承属性。
- 因为区分 Array 对象和普通 Object 对象相当烦琐，所以 ES5 标准中实现了

Array.isArray()函数。这个跨浏览器的最佳解决方案（换句话说，为仅支持ES3 的环境提供 isArray()函数）虽然看起来有点取巧，但却是有效的。例如：

```
if (Array.isArray !== "function") {
Array.isArray = function (candidate) {
    return
Object.prototype.toString.call(candidate) === '[object Array]';
};
}
```

7.9 object()

基于这种在对象之间直接构建继承关系的理念，Douglas Crockford 为我们提出了一个建议，即可以用 object()函数来接收父对象，并返回一个以该对象为原型的新对象。例如：

```
function object(o) {
  function F() {}
  F.prototype = o;
  return new F();
}
```

如果我们需要访问 uber 属性，可以修改 object()函数，具体如下：

```
function object(o) {
  var n;
  function F() {}
  F.prototype = o;
  n = new F();
  n.uber = o;
  return n;
}
```

这个函数的使用与 extendCopy()的基本相同：我们只需将某个对象（如 twoDee）传递给它，并由此创建一个新对象。然后对新对象进行后续的扩展处理。例如：

```
var triangle = object(twoDee);
triangle.name = 'Triangle';
triangle.getArea = function(){
return this.side * this.height / 2;
```

```
};
```

新 triangle 对象的行为依然不变：

```
> triangle.toString();
"shape, 2D shape, Triangle"
```

这种模式也称为原型继承，因为在这里，我们将父对象设置成了子对象的原型。这个 object() 函数被 ES5 所采纳，并且更名为 Object.create()。例如：

```
> var square = Object.create(triangle);
```

7.10　原型继承与属性复制的混合应用

对继承来说，主要目标就是将一些现有的功能归为己有。也就是说，我们在新建一个对象时，通常首先应该继承于现有对象，然后为其添加额外的方法与属性。对此，我们可以通过一个函数调用来完成，并且在其中混合使用我们刚才所讨论的两种方式。

具体就是：

- 使用原型继承的方式，将一个已有对象设置为新对象的原型；
- 新建一个对象后，将另一个已有对象的所有属性复制过来。

```
function objectPlus(o, stuff) {
  var n;
  function F() {}
  F.prototype = o;
  n = new F();
  n.uber = o;

  for (var i in stuff) {
    n[i] = stuff[i];
  }
  return n;
}
```

这个函数接收两个参数，其中对象 o 用于继承，而另一个对象 stuff 则用于复制方法与属性。下面我们来看看其实际应用。

首先，需要一个基本对象 shape：

```
var shape = {
  name: 'shape',
  toString: function() {
    return this.name;
  }
};
```

接着再创建一个继承于 shape 的二维对象，并为其添加更多的属性。这些额外的属性由一个用文本标识法所创建的匿名对象提供：

```
var twoDee = objectPlus(shape, {
  name: '2D shape',
  toString: function(){
    return this.uber.toString() + ', ' + this.name;
  }
});
```

现在，我们来创建一个继承于二维对象的 triangle 对象，并为其添加一些额外的属性：

```
var triangle = objectPlus(twoDee, {
  name: 'Triangle',
  getArea: function(){return this.side * this.height / 2;
  },
   side: 0,
   height: 0
});
```

下面我们来测试一下：创建一个具体的 triangle 对象 my，并自定义其 side 和 height 属性。例如：

```
> var my = objectPlus(triangle, {
    side: 4, height: 4
  });
> my.getArea();
8

> my.toString();
"shape, 2D shape, Triangle, Triangle"
```

这里的不同之处在于，当 toString()函数被执行时，Triangle 的 name 属性会被重复两次。这是因为我们通过继承 triangle 对象来创建实例，所以这里多了一层继承关系。我们也可以给该实例一个新的 name 属性。例如：

```
> objectPlus(triangle, {
    side: 4,
    height: 4,
    name: 'My 4x4'
}).toString();
"Shape, 2D shape, Triangle, My 4x4"
```

这里的 objectPlus() 函数的实现方式比之前提到的 object() 更接近 ES5 的 Object.create()。只是 ES5 的实现中，附加属性（也就是第二个参数）是通过属性描述符提供的（见附录 C）。

7.11　多重继承

所谓的多重继承，通常指的是一个子对象中有不止一个父对象的继承模式。对于这种模式，有些面向对象编程语言支持，有些则不支持。我们可以对它们进行一些甄别，自行判断在复杂的应用程序中多重继承是否能带来方便，或者是否有这种必要使用它，以及它是否会比原型链的方式更好。现在，让我们暂且先离开一下这个讨论多重继承利弊的漫漫长夜，去 JavaScript 的实现中感受一下多重继承的用法。

多重继承实现是极其简单的，我们只需延续属性复制法的继承思路依次扩展对象，而对参数所继承的对象的数量没有限制。

下面，我们来创建一个 multi() 函数，它可以接收任意数量的输入性对象。然后，我们在其中实现了一个双重循环，内层循环用于复制属性，而外层循环则用于遍历函数参数中所传递进来的所有对象。

```
function multi() {
  var n = {}, stuff, j = 0, len = arguments.length;
  for (j = 0; j < len; j++) {
    stuff = arguments[j];
    for (var i in stuff) {
      if(stuff.hasOwnProperty(i) ){
        n[i] = stuff[i];
      }
    }
  }
}
```

```
    return n;
  }
```

现在来测试一下。首先，我们需要创建 shape、twoDee 以及一个匿名对象。然后调用 multi()函数，将这 3 个对象作为参数传递，该函数会返回新建的 triangle 对象。例如：

```
var shape = {
  name: 'shape',
  toString: function() {
    return this.name;
  }
};

var twoDee = {
  name: '2D shape',
  dimensions: 2
};

var triangle = multi(shape, twoDee, {
  name: 'Triangle',
  getArea: function(){
    return this.side * this.height / 2;
  },
  side: 5,
  height: 10
});
```

然后，让我们来看看它是否可以工作。getArea()方法应该是独有属性，dimensions 则应该是来自 twoDee 的继承属性，toString()则是从 shape 继承而来的：

```
> triangle.getArea();
25

> triangle.dimensions;
2

> triangle.toString();
"Triangle"
```

要注意的是，multi()中的循环是按照对象的输入顺序来进行遍历的。如果其中两个对象具有相同的属性，前一个属性就会被后一个属性覆盖。

混合插入

在这里，我们需要了解一种叫作混合插入（mixin）的技术。我们可以将混合插入看作一种为对象提供某些实用功能的技术，只不过，它并不是通过子对象的继承与扩展来完成的。我们之前所讨论的多重继承实际上正是基于混合插入技术理念来实现的。也就是说，每当我们新建一个对象时，可以选择将其他对象的内容混合到我们的新对象中去，只要将它们全部传递给 `multi()` 函数，我们就可以在不建立相关继承关系树的情况下获得这些对象的功能。

7.12 寄生式继承

JavaScript 中能够实现继承的方式有很多。如果你渴望多了解一些这方面的知识，这里可以再介绍一种叫作寄生式继承的模式。这是由 Douglas Crockford 所提出的技术，基本思路是，我们可以在创建对象的函数中直接吸收其他对象的功能，然后对其进行扩展并返回，就好像所有的工作都是它做的一样。

下面，我们用对象标识法定义了一个普通对象，这时它还看不出有任何被寄生的可能性：

```
var twoD = {
  name: '2D shape',
  dimensions: 2
};
```

然后我们来编写用于创建 `triangle` 对象的函数。

- 将 `twoD` 对象复制到一个叫作 `that` 的对象，这一步可以使用我们之前所讨论过的任何方法，例如使用 `object()` 函数或者执行全属性复制。
- 扩展 `that` 对象，添加更多的属性。
- 返回 `that` 对象，如下。

```
function triangle(s, h) {
  var that = object(twoD);
  that.name ='Triangle';
  that.getArea = function(){
```

```
    return this.side * this.height / 2;
  };
  that.side = s;
  that.height = h;
  return that;
}
```

因为triangle()只是一般函数,不属于构造器,所以调用它通常不需要new操作符。但由于该函数返回的是一个对象，因此即便我们在函数调用时错误地使用了new操作符，它也会按照预定的方式工作。例如：

```
> var t = triangle(5, 10);
> t.dimensions
2

> var t2 = new triangle(5,5);
> t2.getArea();
12.5
```

注意，这里的that只是一个名字，并不存在与保留字this用法类似的特殊含义。

7.13　构造器借用

我们再来看一种继承实现（这是本章最后一个了，我保证）。我们需要再次从构造器函数入手，这回不直接使用对象了。由于在这种继承模式中，子对象构造器可以通过call()或apply()方法来调用父对象的构造器，因而，它通常称为构造器盗用（stealing a constructor），或者构造器借用（borrowing a constructor），如果你想更含蓄一点的话。

尽管call()和apply()这两个方法在第4章中均已经讨论过，但这里我们要更进一步探讨。正如你所知，这两个方法都允许我们将某个指定对象的this值与一个函数的调用绑定起来。这对于继承而言，就意味着子对象的构造器在调用父对象构造器时，也可以将子对象中新建的this对象与父对象的this值绑定起来。

下面，我们来构建一个父类构造器Shape()：

```
function Shape(id) {
  this.id = id;
}
Shape.prototype.name = 'shape';
```

```
Shape.prototype.toString = function(){
  return this.name;
};
```

现在我们来定义 Triangle()构造器，该构造器通过 apply()方法来调用 Shape()构造器，并传递相关的 this 值（即 new Triangle()所创建的示例）和其他一些参数：

```
function Triangle() {
  Shape.apply(this, arguments);
}
Triangle.prototype.name = 'Triangle';
```

注意，这里无论是 Triangle()还是 Shape()都在其各自的原型中添加了一些额外的属性。

下面，我们来测试一下，先新建一个 triangle 对象：

```
> var t = new Triangle(101);
> t.name;
"Triangle"
```

在这里，新的 triangle 对象继承了其父对象的 id 属性，但它并没有继承父对象原型中的其他任何东西：

```
> t.id;
101

> t.toString();
"[object Object]"
```

之所以 triangle 对象中不包含 Shape 的原型属性，是因为我们从来没有调用 new Shape()创建任何一个实例，自然其原型也从来没有被用到。这很容易做到，例如在本章最初的那个示例中，我们可以对 Triangle()构造器进行如下重定义：

```
function Triangle() {
  Shape.apply(this, arguments);
}
Triangle.prototype = new Shape();
Triangle.prototype.name = 'Triangle';
```

在这种继承模式中，父对象的属性是以子对象自身属性的身份来重建的。这也体现了构造器借用的一大优势：当我们创建一个继承于数组或者其他对象类型的子对象时，我们将获得一个完全的新值（不是一个引用），对它做任何修改都不会影响其父对象。

但这种模式也是有缺点的，因为这种情况下父对象的构造器往往会被调用两次：一次发生在通过 apply() 方法继承其自身属性时，而另一次则发生在通过 new 操作符继承其原型时。这样一来，父对象的自身属性事实上被继承了两次。下面让我们来做一个简单的演示：

```
function Shape(id) {
  this.id = id;
}
function Triangle() {
  Shape.apply(this, arguments);
}
Triangle.prototype = new Shape(101);
```

新建一个实例：

```
> var t = new Triangle(202);
> t.id;
202
```

如你所见，对象中有一个自身属性 id，但它并非来自原型链，我们可以执行如下验证：

```
> t.__proto__.id;
101

> delete t.id;
true

> t.id;
101
```

借用构造器与原型复制

对于这种由于构造器的双重调用而带来的重复执行问题，实际上是很容易更正的。我们可以在父对象构造器上调用 apply() 方法，以获得其全部的自身属性。然后再用一个简单的迭代器对其原型属性执行逐项复制（这也可以使用之前讨论的 extend2() 方法来完成）。例如：

```
function Shape(id) {
  this.id = id;
}
Shape.prototype.name = 'Shape';
Shape.prototype.toString = function(){
  return this.name;
};

function Triangle() {
  Shape.apply(this, arguments);
}
extend2(Triangle, Shape);
Triangle.prototype.name = 'Triangle';
```

下面测试一下：

```
> var t = new Triangle(101);
> t.toString();
"Triangle"

> t.id;
101
```

这样一来，双重继承就不见了：

```
> typeof t.__proto__.id;
"undefined"
```

如果必要的话，extend2()还可以访问对象的 uber 属性：

```
> t.uber.name;
"Shape"
```

7.14 案例学习：图形绘制

下面，让我们用一个更为具体的继承应用示例来作为本章的结尾。示例的任务是计算各种不同图形的面积和周长，然后将它们绘制出来。并且，要求在这过程中尽可能地实现代码复用。

7.14.1 分析

首先，我们要将所有对象的公共部分定义成一个构造器，即 Shape。然后基于这个构造器分别构建我们的 Triangle、Rectangle 和 Square 构造器，它们将全部继承于 Shape。其中，Square 实际上可以被当作一个长和宽相等的 Rectangle，因此当我们构建 Square 时可以直接复用 Rectangle。

下面，我们来定义 Shape 对象。首先，我们要定义一个带 x、y 坐标的 point 对象。图形一般都是由若干 point 组成的。例如，定义一个 Triangle 对象需要 3 个 point 对象，而定义一个 Rectangle 对象（为了让题目尽可能简单）需要定义一个 point 对象和其长、宽。图形的周长一般是其各边长度的加合，而计算一个图形的面积的公式则因图形不同有较大差异，应该由这些图形自己来实现。

这样一来，Shape 体系中的公共属性主要包括以下几种。

- 一个能根据给定的 point 绘制出图形的 draw() 方法。
- 一个 getParameter() 方法。
- 一个用于存储 point 对象的数组属性。
- 其他必需的属性与方法。

关于绘制部分，我们还将用到<canvas>标签。尽管早期的 IE 并不支持这一特性，但无所谓，这不过是个练习。

当然，还有两个辅助构造器——Point 和 Line 不能不提。其中，Point 用于定义图形，而 Line 则用于计算给定两点之间的距离。

读者也可以在网上运行该工作示例，只需打开控制台，然后按部就班新建图形。

7.14.2 实现

首先，我们要在空白的 HTML 页面中添加一个 canvas 标签：

```
<canvas height="600" width="800" id="canvas" />
```

然后插入<script>标签，我们的 JavaScript 代码就要放在这里：

```
<script>
// ... 代码放在这里
</script>
```

下面，我们来实现 JavaScript 部分的工作。首先是定义辅助构造器 Point，最简单的实现方法如下：

```
function Point(x, y) {
  this.x = x;
  this.y = y;
}
```

要注意的是，该画布（即 canvas）的坐标系是从 x=0、y=0 这点开始的，即图 7-3 中的左上角，而右下角的坐标则是 x=800、y=600。

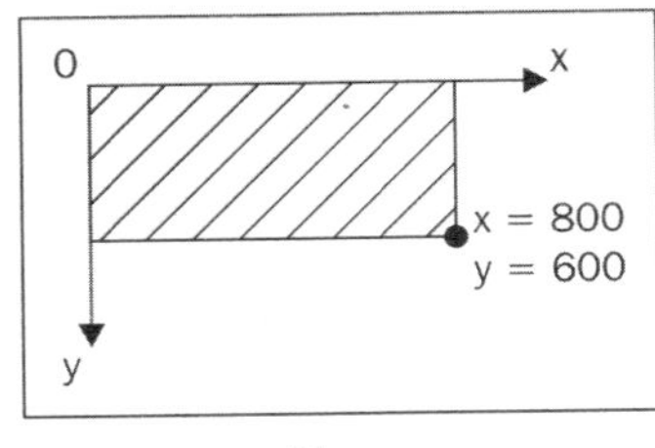

图 7-3

接下来，轮到构造器 Line 了。它将会根据勾股定理公式 $a^2 + b^2 = c^2$ 计算出给定两点之间的直线距离（假设这两点位于一个直角三角形的斜边两端）。

```
function Line(p1, p2) {
  this.p1 = p1;
  this.p2 = p2;
  this.length = Math.sqrt(
  Math.pow(p1.x - p2.x, 2) +
  Math.pow(p1.y - p2.y, 2)
  );
}
```

下一步，我们就可以讲解 Shape 构造器的定义了。该构造器需要有一个自己的 points 属性（以及连接这些 point 的 lines 属性）。另外我们还需要一个初始化方法 init()，用于定义其原型。

```
function Shape() {
  this.points = [];
  this.lines = [];
  this.init();
}
```

接下来进入正题：定义 Shape.prototype 的方法。下面我们用对象标识法来定义所有的方法。其中，我们对每个方法做了相关的注释。

```
Shape.prototype = {
  // 将指针重置以指向构造器
  constructor: Shape,

  // 初始化，设置 this.context 指向 canvas 对象的 context
  init: function () {
    if (this.context === undefined) {
      var canvas = document.getElementById('canvas');
      Shape.prototype.context = canvas.getContext('2d');
    }
  },

  // 该方法通过遍历 this.points 来绘制图形
  draw: function () {
    var i, ctx = this.context;
    ctx.strokeStyle = this.getColor();
    ctx.beginPath();
    ctx.moveTo(this.points[0].x, this.points[0].y);
    for (i = 1; i<this.points.length; i++) {
      ctx.lineTo(this.points[i].x, this.points[i].y);
    }
    ctx.closePath();
    ctx.stroke();
  },

  // 生成随机颜色的方法
  getColor: function () {
    var i, rgb = [];
    for (i = 0; i< 3; i++) {
      rgb[i] = Math.round(255 * Math.random());
    }
    return 'rgb(' + rgb.join(',') + ')';
  },

  // 遍历 points 数组，创建 Line 实例并添加到 this.lines 的方法
  getLines: function () {
```

```
    if (this.lines.length> 0) {
      return this.lines;

    }
    vari, lines = [];
    for (i = 0; i<this.points.length; i++) {
      lines[i] = new Line(this.points[i],
      this.points[i + 1] || this.points[0]);
    }
    this.lines = lines;
    return lines;
  },

  // shell 方法，将由子对象实现
   getArea: function () {},
   // 将所有边的长加总
   getPerimeter: function () {
     var i, perim = 0, lines = this.getLines();
     for (i = 0; i<lines.length; i++) {
       perim += lines[i].length;
     }
     return perim;
   }
};
```

接着是子对象构造器，先从 Triangle 开始：

```
function Triangle(a, b, c){
  this.points = [a, b, c];
  this.getArea = function(){
    var p = this.getPerimeter(),
    s = p / 2;
    return Math.sqrt(s* (s - this.lines[0].length)* (s - this.lines[1].
length) * (s - this.lines[2].length));
  };
}
```

在 Triangle 构造器中，我们会将其接收到的 3 个 point 对象赋值给 this.points

（它为该对象自身的点的集合）。然后再利用海伦公式（Heron's formula）[①]实现其getArea()方法，公式如下：

```
Area = s(s-a)(s-b)(s-c)
```

其中，s 为半周长（即周长除以 2）。

接下来轮到 Rectangle 构造器了，该对象所接收的参数是一个 point 对象（即左上角位置）和两边的长度。然后再以该 point 起点，自行填充其 points 数组。

```
function Rectangle(p, side_a, side_b){
this.points = [
p,
new Point(p.x + side_a, p.y),           // 右上角位置
new Point(p.x + side_a, p.y + side_b), // 右下角位置
new Point(p.x, p.y + side_b)           // 左下角位置
];
this.getArea = function() {
return side_a * side_b;
};
}
```

最后一个子对象构造器是 Square。因为 Square 是 Rectangle 的一种特例，所以对于它的实现，我们可以复用 Rectangle，而其中最简单的方法莫过于构造器借用了。

```
function Square(p, side){
  Rectangle.call(this, p, side, side);
}
```

到目前为止，所有构造器的实现都已经完成。我们开始处理它们之间的继承关系。几乎所有的仿传统模式（即工作方式是基于构造器而非对象的模式）都符合我们的需求。下面，我们来试着将其修改为原型链模式，并提供一个简化版本（第一种方法我们之前已经讨论过了）。在该模式中，我们需要新建一个父对象实例，然后直接将其设置为子对象的原型。这样一来，我们就没有必要为每个子对象的原型创建新的实例了，因为它们可以通过原型实现完全共享。

① 海伦公式（Heron's formula 或 Hero's formula），又译为希罗公式、希伦公式、海龙公式，此公式能利用三角形的 3 条边长来求取三角形面积。最早出自 *Metrica* 一书，是一部古代数学知识的结集，相传由数学家希罗在公元 60 年前后提出。——译者注

```
(function () {
var s = new Shape();
Triangle.prototype = s;
Rectangle.prototype = s;
Square.prototype = s;
})();
```

7.14.3 测试

下面我们来绘制一些图形进行测试。首先来定义 Triangle 对象的 3 个 point：

```
> var p1 = new Point(100, 100);
> var p2 = new Point(300, 100);
> var p3 = new Point(200, 0);
```

然后将这 3 个 point 传递给 Triangle 构造器，以创建一个 Triangle 实例：

```
> var t = new Triangle(p1, p2, p3);
```

接着，我们就可以调用相关的方法在画布上绘制出三角形，并计算出它的面积与周长：

```
> t.draw();
> t.getPerimeter();
482.842712474619

> t.getArea();
10000.000000000002
```

接下来是 Rectangle 的实例化：

```
> var r = new Rectangle(new Point(200, 200), 50, 100);
> r.draw();
> r.getArea();
5000

> r.getPerimeter();
300
```

最后是 Square：

```
> var s = new Square(new Point(130, 130), 50);
> s.draw();
> s.getArea();
```

```
2500

> s.getPerimeter();
200
```

如果想给这些图形绘制增加一些乐趣，我们也可以像下面这样，在绘制 Square 时偷个懒，复用 triangle 的 point。

```
> new Square(p1, 200).draw();
```

最终测试结果如图 7-4 所示。

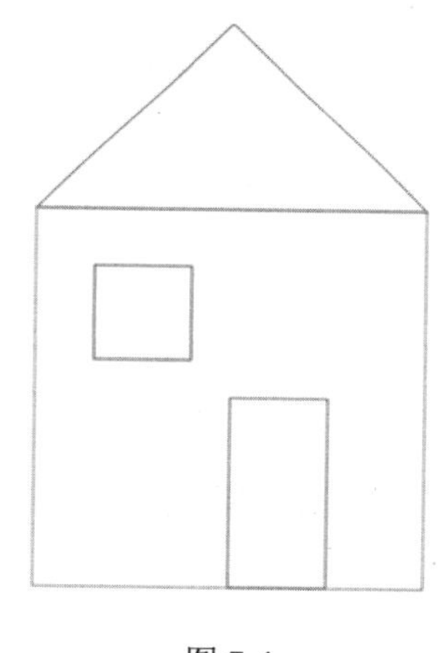

图 7-4

7.15 练习题

（1）使用原型继承模式（而不是属性复制的方式）实现多重继承。例如：

```
var my = objectMulti(obj, another_obj, a_third, {
additional: "properties"
});
```

属性 additional 应该是其自身的属性，而其他属性则应该归并入 prototype 中。

（2）利用上面的画布示例展开实践，尝试各种不同的东西，具体如下。

- 绘制一些三角形、正方形、矩形。

- 添加更多的图形构造器，例如风筝、菱形、梯形以及五边形等。如果你还想对 canvas 标签有更多的了解，也可以创建一个圆形构造器，该构造器需要你覆写父对象的 draw() 方法。
- 考虑一下，是否还有其他方式可以实现并使用这些类型继承关系，从而解决上述问题？
- 请选择一个子对象能通过 uber 属性访问父对象的方法，并为其添加新的功能，使得父对象可以追踪到该方法所属的子对象。例如，或许我们可以在父对象中建立一个用于存储其所有子对象的数组属性。

7.16 小结

在本章中，我们学习了一系列用于实现继承的方法（模式）。表 7-1 罗列了这些方法。它们大致上可以分为两类。

- 基于构造器工作的模式。
- 基于对象工作的模式。

此外，我们也可以基于以下条件对这些模式进行分类。

- 是否使用原型。
- 是否执行属性复制。
- 两者都有（即复制原型的属性）。

表 7-1

方法编号	方法名称	代码示例	所属模式	技术注解
1	原型链法（仿传统）	`Child.prototype = new Parent();`	• 基于构造器工作的模式 • 使用原型链模式	• 默认继承机制 • 提示：我们可以将方法与属性集中可复用的部分迁移到原型链中，而将不可复用的部分设置为对象自身的属性

续表

方法编号	方法名称	代码示例	所属模式	技术注解
2	仅从原型继承法	`Child.prototype = Parent.prototype;`	• 基于构造器工作的模式 • 原型复制模式（不存在原型链，所有的对象共享一个原型对象）	• 由于该模式在构建继承关系时不需要新建对象实例，效率上会有较好的表现 • 原型链上的查询也会比较快，因为这里根本不存在链 • 缺点在于：对子对象的修改会影响其父对象

3	临时构造器法	`function extend(Child, Parent) {`
		`  var F = function(){};`
		`  F.prototype = Parent.prototype;`
		`  Child.prototype = new F();`
		`  Child.prototype.constructor = Child;`
		`  Child.uber = Parent.prototype;`
		`}`
			• 基于构造器工作的模式
			• 使用原型链模式
				• 此模式不同于方法 1，它只继承父对象的原型属性，而对于其自身属性（也就是被构造器添加到 this 值中的属性）则不予继承
				• 另外，该模式还为我们访问父对象提供了便利的方式（即通过 uber 属性）

4	原型属性复制法	`function extend2(Child, Parent) {`
		`  var p = Parent.prototype;`
		`  var c = Child. Prototype;`
		`  for (var i in p) {`
		`  c[i] = p[i];`
		`  }`
		`  c.uber = p;`
		`}`
			• 基于构造器工作的模式
			• 复制属性模式
			• 使用原型链模式
				• 将父对象原型中的内容全部转换成子对象原型属性
				• 无须为继承单独创建对象实例
				• 原型链本身也更短

续表

方法编号	方法名称	代码示例	所属模式	技术注解

5	全属性复制法（浅复制法）	`function extendCopy(p) {`
		`  var c = {};`
		`  for (var i in p) {`
		`    c[i] = p[i];`
		`  }`
		`  c.uber = p;`
		`  return c;`
		`}`
			• 基于对象工作的模式
			• 属性复制模式
				• 非常简单
				• 没有使用原型属性

6	深复制法	同上，只需在遇到对象类型时重复调用上述函数即可	• 基于对象工作的模式 • 属性复制模式	与方法 5 基本相同，但复制的是对象和数组

7	原型继承法	`function object(o){`
		`  function F() {}`
		`  F.prototype = o;`
		`  return new F();`
		`}`
			• 基于对象工作的模式
			• 使用原型链模式
				• 丢开仿类机制，直接在对象之间构建继承关系
				• 发挥原型的固有优势

8	扩展与增强模式	`function objectPlus(o, stuff) {`
		`  var n;`
		`  function F() {}`
		`  F.prototype = o;`
		`  n = new F();`
		`  n.uber = o;`
		`  for (var i in stuff) {`
		`    n[i] = stuff[i];`
		`  }`
		`  return n;`
		`}`
			• 基于对象工作的模式
			• 使用原型链模式
			• 属性复制模式
				• 该方法实际上是原型继承法（方法 7）和全属性复制法（方法 5）的混合应用
				• 它通过一个函数一次性完成对象的继承与扩展

续表

方法编号	方法名称	代码示例	所属模式	技术注解

9	多重继承法	`function multi() {`
		`var n = {}, stuff, j = 0,`
		`len = arguments. length;`
		`for (j = 0;j < len; j++) {`
		`stuff = arguments[j];`
		`for (var i in stuff) {`
		`n[i] = stuff[i];`
		`}`
		`}`
		`return n;`
		`}`
			• 基于对象工作的模式
			• 属性复制模式
				• 一种混合插入式(mixin-style)的继承实现
				• 它会按照父对象的出现顺序依次对它们执行属性全复制

10	寄生式继承法	`function parasite (victim) {`
		`var that = object`
		`(victim);`
		`that.more = 1;`
		`return that;`
		`}`
			• 基于对象工作的模式
			• 使用原型链模式
				• 该方法通过一个类似于构造器的函数来创建对象
				• 该函数会执行相应的对象复制，并对其进行扩展，然后返回该复制

11	构造器借用法	`function Child() {`
		`Parent.apply(this,`
		`arguments);`
		`}`
			基于构造器工作的模式	• 该方法可以只继承父对象的自身属性
				• 可以与方法 1 结合使用，以便从原型中继承相关内容
				• 它便于我们的子对象在继承某个对象的具体属性（并且还有可能是引用类属性）时，选择最简单的处理方式

续表

方法编号	方法名称	代码示例	所属模式	技术注解

12	构造器借用与属性复制法	`function Child() {`
		`Parent.apply(this,`
		`arguments);`
		`}`
		`extend2(Child, Parent);`
			• 基于构造器工作的模式
			• 使用原型链模式
			• 属性复制模式
				• 该方法是方法 11 与方法 4 的结合
				• 它允许我们在不重复调用父对象构造器的情况下同时继承其自身属性和原型属性

面对这么多方法，我们应该如何做出正确的选择呢？事实上这取决于我们的设计风格、性能需求、具体项目任务及团队。例如，你是否更习惯于从类的角度来解决问题？那么基于构造器的工作模式更合适。或者你可能只关心该“类”的某些具体实例，那么可能使用基于对象的工作模式更合适。

那么，继承实现是否只有这些呢？当然不是，我们可以从表 7-1 中选择任何一种模式，也可以混合使用它们，甚至我们也可以编写出自己的方法。重点在于必须理解并熟悉这些对象、原型以及构造器的工作方式，剩下的就简单了。

第 8 章 类与模块

在本章，我们会一同探索 ES6 中更有趣的部分。JavaScript 是一种基于原型、支持原型继承的语言。在第 7 章中，我们主要讨论了对象的原型属性及继承的原理。ES6 引入了类（class）的概念。如果你之前对一些传统的诸如 Java 的面向对象的编程语言有所了解的话，应该能够很容易联想到类的相关概念。然而在 JavaScript 中情况则有所不同，现阶段类的实现只是第 7 章介绍过的原型继承的一种语法糖。

接下来我们将详细介绍 ES6 中的类和模块，它们使 JavaScript 中的面向对象编程（OOP）和继承变得更加简洁。

如果你之前接触的是一些传统的面向对象的编程语言，那么 JavaScript 当中的原型继承可能会让你感到陌生。而 ES6 中的类语法则能够带给你熟悉的感觉。

在正式开始介绍相关概念之前，我们先来举例说明，为什么相较于 ES5 中的原型继承语法，更推荐使用 ES6 中的类语法。

在下面这段代码中，我们逐级创建了 `Person`、`Employee` 以及 `Engineer` 这 3 个对象。首先我们使用的是 ES5 中原型继承的语法：

```
var Person = function (firstname) {
    if (!(this instanceof Person)) {
        throw new Error("Person is a constructor");
    }
    this.firstname = firstname;
};
Person.prototype.giveBirth = function () {
    // ...一个人诞生了
```

```
};

var Employee = function (firstname, lastname, job) {
    if (!(this instanceof Employee)) {
        throw new Error("Employee is a constructor");
    }
    Person.call(this, firstname);
    this.job = job;
};
Employee.prototype = Object.create(Person.prototype);
Employee.prototype.constructor = Employee;
Employee.prototype.startJob = function () {
    // ...雇员开始工作
};

var Engineer = function (firstname, lastname, job, department) {
    if (!(this instanceof Engineer)) {
        throw new Error("Engineer is a constructor");
    }
    Employee.call(this, firstname, lastname, job);
    this.department = department;
};
Engineer.prototype = Object.create(Employee.prototype);
Engineer.prototype.constructor = Engineer;
Engineer.prototype.startWorking = function () {
    // ...工程师开始干活
};
```

接下来，我们看看使用 ES6 中的类语法是如何实现的：

```
class Person {
    constructor(firstname) {
        this.firsnamet = firstname;
    }
    giveBirth() {
        // ... 一个人诞生了
    }
}

class Employee extends Person {
    constructor(firstname, lastname, job) {
        super(firstname);
        this.lastname = lastname;
```

```
            this.position = position;
        }

        startJob() {
            // ...雇员开始工作
        }
    }

    class Engineer extends Employee {
        constructor(firstname, lastname, job, department) {
            super(firstname, lastname, job);
            this.department = department;
        }

        startWorking() {
            // ...工程师开始干活
        }
    }
```

通过阅读上面两段代码，你很明显地能够感觉到后者更加简洁、清晰。如果你之前对Java或C#比较熟悉，那么这样的语法更能带给你一种“宾至如归”的感觉。不过需要再次强调的是，这种类语法并没有为JavaScript引入新的面向对象继承的模型，它只是一种比较清晰、好用的创建对象和控制继承的语法糖。

8.1 定义类

本质上，类只是一种特殊的函数。就好像你使用函数声明或函数表达式一样可以定义函数，也能够定义类。其中一种方法就是通过类声明来定义类。

你可以使用 class 关键字和类名来创建一个类。这种语法和Java或C#非常相似：

```
class Car {
  constructor(model, year) {
    this.model = model;
    this.year = year;
  }
}
console.log(typeof Car); //"function"
```

想要证明类只是一种特殊的函数很简单，我们可以获取 Car 类的 typeof 值，结果会是 function。

类和普通的函数之间有一个非常显著的区别。普通函数会受到提升特性的影响，而类则不会。当你进入一个函数声明的作用域中时，它会直接可用，这种特性叫作提升（hoist），意味着你在某一作用域中的任何位置声明一个函数，它都能够被调用。然而，类是不会被提升的，在声明之前你无法调用它。对于普通函数，你可以：

```
normalFunction();    //先使用
function normalFunction() {}  //后声明
```

然而，你不能先使用一个类再声明这个类，例如：

```
var ford = new Car(); //引用错误
class Car {}
```

另一种定义类的方法是使用类表达式。类表达式类似于函数表达式，可以有名称也可以匿名。

下面的示例是匿名的方式：

```
const Car = class {
  constructor(model, year) {
    this.model = model;
    this.year = year;
  }
}
```

当你为一个函数表达式命名时，它只在表达式定义的内部有效，而在外部则无法使用：

```
const NamedCar = class Car {
  constructor(model, year) {
    this.model = model;
    this.year = year;
  }
  getName() {
    return Car.name;
  }
}
const ford = new NamedCar();
console.log(ford.getName()); // Car
console.log(ford.name); // 引用错误: name 未定义
```

正如你所看到的，我们为表达式命名为 Car。你可以在类表达式的内部使用这一名称，而当我们试图在外部获取时，则会发生引用错误。

你不能使用逗号来分隔类的成员，但你可以选择使用分号来分隔。有意思的是，ES6 的语法事实上会忽略分号。这一特性也曾是 ES6 标准制定时争论的焦点。我们还是来举例说明一下：

```
class NoCommas {
  method1() {}
  member1; // 这将被忽略，可以用于分隔类的成员
  member2, // 这会出错
  method2() {}
}
```

在类被定义之后，我们可以通过 new 关键字来使用它，而不是像函数一样调用。例如下面这个例子：

```
class Car {
  constructor(model, year) {
    this.model = model;
    this.year = year;
  }
}
const fiesta = new Car('Fiesta', '2010');
```

8.1.1 构造器

在之前的示例当中，我们已经使用了 constructor 函数。构造器（constructor）是通过类创建初始化对象时会调用的一个特殊方法。每个类中只能存在一个构造器，你能够在构造器中通过 super() 方法来调用其父类的构造器。我们会在随后的继承相关内容中作进一步的介绍。

8.1.2 原型方法

原型方法是指类上的原型属性，它们继承自类的实例。

原型方法同样包含 getter 方法和 setter 方法，其语法同 ES5 中的 getter 方法和 setter 方法类似：

```
class Car {
  constructor(model, year) {
```

```
    this.model = model;
    this.year = year;
  }
  get model() {
    return this.model
  }
  calculateCurrentValue() {
    return "7000"
  }
}
const fiesta = new Car('Fiesta', '2010')
console.log(fiesta.model)
```

同样，方法命名也支持计算属性。你可以使用表达式为方法命名。表达式需要书写在方括号中。我们在前面介绍过这一语法，下面示例中几种用法的效果都是相同的：

```
class CarOne {
  driveCar() {}
}
class CarTwo {
  ['drive' + 'Car']() {}
}
const methodName = 'driveCar';
class CarThree {
  [methodName]() {}
}
```

8.1.3　静态方法

静态方法是指出现在类上而不会出现在其实例（类构造的对象）中的方法。换句话讲，你只能够通过类名来访问静态方法。静态方法可以直接被调用但无法在该类的实例上被调用。使用静态方法我们可以很方便地创建工具或辅助方法。比如下面这个例子：

```
class Logger {
  static log(level, message) {
    console.log(`${level} : ${message}`)
  }
}
//在类上调用静态方法
Logger.log("ERROR", "The end is near") //"ERROR : The end is near"

//不能在实例上被调用
```

```
const logger = new Logger("ERROR")
logger.log("The end is near") //logger.log 不是函数
```

8.1.4 静态属性

你可能会有疑问，我们已经有了静态方法，那么如何定义静态属性呢？为了尽快推出 ES6 标准，静态属性还没有被加入其中。静态属性会在将来的迭代中作为新特性加入。（有关静态属性的提案目前在第三阶段，目前你可以通过 Babel 的 transform-class- properties 插件使用这一特性。）

8.1.5 生成器方法

在之前的章节中我们详细介绍过生成器函数。生成器函数可以作为类的一部分，称为生成器方法。生成器方法在定义特殊属性 `Symbol.iterator` 时非常有用。例如下面这个例子：

```
class iterableArg {
  constructor(...args) {
    this.args = args;
  }
  *[Symbol.iterator]() {
     for (const arg of this.args) {
      yield arg;
     }
  }
}
for (const x of new iterableArg('ES6', 'wins')) {
  console.log(x);
}

//ES6
//wins
```

8.2 子类化

截至目前，我们介绍了如何声明一个类以及类中的一些成员。定义类的一个主要用途是将其作为创建其他子类的模板。当你从一个类中创建其子类时，你能够让子类在继承父类属性的基础上添加更多其他特性。

我们来看一个具体的例子：

```
class Animal {
  constructor(name) {
    this.name = name;
  }
    speak() {
    console.log(this.name + ' generic noise');
  }
}
class Cat extends Animal {
  speak() {
    console.log(this.name + ' says Meow.');
  }
}
var c = new Cat('Grace');
c.speak(); //"Grace says Meow."
```

在上述示例中，Animal 是一个基础类，Cat 则建立在 Animal 的基础之上。extends 子句允许你通过已定义的类创建其子类。这个示例只是简单展示了创建子类的语法，我们来看一个稍微复杂一些的例子：

```
class Animal {
  constructor(name) {
    this.name = name;
  }
  speak() {
    console.log(this.name + ' generic noise');
  }
}
class Cat extends Animal {
  speak() {
    console.log(this.name + ' says Meow.');
  }
}
class Lion extends Cat {
  speak() {
    super.speak();
    console.log(this.name + ' Roars....');
  }
}
var l = new Lion('Lenny');
l.speak();
```

```
//"Lenny says Meow."
//"Lenny Roar...."
```

在上述示例中，我们通过 super 关键字调用了父类中的函数。super 关键字包含如下 3 种常用的方式：

- 你可以使用 super(<params>) 来调用父类的构造器；
- 你可以通过 super.<parentClassMethod> 的方式来访问父类中的方法；
- 你可以通过 super.<parentClassProp> 的方式来访问父类中的属性。

在子类的构造器中，你必须先调用 super() 方法才能正确地获取到 this 关键字。例如下面这个例子：

```
class Base {}
class Derive extends Base {
  constructor(name) {
    this.name = name; //'this' 不允许在 super()之前
  }
}
```

在子类中，如果你定义了构造器，则必须在其中调用 super() 方法，否则会报错：

```
class Base {}
class Derive extends Base {
  constructor() { //在构造器中没有调用 super()方法
  }
}
```

如果你没有在父类中定义构造器，程序则会默认使用如下的构造器：

```
constructor() {}
```

子类也有其默认的构造器：

```
constructor(...args){
  super(...args);
}
```

mixin

JavaScript 只支持单独的继承。也就是说，类最多只能继承一个父类。这就会限制你从多个来源继承工具和方法。

我们来设想创建一个继承于 Person 类的 Employee 类的场景：

```
class Person {}
class Employee extends Person{}
```

除此之外，我们还想从另外两个工具类继承方法，它们是用来做背景调查的 BackgroundCheck 类以及用来掌管员工入职的 Onboard 类。我们可以在其中进行打印工牌（printBadge）的操作：

```
class BackgroundCheck {
  check() {}
}
class Onboard {
  printBadge() {}
}
```

BackgroundCheck 类和 Onboard 类都可以被当作模板类。它们的功能可以被多次利用，这样的模板（或者叫抽象子类）称为 mixin。

因为 JavaScript 本身是不支持多重继承的，所以在这里我们要使用特别的技巧。在 ES6 中实现 mixin 的一种比较流行的实现方式是编写输入为父类输出为子类的函数，例如：

```
class Person {}
const BackgroundCheck = Tools => class extends Tools {
  check() {}
};
const Onboard = Tools => class extends Tools {
  printBadge() {}
};
class Employee extends BackgroundCheck(Onboard(Person)) {
}
```

如此一来 Employee 类就依次顺序继承了 BackgroundCheck 类、Onboard 类和 Person 类。

8.3　模块

模块在 JavaScript 中并不是什么新鲜的概念。事实上，之前早已有一些支持模块的第三方库了。ES6 则提供了内建的模块支持。曾经，JavaScript 主要只会在浏览器中使用，大多数也只是一些代码片段，不存在什么管理组织的问题。时过境迁，现在的 JavaScript 项目规模日趋扩大。如果没有一个高效的系统将代码分散到不同的文件和目录中，管理代码简直会成为一场噩梦。

ES6 中的模块可以在不同的文件中。每个文件可以视为一个单独的模块。不存在 module 关键字。在一个模块中的代码都处于其局部（local）作用域中，除非你导出（export）了这个模块。有时候你可能只需导出一个模块中的部分方法。模块的导出有几种不同的操作方式。

第一种就是使用 export 关键字，你可以导出任意顶层的 function、class、var、let 或 const 声明。

在下面的示例中，我们从 server.js 文件当中导出了一个 function、一个 class 以及一个 const 声明。然而我们没有导出 processConfing() 方法，所以也就不能在外部调用这个未导出的方法：

```
//----------------server.js---------------------
export const port = 8080;
export function startServer() {
  //...start server
}
export class Config {
  //...
}

function processConfig() {
  //...
}
```

随后你可以在其他代码中导入（import）server.js 当中导出的内容：

```
//--------------app.js----------------------------
import {Config, startServer} from 'server'
startServer(port);
```

在上述示例中，我们从 server（注意到这里省略了 server.js 的后缀名）模块中导入了 Config 及 startServer。

你也可以通过下面的方法导入从一个模块导出的所有内容：

```
import * from 'server'
```

如果你只想导出一项内容，可以使用默认导出的语法，例如下面这个示例：

```
//----------------server.js--------------------
export default class {
  //...
}
//--------------app.js---------------------------
import Server from 'server';
const s = new Server();
```

在上述示例中，我们在导出时使用了匿名的类，而在引用时则使用了其模块名作为引用名称。

在 ES6 引入模块功能之前，已有一些第三方库实现了模块功能，它们为 ES6 的实现做了很好的铺垫。以下是 ES6 模块遵循的一些规则。

- 模块均属于单例。一个模块只会被导入一次，即使你尝试在代码中进行多次导入。
- 变量、函数以及其他类型的声明均处于模块的局部作用域中。只有通过 `export` 关键字导出的部分才能通过 `import` 方法导入。
- 你可以在一个模块中导入其他模块，这里有 3 种导入的方式：
  - 使用相对路径（`"../lib/server"`），你可以通过模块文件相对于目标文件的路径来导入模块。例如你想要在`<project_path>/src/app.js` 文件中导入在`<project_path>/lib/server.js` 的模块，就可以使用相对于 `app.js` 文件的路径`../lib/server`；
  - 使用指向模块文件的绝对路径；
  - 在引入模块文件时可以省略`.js` 后缀名。

在我们介绍更多有关 ES6 模块系统的内容之前，先来回顾一下 ES5 中的模块功能的实现。ES5 中也曾出现过以下两类模块系统。

- **CommonJS**：在 Node.js 中广泛使用的模块系统。
- 异步模块定义（**Asynchronous Module Definition，AMD**）：这是一种适用范围更广泛的，用于在浏览器中实现模块异步加载的模块系统。

ES6 中的模块系统则是提供给上述所有运行环境的。

导出列表

除了使用 export 关键字单独导出模块中的函数或类，你还可以用一个列表对象一次性导出模块中的内容：

```
export {port, startServer, Config};
const port = 8080;
function startServer() {
  //...start server
}
class Config {
  //...
}
function processConfig() {
  //...
}
```

上述示例中的第一行就是列表导出的形式。在一个模块文件中你可以在任意位置多次进行导出，也可以混合使用单独导出和列表导出，但要注意导出内容的名称必须是唯一的。

在一些大型项目中，你可能会遇到命名冲突的问题。我们设想一个从两个模块中导入同名方法的情景。这种情况下，你可以在导入时进行重命名：

```
import {trunc as StringLib} from "../lib/string.js"
import {trunc as MathLib} from "../lib/math.js"
```

在上述示例中，我们需要从两个模块中导入一个同名方法 trunc，因此需要为其设置临时的别名（alias）来化解冲突。

在进行导出操作的时候也可以进行重命名操作：

```
function v() {}
function v2() {}
export {
  v as functionV(),
  v2 as functionV2(),
  v2 as functionLatest()
}
```

如果你使用过 ES5 中的模块系统，ES6 的模块功能看起来可能有一些简略。然而，语言提供对模块的原生支持还是有相当重要的意义的。ES6 模块的语法相较于其他解决方案也具有更广泛的普遍性。

8.4　小结

在本章中，我们主要介绍了 ES6 中的类。ES6 正式引入了一种近似于类的组织函数和原型之间继承等级的语法糖。这种语法糖提供了一种更富互用性（interoperability）的声明形式。ES6 中的类提供了一种更加友好、简洁和清晰的创建对象和处理继承的语法。ES6 中的类同样支持一些包含构造器、实例以及静态方法、基于原型的继承以及 `super` 方法等在内的特性。

在此之前，JavaScript 一直缺少一项重要的特性——模块。在 ES6 之前，我们只有通过 CommonJS 或者 AMD 等第三方支持才能编写模块化的代码。ES6 引入了 JavaSciprt 对模块功能的官方支持。在本章我们也详细介绍了有关模块的内容。

第 9 章我们将会集中讨论 ES6 中新引入的一些有趣的特性——Promise 和 Proxy。

第 9 章
Promise 与 Proxy

本章将会介绍有关异步编程（asynchronous programming）的重要概念及其在 JavaScript 中的具体实现。另外本章还会介绍如何通过 Proxy 进行元编程。Promise 和 Proxy 是 ES6 引入的两个新概念。

接下来，我们关注的重点将会放在理解异步编程上。在介绍具体的语法之前，先来了解一下相关的背景概念。

首先要介绍的是同步模型（synchronous model），这是程序中最简单的模型。在同步模型中，程序每次只会执行一个任务，而后一个任务只有在之前的任务执行完毕之后才会执行。当你以这样的模型编程时，我们总会设想每一项任务都会按部就班、没有错误地执行。整个流程如图 9-1 所示。

我们对单线程同步模型（single threaded asynchronous model）应该已经很熟悉了。然而这种模型很容易造成资源浪费，也有许多可以改进的地方。对于一些包含不同任务的复杂程序，这种模型会运行得十分缓慢。试着设想如下示例的情景：

```
var result = database.query("SELECT * FROM table");
console.log("After reading from the database");
```

在同步模型中，上述两个任务会依次执行。这也就意味着第二行语句只有在第一行完全执行完毕之后才会执行。假设第一行语句需要 10 秒才能完成（如果是从远程数据库读取甚至需要更长的时间），第二行语句就会受到阻塞。

当你想要开发一个高性能、可扩展的系统时，这将是非常致命的问题。另一个显著的问题是，当你为浏览器中的网站编写用户交互界面时，你不能因为执行任务而阻塞用户的操作。在一些占用时间长的任务执行时，用户有可能正在进行输入，如果你完全阻止用户进行操作会导致用户的体验非常糟糕。在这种场景下，我们需要让占用时间长的任务在后台运行的同时，也能正常接收用户的输入。

为了解决这类问题。我们可以将每一个任务划分至其独立的线程中，这称为多线程（multi-threaded）或线程模型（threaded model）。此模型如图 9-2 所示。

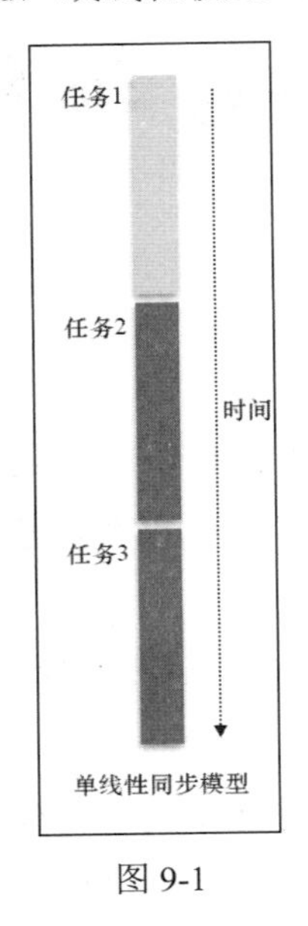

图 9-1

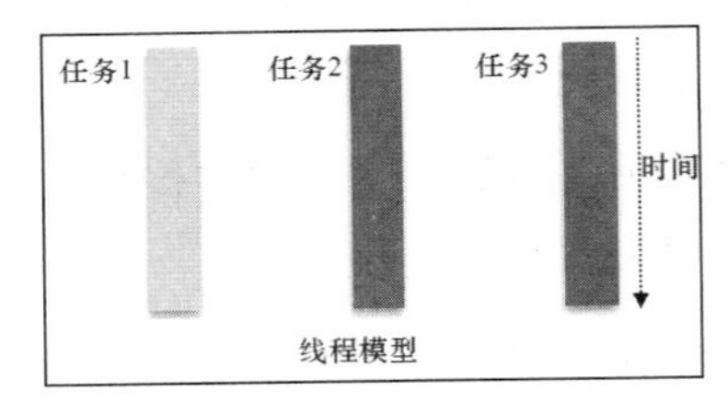

图 9-2

多线程模型与单线程模型最大的区别是任务划分的方式。在多线程模型中，每个任务受其独立的线程控制。通常情况下，线程均由操作系统来掌管，线程能够在多核 CPU 中并行，或者在单核中受 CPU 线程时序的控制。现代的 CPU 能够在最大程度上优化线程模型。有不少语言都支持这一非常受欢迎的模型。虽然很受欢迎，但在实践中多线程模型是非常难实现的。线程之间需要进行相互通信和定位。线程间的通信也很容易变得杂乱不堪。因此，在许多多线程模型的实现中，状态数据都是不可变的，这样也省去了在不同线程中同步数据的麻烦。

9.1　异步编程模型

我们最应该关注的是接下来要介绍的异步编程模型（asynchronous programming model）。在此模型中，各项任务会间歇插入一个线程中执行，如图 9-3 所示。

异步模型（asynchronous model）只有一个线程，因此也更容易理解。当你想要执行某一项任务时，你可以确保只有该任务会被执行。异步模型也不依赖多线程通信的复杂机制，所以其行为也可以预期。多线程模型和异步模型之间还有一点区别，在多线程模型中，你对线程本身并不能进行多少干预，因为大部分工作是由操作系统完成的，而在异步模型中则不存在这一问题。

在什么情况下异步模型的性能会优于同步模型的呢？直觉上，我们觉得光是把任务细分成切片再组合起来也需要耗费很多时间。

然而事实并不是你所想象的那样。当你执行某项操作时，有很大一部分时间都耗费在等待上，例如磁盘读取、数据库查询或网络请求。这类操作都属于阻塞操作。当进入阻塞模式时，同步模型中的任务会等待一段时间，如图 9-4 所示。

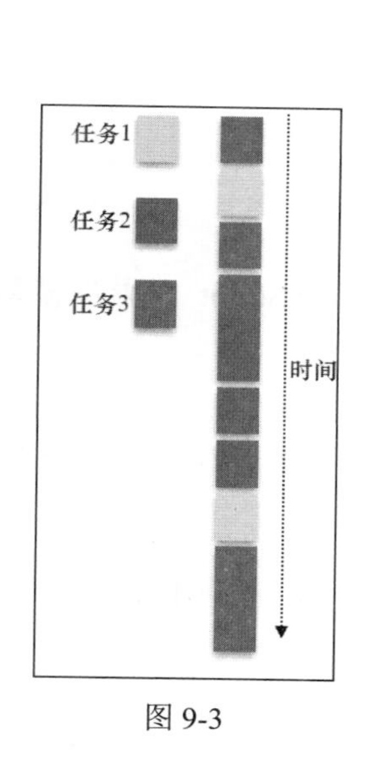

图 9-3

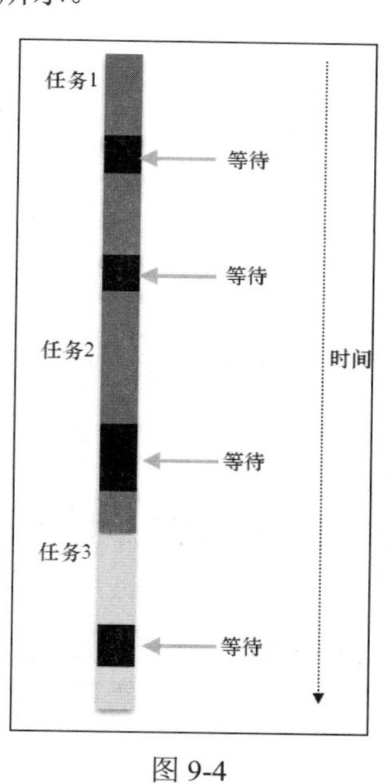

图 9-4

在图 9-4 所示的模型中，黑色的区块用来表示等待时间。具体又是什么操作造成了这段空隙呢？所有任务都是在是 CPU 与 RAM 之间进行的，而 CPU 和 RAM 处理数据的速度比磁盘读取或网络请求快很多。

> 你可以在 GitHub 的 jboner 用户的文档中查看 CPU、内存及磁盘占用的具体时延。

当任务在等待这些输入/输出（I/O）操作时，时延是不可预期的。在同步模型的程序中如果堆积大量 I/O 操作就会严重影响性能。

同步模型与异步模型的最大不同就是它们处理这类阻塞的方式。在异步模型中，当某项任务执行至阻塞区块时会立即开始执行另一项任务，而不是等待阻塞然后停止。在存在潜在阻塞区块的程序中，异步模型的性能优于相同情况下的同步模型，因为等待时间更短。由此异步模型可以省去很多花在等待上的时间，具体情形如图 9-5 所示。

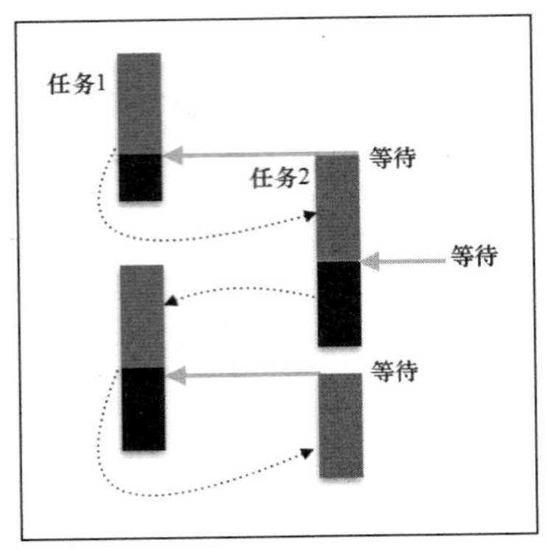

图 9-5

掌握了上述理论知识之后，我们就可以来了解一下 JavaScript 对异步模型的具体实现了。

9.2 JavaScript 调用栈

在 JavaScript 中，对函数的调用会进入堆栈中，例如下面这个示例：

```
function c(z2) {
  console.log(new Error().stack);
}

function b(z1) {
  c(z1 + 1);
}

function a(z) {
  b(z + 1);
}
```

```
a(1);
//at c (eval at <anonymous>)
//at b (eval at <anonymous>)
//at a (eval at <anonymous>)
```

当我们调用函数 a() 时，调用栈会被创建，函数 a() 包含的参数及作用域中的所有内容都会加入调用栈中。当函数 a() 调用函数 b() 时，函数 b() 也会被加入调用栈中，后续的操作以此类推。当函数 c() 执行完毕后就会从调用栈中弹出，直至整个调用栈为空。JavaScript 需要通过调用栈来追踪整个程序运行的状态。

9.2.1 消息队列

JavaScript 的运行时还包括一个消息队列（message queue）。所有等待处理的消息都会被加入这一队列中。这些消息包括单击事件的响应或者 HTTP 请求等。每一条消息都与回调函数一一对应。

9.2.2 事件循环

浏览器的标签页运行在独立的线程——事件循环（event loop）中。事件循环会不断地从消息队列中提取消息并执行与之相对应的回调函数。事件循环只是从消息队列中提取任务，其他的诸如计时器或者事件处理函数则会不断地向消息队列中添加任务。

9.2.3 计时器

方法 setTimeout() 可以创建一个等待一定时长之后执行的计时器。当一个计时器执行时，它会被添加进消息队列中。方法 setTimeout() 接收两个参数，一个是回调方法，另一个是以毫秒为单位的等待时长。在等待结束后，回调函数会被加入消息队列中。这时事件循环也就能够从消息队列中获取这一函数并执行了。然而这一方法具体在什么时间被执行就不是我们能够决定的了。[1]

1. 运行至完成

当事件循环从消息队列中提取某一内容之后，与之相对应的回调函数就会开始运行直至完成。这也就意味着在下条消息被处理之前，这条消息一定会被处理完成。这种机制也

① 传入 setTimeout()方法的参数只能决定回调方法加入消息队列的时间，而不能决定事件循环执行回调方法的时刻。——译者注

让异步模型的行为更具可预测性。相较于那些在任何情况下都能被打断执行的模型，此种异步模型更加简单。然而，一旦某条消息开始被执行，如果它占用了很长时间，那么其他浏览器的交互都会被阻塞。

2. 事件

你可以为一些对象添加异步的事件处理函数并接收其返回结果，例如下面这个使用 `XMLHttpRequest` API 的例子：

```
var xhr = new XMLHttpRequest();
xhr.open('GET', 'http://babeljs.io', true);
xhr.onload = function (e) {
  if (this.status == 200) {
    console.log("Works");
  }
};
xhr.send();
```

在上述示例中，我们创建了一个 `XMLHttpRequest` 对象。之后我们为其注册了事件处理函数。其中的 `onload()` 方法会在 `open()` 方法收到返回消息之后执行。

其中 `send()` 方法并不会发起真的网络请求，而是将请求加入消息队列中，等待事件循环来执行相关的回调函数。

3. 回调函数

在 Node.js 应用中，有许多异步获取数据的操作。回调函数是指将上一步返回的内容作为参数并执行相关操作的一类函数。

为了更清楚地说明问题，我们来看下面这个在 Node.js 中读取文件的示例：

```
fs.readFile('/etc/passwd', (err, data) => {
  if (err) throw err;
  console.log(data);
});
```

你无须关注其技术细节。我们通过 `fs` 别名调用了文件系统模块。这一模块拥有一个叫作 `readFile` 的方法，它可以异步读取文件内容。我们传入的第一个参数为文件的路径和名称，第二个参数则是回调函数。这个回调函数会异步执行。

回调函数包含两个参数：error 以及 data。当 readFile()方法成功执行后，回调函数就会接收到 data，而如果执行失败，error 参数就会接收到具体的报错信息。

我们也可以选择使用另一种更清晰的书写方式来完成相同的回调函数：

```
fs.readFile('/etc/passwd',
  //成功
  function (data) {
    console.log(data)
  },
  //出错
  function (error) {
    console.log(error)
  }
);
```

这种传递回调函数的方式称为连续传递模式（continuous-passing style，CPS），也就是只把函数下一步的操作当作参数传入的方式。下面这个示例可以更好地解释其作用机制：

```
console.log("1");
cps("2", function cps_step2(val2) {
  console.log(val2);
  cps("3", function cos_step3(val3) {
    console.log(val3);
  })
  console.log("4");
});
console.log("5");
//1 5 2 4 3
function cps(val, callback) {
  setTimeout(function () {
        callback(val);
  }, 0);
}
```

上述示例中的每一步操作均为上一步操作的回调函数。这种回调函数的嵌套很容易造成“回调地狱”（callback hell）的问题。

回调函数以及 CPS 向我们展示了一种不一样的编程风格。虽然这种结构让我们很容易理解回调函数的执行顺序，但在很大程度上让代码失去了可读性。

9.3 Promise

ES6 中引入了 Promise 来代替回调函数。与回调函数类似，Promise 也可以获取异步函数执行的结果。Promise 书写起来比回调函数更加简单，且具有良好的可读性。当然这也要求你对异步编程有进一步的了解和掌握。

Promise 对象代表一个现在或即将可用的值，该值也有可能无法获取，就好像它名字本身的含义一样，一个承诺既可能兑现也可能未兑现。Promise 的表现类似于一个即将出现的结果的占位符。

Promise 对象存在以下 3 种互斥的状态。

- 等待中（pending）。在结果出现之前 Promise 的状态，这也是它的初始状态。
- 已完成（fulfilled）。在结果出现后的状态。
- 被拒绝（rejected）。出现错误后的状态。

处于等待中的 Promise 最终都会转至已完成或者被拒绝的状态。我们可以通过 `then()` 方法来掌控整个流程。

相较于之前介绍过的 CPS 回调函数，Promise 为我们提供了一种更友好的语法风格。传统的 CPS 风格书写出来的异步函数是这样的：

```
asyncFunction(arg, result => {
  //...
})
```

而通过使用 Promise，我们可以把上述示例当中的代码改写成如下形式：

```
asyncFunction(arg).
then(result=>{
  //...
 });
```

现在异步函数会返回一个 Promise 对象，它代表即将会出现的结果。方法 `then()` 中的逻辑会在结果出现后被执行。

你也可以通过链式调用来使用 then() 方法。在 then() 方法的逻辑中返回的 Promise 对象会在下一个 then() 方法中被获取处理。例如下面这个示例：

```
asyncFunction(arg)
.then(resultA => {
   //...
   return asyncFunctionB(argB);
})
.then(resultB => {
   //...
})
```

我们再来看一个使用 Promise 的实际场景。上文中我们展示过一个在 Node.js 中异步读取文件内容的示例。接下来我们尝试用 Promise 来改写这个异步函数，以下是之前的代码：

```
fs.readFile('text.json',
  function (error, text) {
      if (error) {
          console.error('Error while reading text file');
      } else {
          try {
              //...
          } catch (e) {
              console.error('Invalid content');
          }
      }
  });
```

现在我们使用 Promise 来改写回调函数：

```
readFileWithPromises('text.json')
.then(text => {
  //...process text
})
.catch(error => {
  console.error('Error while reading text file');
})
```

上述示例中我们将回调函数的逻辑编写在了 then() 和 catch() 方法中。这样的错误处理方式比之前的 if...else 或者 try...catch 语句更加清晰明确。

9.3.1　创建 Promise

上文中我们已经介绍了 Promise 的使用方法。接下来我们会介绍 Promise 对象的创建方法。

你可以通过内建的 Promise 构造器来创建 Promise 对象。例如下面这个示例：

```
const p = new Promise(
  function (resolve, reject) { // (1)
      if () {
          resolve(value); // 成功
      } else {
          reject(reason); // 失败
      }
  });
```

我们传递给 Promise 的参数是一个执行函数（executor function）。执行函数处理 Promise 有以下两种状态。

- Resolving：当结果被成功返回时，执行函数通过 resolve()方法返回结果。这时 Promise 通常处于已完成状态。
- Rejecting：当错误或异常发生时，执行函数通过 reject()方法进行通知并返回错误内容。

在使用 Promise 对象时，你可以通过 then()和 catch()方法来处理 Promise 对象已完成和被拒绝这两种状态。例如下面这个示例：

```
promise
.then(result => { /* promise 已完成*/ })
.catch(error => { /* promise 被拒绝*/ });
```

接下来，我们可以尝试使用上述的知识将之前示例中异步读取文件的方法封装成 Promise 对象。在如下示例中，我们依旧会使用之前出现过的 Node.js 的文件系统模块和 readFile()方法，即使你对 Node.js 不是很熟悉也不必担心，请看示例代码：

```
import {readFile} from 'fs';
function readFileWithPromises(filename) {
    return new Promise(
```

```
        function (resolve, reject) {
            readFile(filename,
                (error, data) => {
                    if (error) {
                        reject(error);
                    } else {
                        resolve(data);
                    }
                });
        });
}
```

在上述示例中，我们创建了一个 Promise 对象，并将其返回给用户。正如我们之前所介绍过的，Promise 对象中包含一个执行函数，它用来处理 Promise 的已完成和被拒绝这两种状态。执行函数接收两个参数，它们分别是 `resolve` 和 `reject`。这两个方法会将 Promise 的状态返回给它的使用者。

在执行函数当中，我们调用了真正的函数 `readFile()`方法。如果该方法执行成功，则通过 `resolve()`方法返回成功的结果，如果执行失败，则通过 `reject()`方法返回错误内容。

在使用我们创建的这个 Promise 对象时，如果 `then()`方法中的逻辑出现错误，那么 `catch()`方法可以对出现的错误进行处理：

```
readFileWithPromises('file.txt')
.then(result => {'something causes an exception'})
.catch(error => {'Something went wrong'});
```

在上述示例中，`then()`方法中出现了一个错误，随后的 `catch()`方法可以处理这一问题。

同样，你也可以直接在 `then()`方法中抛出错误并将其交由 `catch()`方法进行处理：

```
readFileWithPromises('file.txt')
.then(throw new Error())
.catch(error => {'Something went wrong'});
```

Promise.all()

有趣的是，你还可以迭代使用多个 Promise 对象。我们假设一个需要处理多个 URL 返回结果的情形。你可以为每一个 URL 通过 fetch 请求创建一个 Promise 对象来处理，也可以批量迭代同时处理多个 Promise 请求。方法 `Promise.all()`可以接收由多个 Promise 对象组成的数组为参数。当所有 Promise 返回结果之后，程序会以数组的形式返回所有请求的结果，例如下面这个示例：

```
Promise.all([
    f1(),
    f2()
])
.then(([r1, r2]) => {
    //
})
.catch(err => {
    //...
});
```

9.3.2 元编程与 Proxy

元编程是指程序能够通过某类方法获取或操作其自身结构的能力。许多编程语言都通过宏（macro）来实现对元编程的支持。宏在 LISP（Locator/ID Separation Protocol）一类的函数式编程语言中是非常重要的概念。而其他的语言诸如 Java 和 C#，则是通过反射（reflection）来实现对元编程的支持的。

在 JavaScript 中，你可以通过操作对象方法来获取和改变其结构，因此在某种程度上也可以称其为元编程。一般来讲，元编程范式分为 3 种（出自 *The Art of the Metaobject Protocol*），具体如下。

- introspection：以只读的形式访问程序内层的能力。
- self-modification：程序改变自身结构的能力。
- intercession：改变编程语言语义的能力。

方法 `Object.keys()`就是一个 introspection 的实现。在下面的示例中，我们通过程序探索了其自身的结构：

```
const introspection = {
  intro() {
    console.log("I think therefore I am");
```

```
    }
  }
  for (const key of Object.keys(introspection)) {
    console.log(key); //intro
  }
```

JavaScript 改变对象属性的操作可以归结为 self-modificaiton 范式。

而在 ES6 中新引入的 Proxy 也让我们获得了属于 intercession 范式的能力。

9.3.3 Proxy

你可以通过使用 Proxy 来获悉某个对象的行为，如它何时被调用，它的属性何时被访问。Proxy 可以为对象的基本操作添加自定义的行为模式，如属性查找、函数调用以及赋值等操作。

Proxy 接收以下两个参数。

- handler：你需要一个 handler 方法来处理你想要自定义的操作。某些情况下这个方法也可以称为 trap。
- target：对于 handler 没有进行拦截的操作，会使用 target 上的默认方法。

我们来看一个具体的示例：

```
var handler = {
  get: function (target, name) {
    return name in target ? target[name] : 42;
  }
}
var p = new Proxy({}, handler);
p.a = 100;
p.b = undefined;
console.log(p.a, p.b); // 100, undefined
console.log('c' in p, p.c); // false, 42
```

在上述示例中，我们尝试拦截对象默认的 `get` 方法。我们会为所有对象上不存在的属性返回 `42` 作为默认值。我们通过自定义的 `get` 方法拦截了对象原本的行为。

你也可以使用 Proxy 对即将添加至对象中的值进行验证。为了达成这一目的，我们可以拦截对象默认的 `set` 方法：

```
let ageValidator = {
  set: function (obj, prop, value) {
    if (prop === 'age') {
      if (!Number.isInteger(value)) {
        throw new TypeError('The age is not an number');
      }
      if (value > 100) {
        throw new RangeError('You cant be older than 100');
      }
    }
    // 如果没有出错-就将值存储在属性中
    obj[prop] = value;
  }
};
let p = new Proxy({}, ageValidator);
p.age = 100;
console.log(p.age); // 100
p.age = 'Two'; // 异常
p.age = 300; // 异常
```

在上述示例中，我们拦截了默认的 set 方法。之后再为对象设置属性值时，程序就会使用我们的方法先对其进行验证，验证通过之后才会设置对象的属性值。

9.3.4 函数拦截

你可以拦截函数对象的两个操作：apply 以及 construct。

你需要同时拦截 get 以及 apply 方法才能够实现对函数调用的拦截。首先通过 get 方法获取到函数，之后申请调用函数。

我们通过下面的示例来了解如何实现方法拦截：

```
var car = {
  name: "Ford",
  method_1: function (text) {
    console.log("Method_1 called with " + text);
  }
}
var methodInterceptorProxy = new Proxy(car, {
```

```
  //target 是使用 proxy 的对象, receiver 是 proxy
  get: function (target, propKey, receiver) {
   //我只想拦截方法调用，而不是属性访问
   var propValue = target[propKey];
   if (typeof propValue != "function") {
    return propValue;
 }
   else {
    return function () {
     console.log("intercepting call to " + propKey +
       " in car " + target.name);
     //target 是使用 proxy 的对象
     return propValue.apply(target, arguments);
     }
    }
   }
});
methodInterceptorProxy.method_1("Mercedes");
//"intercepting call to method_1 in car Ford"
//"Method_1 called with Mercedes"
```

在上述示例中，我们拦截了默认的 get 方法。如果触发 get 方法的属性是一个函数的话，我们就会调用 apply 方法来触发它。因此你能够在控制台中看到两条输出信息，其中第一条是我们的拦截方法输出的，第二条才是函数本身输出的。

元编程是一种非常有趣的编程模式。但是滥用 Proxy 一类的特性可能会严重影响程序的性能。请小心使用 Proxy 属性。

9.4 小结

在本章中，我们主要介绍了两个重要的概念。ES6 中新引入的 Proxy 让我们获得了元编程的能力，我们可以自定义并修改一些基本操作（如属性获取、赋值、枚举、函数调用等）。我们也深入了解了 handler、trap 以及 target 这些概念的具体应用。这一功能也让 JavaScript 获得了前所未有的强大的元编程能力。

另外一个要点是 ES6 引入的 Promise。Promise 可以让我们对异步编程进行更好的掌控。Promise 可以理解为一个暂且未知的值的替身。这也让我们能够像使用同步方法那样调用异步方法——并非最终结果，异步方法会返回一个可以返回值的 Promise 对象。

上述这两个 ES6 引入的新功能在很大程度上增强了 JavaScript 作为编程语言的核心能力。

在第 10 章中，我们将会介绍浏览器及 DOM 操作的相关内容。

第 10 章 浏览器环境

之前我们已经介绍过，运行 JavaScript 程序需要一个宿主环境。到目前为止，本书所讨论的大部分内容都是围绕着 ECMAScript/JavaScript 核心标准以及多种不同的宿主环境展开的。下面，就让我们将关注点转移到浏览器这个当下最流行，也是最常见的 JavaScript 宿主环境上来。在这一章中，我们将学习以下内容：

- 浏览器对象模型（Browser Object Model，BOM）。
- 文档对象模型（Document Object Model，DOM）。
- 浏览器事件。
- `XMLHttpRequest` 对象。

10.1 在 HTML 页面中引入 JavaScript 代码

要想在 HTML 页面中引入 JavaScript 代码，我们需要用到`<script>`标签：

```
<!DOCTYPE>
<html>
  <head>
    <title>JS test</title>
    <script src="somefile.js"></script>
  </head>
  <body>
    <script>
```

```
        var a = 1;
        a++;
      </script>
    </body>
  </html>
```

在上面的示例中，第一个<script>标签引入的是一个外部文件 somefile.js，其中包含了相关的 JavaScript 代码。而第二个<script>标签则是在 HTML 页面中直接插入了 JavaScript 代码。浏览器会在页面中按顺序执行所有的 JavaScript 代码，且所有标签中的代码都共享同一个名字空间（namespace）。也就是说，这可以使我们在 somefile.js 中所定义的变量在第二个<script>块中依然可用。

10.2 BOM 与 DOM 概览

通常情况下，页面中的 JavaScript 代码都有一系列可以访问的对象，它们可以分成以下几种。

- **ECMAScript 核心对象：**我们在前几章中讨论过的所有对象都属于此类。
- **DOM：**当前加载页面所拥有的对象（页面有时也可以称为文档）。
- **BOM：**页面以外事物所拥有的对象（即浏览器窗口和桌面屏幕）。

其中，DOM 意为文档对象模型（Document Object Model），而 BOM 意为浏览器对象模型（Browser Object Model）。

DOM 是一个标准，由世界万维网联合协会（World Wide Web Consortium，W3C）负责制定，并拥有多个不同的版本。这些版本我们称为 DOM Level 1、DOM Level 2 等。尽管现代浏览器对这些标准级别的实现程度各不相同，但大致上，它们基本上都完全实现了 DOM Level 1。DOM 实际上是对已有功能的标准化。在 DOM 制定之前，各浏览器都有访问文档的独门秘籍。其中，有相当一部分是旧时代遗留下来的产品（即 W3C 标准产生之前所实现的部分），我们将其统称为 DOM 0。尽管实际上并没有一个叫作 DOM Level 0 的标准存在，但其中的一部分已经成了事实上的标准，因为几乎所有的主流浏览器都对此提供了全面的支持，也正因为如此，它们中的一些内容也被写入 DOM Level 1 标准。至于其他在 DOM Level 1 中找不到的 DOM 0 的内容，都属于特定浏览器的特性，这里就不再讨论了。

而 BOM 则不是任何标准的一部分。与 DOM 0 相似，它的一部分对象集合得到了所有主流浏览器的支持，而另一部分则只有特定浏览器支持。因为 HTML5 将各个浏览器的通用行为进行了标准化，所以其中包含了通用的 BOM 对象。另外，移动设备也包含一些特定的 BOM 对象（HTML5 同样致力于将它们标准化），这些对象一般没有必要在桌面计算机中实现，但对于移动设备则很重要，例如地理位置（geolocation）、摄像头接入（camera access）、震动感知（vibration）、触摸事件（touch event）、通话（telephony）与短信收发（SMS）。

本章将只讨论 BOM 和 DOM level 1 中跨浏览器的部分子集。但即便是这些安全的子集也是一个很大的话题，也不是本书所能完全覆盖的，你可以参考其他资源进行学习。

10.3 BOM

BOM 是一个用于访问浏览器和计算机屏幕的对象集合。我们可以通过全局对象 window 来访问这些对象。

10.3.1 window 对象再探

如你所知，在 JavaScript 中，每个宿主环境都有一个全局对象。具体到浏览器环境中，这就是 window 对象了。环境中所有的全局变量都可以通过该对象的属性来访问，例如：

```
> window.somevar = 1;
      1

> somevar;
      1
```

同样，所有的 JavaScript 核心函数（即我们在第 2 章中所讨论的）也都是 window 对象的方法。例如：

```
> parseInt('123a456');
      123

> window.parseInt('123a456');
      123
```

除了作为全局对象的引用，window 对象还有另一个作用，就是提供关于浏览器环境的信息。每个 frame、iframe、弹出窗以及浏览器标签页都有各自的 window 对象。

下面，我们来看 window 对象中与浏览器有关的一些属性。当然，这些属性在各个浏览器中的表现可能各不相同，所以我们将尽量局限于那些为现代主流浏览器所共同实现的、最为可靠的属性。

10.3.2 window.navigator 属性

navigator 是一个用于反映浏览器及其功能信息的对象。例如，navigator.userAgent 属性是一个用于浏览器识别的长字符串。在 Firefox 中，我们将得到如下信息：

```
> window.navigator.userAgent;
    "Mozilla/5.0 (Macintosh; Intel Mac OS X 10_8_3)
      AppleWebKit/536.28.10
      (KHTML, likeGecko) Version/6.0.3 Safari/536.28.10"
```

而在 Microsoft 的 Internet Explorer 中，userAgent 返回的字符串则是：

```
"Mozilla/5.0 (compatible; MSIE 10.0; Windows NT 6.1; Trident/6.0)"
```

由于各浏览器的功能各不相同，开发人员有时需要根据 userAgent 字符串来识别不同的浏览器，并提供不同版本的代码。例如在下面的代码中，我们就是通过搜索 MSIE 子串来识别 Internet Explorer 的：

```
if (navigator.userAgent.indexOf('MSIE') !== -1) {
  //这是 IE
} else {
  //不是 IE
}
```

当然了，最好还是不要过分依赖 userAgent 字符串，特性监听法（也称为功能检测法）无疑是更好的选择。因为通过这种字符串很难追踪到所有浏览器及其各种版本。所以，直接检查我们使用的功能在用户浏览器中是否存在要简单得多，例如：

```
if (typeof window.addEventListener === 'function') {
  // 特征支持，可以使用
} else {
  // 这个特征不支持，必须考虑别的方式
}
```

另外，还有一个原因也促使我们避免使用 userAgent 字符串，因为在某些浏览器中，用户是可以对该字符串进行修改的，并可将其伪装成其他浏览器。

10.3.3 控制台的备忘功能

控制台提供了一种便利的对象检索功能，其功能涵盖了 BOM 和 DOM 中的所有对象。因此在通常情况下，我们只要在控制台中输入：

```
> navigator;
```

然后单击其结果，就可以将其所包含的属性展开，如图 10-1 所示。

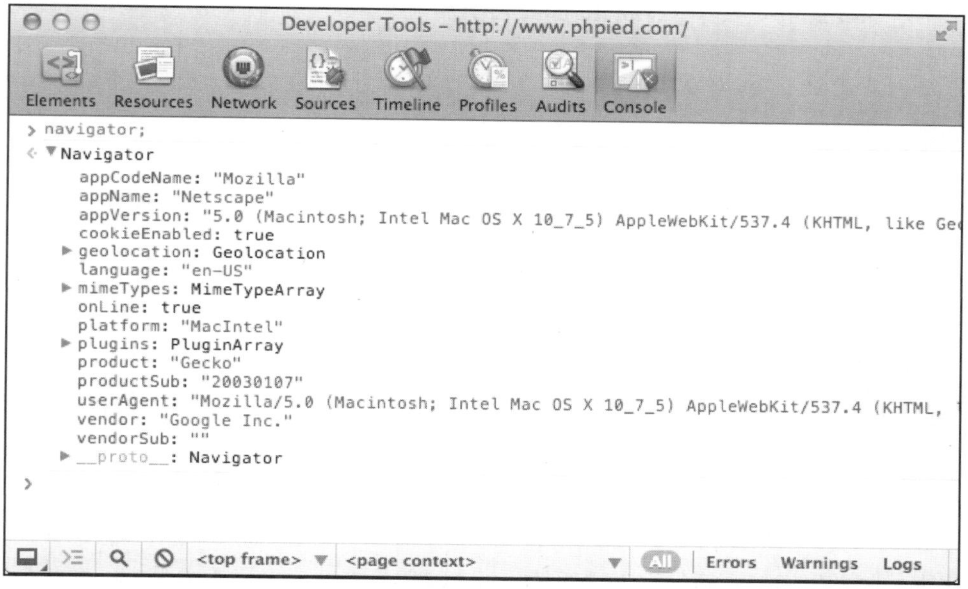

图 10-1

10.3.4 window.location 属性

location 属性是一个用于存储当前载入页面 URL 信息的对象。例如其中的 location.href 显示的是完整的 URL，而 location.hostname 则只显示相关的域名信息。下面，我们通过一个简单的循环列出 location 对象的完整属性列表。

假设我们的页面的 URL 为****://search.phpied.***:8080/search?p=java&what=script#results，那么：

```
for(var i in location) {
  if(typeof location[i] === "string") {
```

```
    console.log(i + ' = "' + location[i] + '"');
  }
}
       href = "****://search.phpied.***:8080/search?q=java&what=script#results"
       hash = "#results"
       host = "search.phpied.com:8080"
       hostname = "search.phpied.com"
       pathname = "/search"
       port = "8080"
       protocol = "http:"
       search = "?q=java&what=script"
```

另外，location 对象还提供了 3 个方法，分别是 reload()、assign()和 replace()。

将当前页面导航到新的页面有许多种不同的方式，下面列出的只是其中一小部分：

```
> window.location.href = 'http://www.epubit.com';
> location.href = 'http://www.epubit.com';
> location = 'http://www.epubit.com';
> location.assign('http://www.epubit.com');
```

replace()方法的作用与 assign()的基本相同，只不过它不会在浏览器的历史记录表中留下记录：

```
> location.replace('http://www.epubit.com');
```

另外，如果我们想重新加载某个页面，可以调用：

```
> location.reload();
```

或者，也可以让 location.href 属性再次指向自身，例如：

```
> window.location.href = window.location.href;
```

还可以再简化一下：

```
> location = location;
```

10.3.5 window.history 属性

window.history 属性允许我们以有限的权限操作同一个浏览器会话（session）中的

已访问页面。例如，我们可以通过以下方式来查看用户在这之前访问了多少页面：

```
> window.history.length;
      5
```

基于隐私保护，我们无法获得这些页面具体的 URL，例如下面这样是不被允许的：

```
> window.history[0];
```

但是我们可以在当前用户会话中对各页面进行来回切换，就像你在浏览器中单击后退/前进按钮一样：

```
> history.forward();
> history.back();
```

另外，我们也可以用 history.go()来实现页面跳转。例如，下面的调用效果和 history.back()的相同：

```
> history.go(-1);
```

接下来是后退两页的情况：

```
> history.go(-2);
```

如果想重新加载当前页，可以这样：

```
> history.go(0);
```

如今，更新版的浏览器也对 HTML5 的 History API 提供了支持，这些 API 允许我们在不对整体页面进行重新加载的情况下更改其中的 URL。这为我们提供了一种近乎完美的动态页面，因为它允许用户对特定的页面进行书签记录，以代表应用程序的某一状态，这样一来，当用户之后返回到（或与朋友们分享）该页面时就能通过该 URL 恢复该应用程序的这个状态。下面，我们就来体验一下这些 History API，请在任意页面下打开控制台，并输入以下代码：

```
> history.pushState({a: 1}, "", "hello");
> history.pushState({b: 2}, "", "hello-you-too");
> history.state;
```

注意，上面的 URL 虽然被更改了，但页面本身并没有变化。接下来，你可以在浏览器中尝试按一下“后退”和“前进”按钮，并再次查看一下 history.state。

10.3.6 window.frames 属性

window.frames 属性是当前页面中所有框架的集合。要注意的是，这里并没有对 frame 和 iframe（内联框架）做出区分。而且，无论当前页面中是否存在框架，window.frames 属性总是存在的，并总是指向 window 对象本身。例如：

```
> window.frames === window;
      true
```

假设我们的页面中有一个 iframe 元素：

```
<iframe name="myframe" src="hello.html" />
```

我们可以通过检查其 length 属性来了解当前页面中是否存在 frame 元素：

```
> frames.length;
      1
```

frames 中的每个元素都包含了一个页面，都有各自的 window 全局对象。

如果想访问 iframe 元素的 window 对象，可以选择下面方式中的任何一种：

```
> window.frames[0];
> window.frames[0].window;
> window frames[0].window.frames;
> frames[0].window;
> frames[0];
```

通过父级页面，我们可以访问子 frame 元素的属性。例如，你可以用以下方式来实现 frame 元素的重新加载：

```
> frames[0].window.location.reload();
```

同样，我们也可以通过子元素来访问父级页面：

```
> frames[0].parent === window;
      true
```

另外，通过一个叫作 top 的属性，我们可以访问到当前最顶层页面（即包含所有其他

frame 元素的页面）中的任何 frame 元素：

```
> window.frames[0].window.top === window;
      true

> window.frames[0].window.top === window.top;
      true

> window.frames[0].window.top === top;
      true
```

除此之外还有一个 self 属性，它的作用与 window 基本相同。例如：

```
> self === window;
      true

> frames[0].self == frames[0].window;
      true
```

如果 frame 元素拥有 name 属性，我们就可以丢开索引，而通过 name 属性的值来访问该 frame。例如：

```
> window.frames['myframe'] === window.frames[0];
      true
```

或者，你也可以采用以下代码：

```
> frames.myframe === windows.frames[0];
      true
```

10.3.7 window.screen 属性

screen 属性所提供的是浏览器以外的环境信息。例如，screen.colorDepth 属性所包含的是当前显示器的色位（表示的是颜色质量）。这对于某些统计操作来说，会非常有用。例如：

```
> window.screen.colorDepth;
      32
```

另外，我们还可以查看当前屏幕的实际状态（如分辨率）：

```
> screen.width;
```

```
        1440

> screen.availWidth;
        1440

> screen.height;
        900

> screen.availHeight;
        847
```

其中，height 和 availHeight 之间的不同之处在于，height 指的是总分辨率，而 availHeight 指的是除操作系统菜单（例如 Windows 操作系统的任务栏）以外的子区域。同样，availWidth 的情况也是如此。

再如以下属性：

```
> window.devicePixelRatio;
        1
```

它是设备物理像素与设备独立像素（device-independent pixels，DIP）的比率。例如，在 Retina 屏幕的 iPhone 上，这个值为 2。

10.3.8　window.open()/close()方法

在前面我们探索了一些 windows 对象中最常见的跨浏览器属性。接下来，我们再看一些方法。其中，open()方法是一个可以让我们打开新浏览器窗口（弹出窗）的方法。如今，多数浏览器的策略及其用户设置都会阻止浏览器的弹出窗（以防止这种技术的商业化滥用），但在一般情况下，如果该操作是由用户发起的话，我们就应该允许新窗口弹出。否则，如果我们想在页面加载时就打开一个弹出窗的话，多数情况下会被阻止，因为该操作并不是用户明确发起的。

window.open()方法主要接收以下参数。

- 要加载新窗口的 URL。
- 新窗口的名字，用于新窗体 form 标签的 target 属性值。
- 以逗号分隔的功能列表，包括以下内容。
    - resizable：尺寸的可调整性，即是否允许用户调整新窗口大小。

- width、height：弹出窗的长与宽。
- status：状态，用于设置状态栏的可见性。

而 window.open()方法会返回一个新建浏览器实例的 window 对象引用，例如：

```
var win = window.open('http://www.epubit.com', 'packt',
   'width=300, height=300,resizable=yes');
```

如你所见，win 指向的就是该弹出窗的 window 对象。我们可以通过检查 win 是否为 falsy 值来判断弹出窗是否被屏蔽了。

win.close()方法则是用来关闭新窗口的。

总而言之，在设置关于打开窗口这方面功能的可访问性和可用性时，你最好要有充足的理由。如果我们自己都不想被网站中弹出的窗口骚扰的话，为什么还要将其强加给用户呢？尽管这种做法有它合理的地方，例如填表时为用户提供帮助信息等，但我们完全可以用其他方法代替，例如通过在页面中插入浮动的<div>标签方法来解决这一问题。

10.3.9 window.moveTo()方法和 window.resizeTo()方法

继续刚才所谈的“伎俩”，实际上，我们还有许多方法可以控制页面，只要用户的浏览器设置允许我们这么做，部分方法如下所示。

- 调用 window.moveTo(100, 100)将当前浏览器窗口移动到屏幕坐标为 x = 100 且 y = 100 的位置（指的是窗口相对屏幕左上角的坐标）。
- 调用 window.moveBy(10, -10)将窗口的当前位置向右移 10 个像素，同时向上移 10 个像素。
- 调用与前面 move 类方法相似的 window.resizeTo(x, y)和 window.resizeBy(x, y)，只不过这里做的不是移动位置，而是调整窗口的大小。

但必须再次强调，我们并不建议读者使用这些方法来解决问题。

10.3.10 window.alert()、window.prompt()和 window.confirm()方法

在第 2 章中，我们已经接触了 alert()函数。现在我们又知道了该函数只是全局对象的一个方法。也就是说，alert('Watch out!')和 window.alert('Watch out!')这两个函数是完全相同的。

alert()并不属于 ECMAScript 函数，它是一个 BOM 方法。除此之外，BOM 中还有两个方法可以让我们以系统消息的形式与用户进行交互，它们分别是：

- confirm()方法，它为用户提供了两个选项——**OK** 与 **Cancel**；
- prompt()方法，它为用户提供了一定的文本输入功能。

下面来看看它们是如何工作的：

```
> var answer = confirm('Are you cool?');
> answer;
```

如你所见，这段代码会弹出类似于图 10-2 所示的窗口（具体的外观取决于浏览器和操作系统）。

图 10-2

在这里，我们将会注意到两点：

- 在我们关闭该窗口之前，控制台将会停止接收任何输入，这意味着 JavaScript 代码在此处会暂停执行，以等待用户的回复；
- 如果单击的是 **OK**，方法将会返回 true，而如果单击的是 **Cancel** 或者×图标（也可以按 Esc 键）来关闭该窗口则会返回 false。

这样一来，我们就可以根据用户的回答来设定了，例如：

```
if (confirm('Are you sure you want to delete this item?')) {
  // 删除
} else {
  // 忽略
}
```

当然，我们还必须确保在 JavaScript 被禁用时或是搜索引擎访问页面时能提供备用方案。

window.prompt()方法呈现给用户的是一个用于输入文本的对话框，例如：

```
> var answer = prompt('And your name was?');
```

```
> answer;
```

其对话框如图 10-3 所示（在 Chrome、MacOS 环境中）：

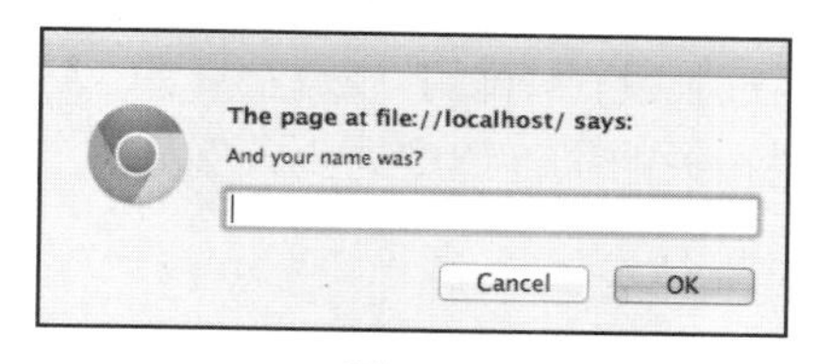

图 10-3

其返回值可能会出现以下情况：

- 如果我们直接单击 **Cancel**、×图标或者按 Esc 键退出，对话框将会返回 `null`；
- 如果我们没有输入任何东西就直接单击 **OK** 或按 Enter 键，对话框将会返回""（空字符串）；
- 如果我们输入了一些内容之后单击 **OK**（或按 Enter 键），对话框就会返回相应的文本字符串。

另外，该函数还可以接收第二个字符串参数，主要用作输入框中的默认值。

10.3.11　window.setTimeout()和 window.setInterval()方法

`setTimeout()`、`setInterval()`这两个方法主要用于某些代码片段的执行调度，其中 `setTimeout()`用于在指定的毫秒数后执行某段既定代码，而 `setInterval()`则用于每隔一定毫秒数重新执行这段代码。

下面来看一个在 2 秒（即 2000 毫秒）之后弹出警告窗口的示例：

```
> function boo(){alert('Boo!');}
> setTimeout(boo, 2000);
      4
```

如你所见，该函数返回了一个整数（在这个例子中为 4），该整数是计时器的 ID。我们可以用这个 ID 调用 `clearTimeout()`方法来取消当前的计时器。在下面的示例中，如果我们的动作足够快，在 2 秒之前取消了计时器，警告窗口就永远不会出现了。

```
> var id = setTimeout(boo, 2000);
> clearTimeout(id);
```

现在，让我们对 boo()做些改动，换成一种不那么麻烦的方式：

```
> function boo() {console.log('boo');};
```

接着，我们在 setInterval()中调用 boo()，每 2 秒执行一次，直到我们调用 clearInterval()函数取消相关的执行调度为止。例如：

```
> var id = setInterval(boo, 2000);
      boo
      boo
      boo
      boo
      boo
      boo

> clearInterval(id);
```

要注意的是，上面两个函数的首参数都可以接收一个指向回调函数的指针。同时，这两个函数也能接收可以被 eval()函数执行的字符串。但 eval()的危险是众所周知的，因此应该尽量避免使用它。那么，我们怎样传递参数给该函数呢？在这种情况下，最好还是将相关的函数调用封装成另一个函数。

例如，下面代码在语法上是正确的，但做法并不值得推荐：

```
// 不推荐
var id = setInterval("alert('boo, boo')", 2000);
```

显然我们还有更合适的选择：

```
var id = setInterval(
  function(){
    alert('boo, boo');
  },
  2000
);
```

注意，虽然我们有时意图让某个函数在几毫秒后执行，但 JavaScript 并不保证该函数能恰好在那个时候被执行。其原因之一在于大多数浏览器并没有精确到毫秒的触发事件。例如，如果我们设定某个函数在 3 毫秒后执行，那么在旧版本的 IE 中，该函数至少会在 15 毫秒后才被执行。在现代浏览器中，这个数值会小一点，但时间差一般不会在 1 毫秒以内。另一个原因在于，浏览器会维护一个执行队列。100 毫秒的计时器只意味着在 100 毫秒后将指定代码放入执行队列，但如果队列中仍有还在执行的代码，那么刚刚放入的代码就要等待，直到它们执行结束。虽然我们设定了 100 毫秒的代码执行延迟时间，但这段代码很可能到 120 毫秒以后才会被执行。

最近很多浏览器实现了 `requestAnimatioinFrame()` 函数。该函数更适合精确延时，因为通过该函数设定的计时器，即使浏览器没有资源，也会在那个时刻调用。尝试在控制台中输入如下代码：

```
function animateMe() {
  webkitRequestAnimationFrame(function(){
    console.log(new Date());
    animateMe();
  });
}

animateMe();
```

10.3.12 window.document 属性

`window.document` 是一个 BOM 对象，表示的是当前所加载的文档（即页面）。它的方法和属性同时也属于 DOM 对象所涵盖的范围。现在，让我们深吸一口气放松一下（或者你可以去试试本章最后的 BOM 练习），开始深入 DOM 领域吧！

10.4 DOM

简而言之，文档对象模型（Document Object Model，DOM）是一种将 XML 或 HTML 文档解析成树节点的方法。通过 DOM 的方法与属性，我们就可以访问页面中的任何元素，并进行元素的修改、删除以及添加等操作。同时，DOM 也是一套独立于语言的应用程序接口（Application Programming Interface，API）体系，它不仅在 JavaScript 中有相关的实现，还在其他语言中有实现。例如，我们可以在服务器端用 PHP 的 DOM 实现来产生相关的页面。

下面我们来看一个具体的 HTML 页面：

```
<!DOCTYPE html>
<html>
  <head>
```

```
      <title>My page</title>
    </head>
    <body>
      <p class="opener">first paragraph</p>
      <p><em>second</em> paragraph</p>
      <p id="closer">final</p>
      <!-- and that's about it -->
    </body>
  </html>
```

我们来看页面中的第二段（<p><em>second</em> paragraph</p>）。首先看到的是<p>标签，它包含在<body>标签中。因此，我们可以说<body>是<p>的父节点，而<p>是一个子节点。同理，页面中的第一段和第三段也都是<body>的子节点，同时是第二段的兄弟节点。而<em>标签又是第二个<p>标签的子节点，也就是说<p>是它的父节点。如果我们将这些父子关系图形化，就会看到一个树状族谱，我们将其称为 DOM 树。

如图 10-4 所示，在 WebKit 控制台中，单击 **Elements** 选项卡即可打开此界面。

图 10-4

在图 10-4 中可以看到，页面中所有的标签都可以以树节点的形式显示出来。<em>标签内的文本（second）也是一种节点，这种节点称为文本节点。空白符也是文本节点。此外，HTML 中的注释同样被认为是一个树节点，在这里，`<!--and that's about it -->`是一个注释节点。

在 DOM 树中，每个节点都是一个对象，右边的 **Properties** 选项卡列出了该对象的所有属性，以及该对象能够使用的所有方法，它们以继承链的顺序排列，如图 10-5 所示。

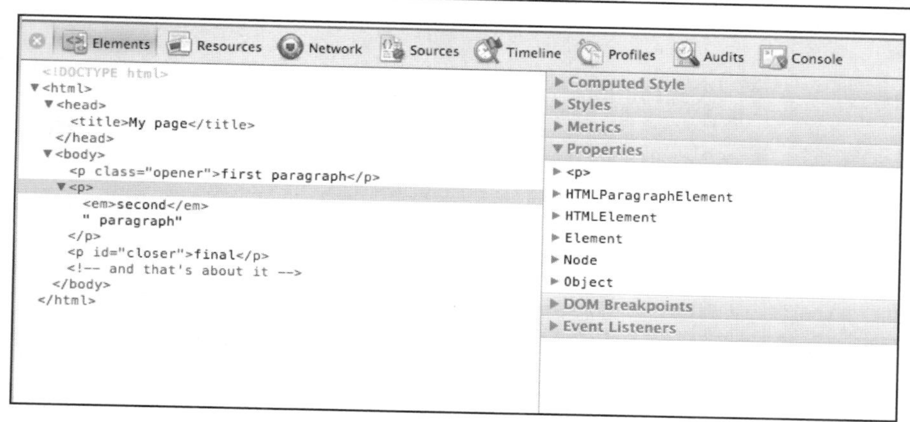

图 10-5

我们也能在选项卡中找到创建每个 DOM 对象时所使用的构造器函数。当然，在日常开发中很少用到这个功能，然而这些知识也很有趣。例如，<p>标签所代表的 DOM 对象实际上是由 `HTMLParagraphElement()` 构造器创建的，而 <head> 则对应于 `HTMLHeadElement()` 等。不过，虽然我们能借此知道这些 DOM 对象内部构造器的名字，但我们并不能直接使用这些构造器。

10.4.1 Core DOM 与 HTML DOM

在接触更有实际意义的示例之前，我们还需要做最后一次概念性的梳理。现在我们已经知道，DOM 既能解析 XML 文档，也能解析 HTML 文档。实际上，HTML 文档本身也可以被当作一种特殊的 XML 文档。因此，我们可以将 DOM Level 1 中用于解析所有 XML 文档的部分称为 Core DOM。而将在 Core DOM 基础上进行扩展的部分称为 HTML DOM。当然，HTML DOM 并不适用于所有的 XML 文档，它只适用于 HTML 文档。下面，就让我们来看一些属于 Core DOM 和 HTML DOM 的构造器示例，如表 10-1 所示。

表 10-1

构造器	父级构造器	Core 或 HTML	注释
`Node`		Core	DOM 树上所有的节点都属于 Node
`Document`	`Node`	Core	`Document` 对象，主要用于表示 XML 文档项目
`HTMLDocument`	`Document`	HTML	即 `window.document` 或其简写 `document` 所指向的对象。是 `Document` 对象的 HTML 定制版，应用十分广泛

续表

构造器	父级构造器	Core 或 HTML	注释
Element	Node	Core	在源文档中，每一个标签都是一个元素，所以，<p></p>标签也叫作“p 元素”
HTMLElement	Element	HTML	这是一个通用性构造器，所有与 HTML 元素有关的构造器都继承于该对象
HTMLBodyElement	HTMLElement	HTML	用于表示<body>的标签的元素
HTMLLinkElement	HTMLElement	HTML	代表一个 A 元素（即<a href="..."></a>标签）
其他构造器	HTMLElement	HTML	剩余的所有 HTML 页面元素
CharacterData	Node	Core	文本处理类的通用性构造器
Text	CharacterData	Core	即插入在标签中的文本节点。例如在<em>second</em>这行代码中，就包含了 EM 元素节点和值为“second”的文本节点
Comment	CharacterData	Core	即<!--HTML 注释-->
Attr	Node	Core	用于代表各标签中的属性，例如在代码<p id="closer">中，属性 id 也是一个 DOM 对象，由 Attr() 负责创建
NodeList		Core	即节点列表，是一个用于存储对象，拥有自身 length 属性的类数组对象
NamedNodeMap		Core	其功能与 NodeList 相同。不同之处在于，该对象中的元素是通过对象名而不是数字索引来访问的
HTMLCollection		HTML	其功能也与 NamedNodeMap 类似，但它是为 HTML 特性量身定制的

当然，这里并没有列出所有的 Core DOM 和 HTML DOM 对象，如果读者想获得完整列表，可以参考 W3C 官方网站。

现在，我们已经对 DOM 理论背后的实用性有了更深入的理解。在接下来的章节中，我们将继续学习：

◆ 访问 DOM 节点；

◆ 修改 DOM 节点；

- 创建新的 DOM 节点；
- 移除 DOM 节点。

10.4.2 DOM 节点的访问

在我们进行表单验证或图像互换这样的操作之前，首先需要访问这些要检查或修改的元素。幸运的是，访问这些元素的方法有很多，我们既可以使用 DOM 树的方式进行遍历，也可以使用快捷方式进行导航。

当然了，我们最好还是亲自将这些新对象与方法都体验一遍。因此接下来，我们的示例将始终围绕 10.4 节开头所展示的那个简单文档来展开。现在，让我们打开控制台，开始吧。

1. 文档节点

`document` 对象给定的就是我们当前所访问的文档。为了对该对象进行进一步探索，我们需要再次用到控制台的备忘功能。下面，在控制台中输入 `console.dir (document)`，然后单击以展开其返回结果（见图 10-6）。

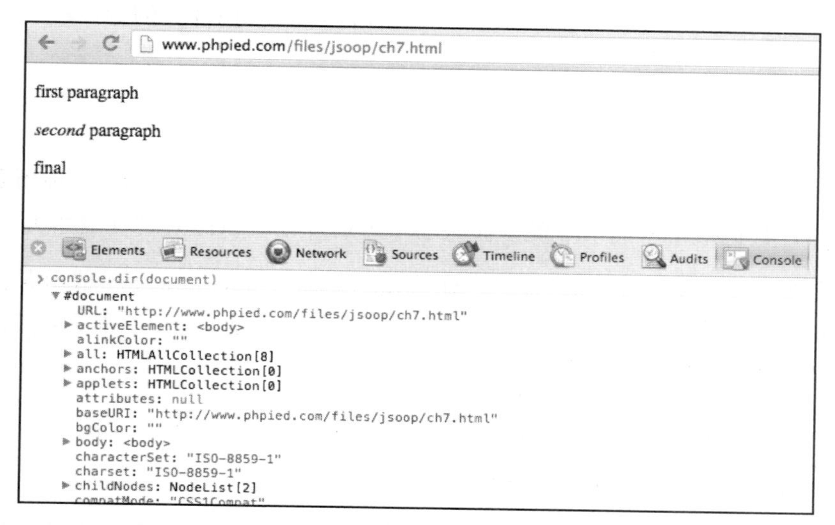

图 10-6

另外，我们也可以通过控制台 **Elements** 选项卡来浏览 `document` 对象的所有 DOM 属性与方法，如图 10-7 所示。

图 10-7

如你所见，图 10-7 中所有的节点（包括文档节点、文本节点、元素节点以及属性节点）都拥有属于自己的 nodeType、nodeName 和 nodeValue 属性。例如：

```
> document.nodeType;
      9
```

在 DOM 中，节点类型有 12 种，每种类型分别用一个整数来表示。如你所见，文档节点的类型是 9，其他最常用的节点类型还有 1（元素）、2（属性）、3（文本）。

另外，这些节点也都有各自的名字。对于 HTML 标签来说，名字一般就是具体标签的名字（即 tagName 属性）。而对于文本节点来说，其名字就是#text。那么，文档节点呢？我们可以来看一下：

```
> document.nodeName;
      "#document"
```

同时节点也都有各自的节点值，例如，文本节点的值就是它的实际文本。但文档节点中却不包含任何值：

```
> document.nodeValue;
      null
```

2. documentElement

现在，让我们将注意力转移到树结构上来。通常来说，每个 XML 文档都会有一个用于封装文档中其他内容的根节点。具体到 HTML 文档上，这个根节点就是<html>标签，我们可以通过 document 对象的 documentElement 属性来访问它：

```
> document.documentElement;
      <html>...</html>
```

该属性的 nodeType 值为 1（即这是一个元素节点）：

```
> document.documentElement.nodeType;
      1
```

对元素节点来说，其 nodeName 和 tagName 属性就等于该标签本身的名字：

```
> document.documentElement.nodeName;
     "HTML"

> document.documentElement.tagName;
     "HTML"
```

3. 子节点

如果要检查一个节点中是否存在子节点，我们可以调用该节点的 hasChildNodes()方法：

```
> document.documentElement.hasChildNodes();
      true
```

HTML 元素有 3 个子节点——head 元素、body 元素以及两者之间的空白字符（大多数浏览器都会将空白字符算在内，但不是所有浏览器都如此）。我们可以通过该元素中的 childNodes 这个类似于数组的集合来访问它们：

```
> document.documentElement.childNodes.length;
      3

> document.documentElement.childNodes[0];
      <head>...</head>

> document.documentElement.childNodes[1];
```

```
        #text

> document.documentElement.childNodes[2];
        <body>...</body>
```

任何子节点都可以通过其自身的 parentNode 属性来访问其父节点：

```
> document.documentElement.childNodes[1].parentNode;
        <html>...</html>
```

下面，我们将 body 元素的引用赋值给一个变量：

```
> var bd = document.documentElement.childNodes[2];
```

现在来看看该元素中有几个子节点：

```
> bd.childNodes.length;
        9
```

作为复习，我们再来看看文档的 body 部分：

```
<body>
  <p class="opener">first paragraph</p>
  <p><em>second</em> paragraph</p>
  <p id="closer">final</p>
  <!-- and that's about it -->
</body>
```

那么，为什么 body 部分有 9 个子节点呢？让我们来看看，3 个段落加 1 个注释是 4 个节点。然后，这 4 个节点之间的空白字符有 3 个文本节点。这样一来，目前为止就有 7 个节点了。另外，<body>与首个<p>标签之间有一个空白字符，是第 8 个，而注释与</body>标签之间也有一个空白字符，这又是一个文本节点。所以一共是 9 个子节点。

4. 属性

由于 body 部分的第一个子节点是一个空白字符，因此，第二个子节点（索引为 1）是实际上的第一个段落：

```
> bd.childNodes[1];
        <p class="opener">first paragraph</p>
```

我们可以通过元素的 hasAttributes()方法来检查该元素中是否存在属性：

```
> bd.childNodes[1].hasAttributes();
        true
```

那么，该元素中有几个属性呢？当前示例中只有一个，即 class 属性。如下所示：

```
> bd.childNodes[1].attributes.length;
        1
```

我们可以通过索引或属性名来访问一个属性。除此之外，我们也可以调用 getAttribute()方法来获取相关的属性值：

```
> bd.childNodes[1].attributes[0].nodeName;
        "class"

> bd.childNodes[1].attributes[0].nodeValue;
        "opener"

> bd.childNodes[1].attributes['class'].nodeValue;
        "opener"

> bd.childNodes[1].getAttribute('class');
        "opener"
```

5. 访问标签中的内容

下面，我们以第一段为例：

```
> bd.childNodes[1].nodeName;
        "P"
```

我们可以通过该元素的 textContent 属性来获取段落中的文本。如果我们使用的是不支持 textContent 属性的老式 IE 浏览器，则可以通过另一个名为 innerText 的属性来返回相同的值：

```
> bd.childNodes[1].textContent;
        "first paragraph"
```

另外，我们也可以通过 innerHTML 属性来解决上述问题。尽管该属性在 DOM 标准中相对比较新，但几乎所有的主流浏览器都对它提供了支持。该属性可返回（或设置）指定节点中的 HTML 代码。因此，我们也会看到该属性与 document 对象之间的不同之处，后者返回的是一个可追踪 DOM 节点树，而前者返回的只是标签字符串而已。但由于 innnerHTML 使用极其方便，以至于它随处可见。例如：

```
> bd.childNodes[1].innerHTML;
        "first paragraph"
```

因为第一段落中只有文本，所以它的 innerHTML 值和 textContent（及 IE 中的 innerText）完全相同。但到了第二段落中，由于其中还包含了 em 节点，两者的不同就会显现出来：

```
> bd.childNodes[3].innerHTML;
        "<em>second</em> paragraph"

> bd.childNodes[3].textContent;
        "second paragraph"
```

除此之外，要获得第一段落的文本还有一种方式，即访问 p 节点内的文本节点，读取它的 nodeValue 属性：

```
> bd.childNodes[1].childNodes.length;
        1

> bd.childNodes[1].childNodes[0].nodeName;
        "#text"

> bd.childNodes[1].childNodes[0].nodeValue;
        "first paragraph"
```

6. DOM 访问的快捷方法

通过 childNodes、parentNode、nodeName、nodeValue 以及 attributes 这些属性，我们可以在树结构的上下层之间实现自由导航，并处理相关的文档操作。但别忘了，空白字符也会成为一个文本节点，这件事会给这种 DOM 工作方式带来一些不稳定性[①]。因为在这种情况下，只要页面发生一些细微变化，我们的脚本或许就不能正常工作了。另外，如果访问的树节点的层级更深一些，我们或许就要为此编写更多的代码。这就是我们

① 由于代码自动排版等因素，空白字符的位置、数量总是不确定的，这会给文本节点的数量带来不确定性和不稳定性。——译者注

需要一些快捷方法来解决问题的原因。这些方法分别是 `getElementsByTagName()`、`getElementsByName()`和 `getElementById()`。

`getElementsByTagName()`以标签名(即元素节点的名字)为参数,返回当前 HTML 页面中所有匹配该标签名的节点集合(一个类似于数组的对象)。例如,以下例子会返回所有 `p` 标签的总数:

```
> document.getElementsByTagName('p').length;
      3
```

列表中的各项可以用方括号法或 `item()`方法来进行索引(从 0 开始)及访问。但并不推荐 `item()`方法,与之相比,方括号法显然更具有一致性,输入也更为简短:

```
> document.getElementsByTagName('p')[0];
      <p class="opener">first paragraph</p>

> document.getElementsByTagName('p').item(0);
      <p class="opener">first paragraph</p>
```

下面我们来获取第一个 `p` 元素的内容:

```
> document.getElementsByTagName('p')[0].innerHTML;
      "first paragraph"
```

获取最后一个(即第三个)`p` 元素的内容:

```
> document.getElementsByTagName('p')[2];
      <p id="closer">final</p>
```

对于这些元素的属性,我们可以通过 `attributes` 集合,或者上面所提到的 `getAttribute()`方法来进行访问。我们还可以使用一种更为简便的方法,即在运行时直接将属性名当作元素对象的属性来访问。例如,如果想获取其 `id` 属性的值,我们就可以直接将 `id` 当作一个属性:

```
> document.getElementsByTagName('p')[2].id;
      "closer"
```

当然,这种方法对于第一段落中的 `class` 属性不起作用。这种异常情况的原因在于"class"这个词在 ECMAScript 中被设置成了保留字。对此,我们只需改用 `className`:

```
> document.getElementsByTagName('p')[0].className;
      "opener"
```

另外，我们也可以直接调用 getElementsByTagName()方法来获取页面中的所有元素：

```
> document.getElementsByTagName('*').length;
      8
```

由于在 IE7 之前的版本中，*是一个非法的标签名，因此在这里我们可以改用 IE 所支持的集合 document.all 来返回页面中的所有元素，尽管我们事实上很少会用到这类方法。

在上面介绍的快捷方法中，还有一个 getElementById()方法，这可能是最常用的元素访问方法了。只要我们为元素们设定好各自的 ID，就能轻松地访问这些元素了：

```
> document.getElementById('closer');
<p id="closer">final</p>
```

现代浏览器也支持其他一些快捷方法，具体如下。

- getElementByClassName()：通过元素的 class 属性寻找元素。
- querySelector()：通过 CSS 选择器的方式寻找元素。
- querySelectorAll()：与 querySelector()基本相同，但 querySelector()仅返回匹配的第一个元素，而这个方法会返回所有匹配的元素。

7. 兄弟节点、body 元素及首尾子节点

关于 DOM 树的导航操作，nextSibling 与 previousSibling 这两个属性也提供了一些便利。例如，如果我们获得了某个元素的引用：

```
> var para = document.getElementById('closer');
> para.nextSibling;
      #text

> para.previousSibling;
      #text

> para.previousSibling.previousSibling;
```

```
        <p>...</p>

> para.previousSibling.previousSibling.previousSibling;
        #text

> para.previousSibling.previousSibling.nextSibling.nextSibling;
        <p id="closer">final</p>
```

对于 body 元素来说，以下是一些常用的快捷方式：

```
> document.body;
        <body>...</body>

> document.body.nextSibling;
        null

> document.body.previousSibling.previoussibling;
        <head>...</head>
```

另外，firstChild 和 lastChild 这两个属性也是非常有用的。其中，firstChild 等价于 childNodes[0]，而 lastChild 则等价于 childNodes[childNodes.length-1]。例如：

```
> document.body.firstChild;
        #text

> document.body.lastChild;
        #text

> document.body.lastChild.previousSibling;
        <!— and that's about it-->

> document.body.lastChild.previousSibling.nodeValue;
        " and that's about it "
```

下面，我们用图 10-8 来详细解析一下 body 与这 3 个段落之间的族谱关系。当然，简单起见，我们在图 10-8 中省略了所有因空白字符而形成的文本节点。

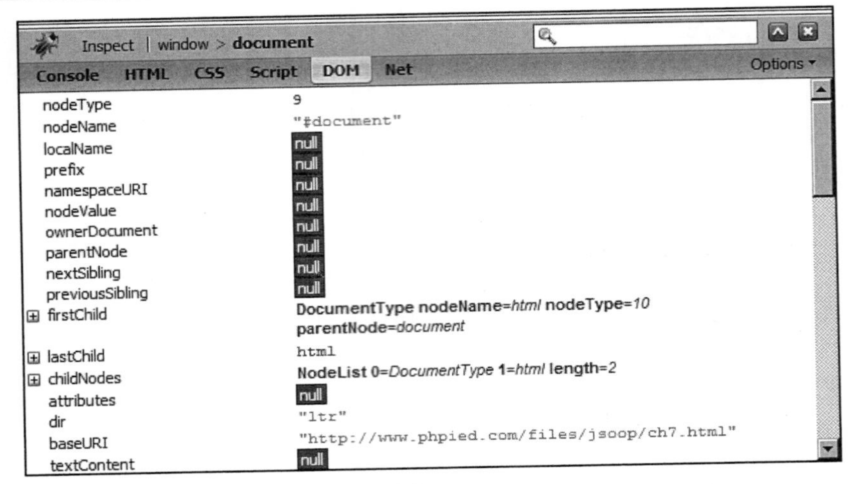

图 10-8

8. 遍历 DOM

作为本节的小结，我们在这里实现一个函数，该函数会从所给定的节点开始，遍历整个 DOM 树：

```
function walkDOM(n) {
  do {
    console.log(n);
    if (n.hasChildNodes()) {
      walkDOM(n.firstChild);
    }
  } while (n = n.nextSibling);
}
```

下面，我们来测试一下：

```
> walkDOM(document.documentElement);
> walkDOM(document.body);
```

10.4.3 DOM 节点的修改

现在，我们已经掌握了许多访问 DOM 树节点及其属性的方法，理论上我们已经可以访问 DOM 树的任何一个节点了。下面我们来看看如何对这些节点进行修改。

首先，我们将指向最后段落的指针赋值给变量 my：

```
> var my = document.getElementById('closer');
```

接下来，我们就能轻松地通过修改对象的 innerHTML 值来修改段落中的文本了：

```
> my.innerHTML = 'final!!!';
        "final!!!"
```

由于 innerHTML 可以接收一个 HTML 源码的字符串，因此我们也可以用它在当前的 DOM 树中再新建一个 em 节点：

```
> my.innerHTML = '<em>my</em> final';
        "<em>my</em> final"
```

这样一来。新的 em 节点就成为该树结构的一部分：

```
> my.firstChild;
        <em>my</em>

> my.firstChild.firstChild;
        "my"
```

除此之外，我们还可以通过修改既定文本节点的 nodeValue 属性来实现相关的文本修改：

```
> my.firstChild.firstChild.nodeValue = 'your';
        "your"
```

1. 修改样式

很多情况下，我们需要修改的并非一个节点的内容，而是样式。元素对象中还有一个 style 属性，这是一个用来反映当前 CSS 样式的属性。例如，通过修改某段落的 style 属性，就可以给它加上一个红色的边框：

```
> my.style.border = "1px solid red";
        "1px solid red"
```

另外，在 JavaScript 命名规范中，CSS 属性中的短横（即“-”）是不可用的。对于这种情况，我们只需直接跳过并将下一个单词的首字母大写。例如，padding-top 可以写成 paddingTop、margin-left 可以写成 marginLeft 等。例如：

```
> my.style.fontWeight = 'bold';
```

```
        "bold"
```

我们也可以通过 style 的 cssText 属性，将 CSS 样式当作字符串来处理：

```
> my.style.cssText;
        "border: 1px solid red; font-weight: bold;"
```

这样一来，对 CSS 属性的修改就被归结为字符串操作：

```
> my.style.cssText += " border-style: dashed;"
"border: 1px dashed red; font-weight: bold; border-style: dashed;"
```

2. 玩转表单

正如之前所述，JavaScript 是一种很好的客户端输入验证的方式，它能替我们省却一些与服务器的通信。下面，让我们以当下流行的页面——Google 的表单为例，来实际操练一下表单操作，如图 10-9 所示。

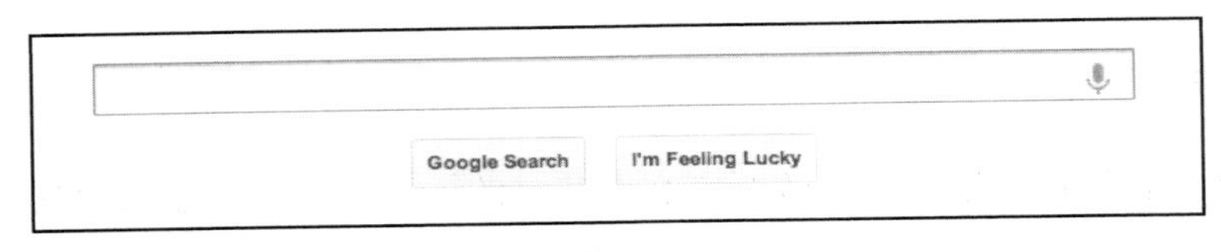

图 10-9

首先，我们使用 querySelector()方法，按照 CSS 选择器规则，选取页面中的第一个文本输入框：

```
> var input = document.querySelector('input[type=text]');
```

接下来我们试着访问我们所选定的搜索框：

```
> input.name;
        "q"
```

然后，我们通过设置 value 属性来改变搜索框中的文本，如图 10-10 所示：

```
> input.value = 'my query';
"my query"
```

我们来做点有趣的事，将按钮中的单词 Lucky 替换为 Tricky，如图 10-10 所示：

```
> var feeling = document.querySelectorAll("button")[2];
> feeling.textContent = feelingtextContent.replace(/Lu/, 'Tri');
"Im Feeling Tricky"
```

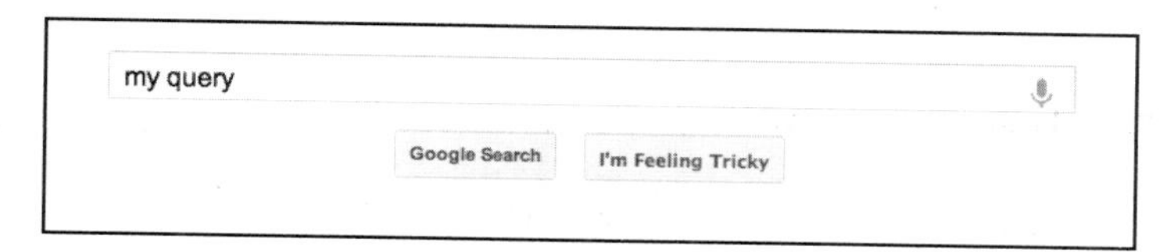

图 10-10

下面，我们来实现这个“tricky”功能，即令按钮每秒钟显示或隐藏一次。我们可以通过一个叫作 `toggle()` 的简单函数来实现。当该函数每次被调用时，它会自动检查该按钮的 CSS 属性 `visibility` 值，如果为 `hidden`，则将其设置为 `visible`。反之亦然。

```
function toggle(){
  var st = document.querySelectorAll('button')[2].style;
  st.visibility = (st.visibility === 'hidden')
    ? 'visible'
    : 'hidden';
}
```

当然，该函数不是靠手动调用的，我们还得设置一个计时器，令其每秒钟被调用一次：

```
> var myint = setInterval(toggle, 1000);
```

知道会有什么效果吗？按钮会不停地闪烁（这给单击带来了一定的难度）。当然，如果你厌烦了，取消计时器即可：

```
> clearInterval(myint);
```

10.4.4 新建节点

通常情况下，我们可以用 `createElement()` 和 `createTextNode()` 这两个方法来创建新节点。而 `appendChild()`、`insertBefore()` 和 `replaceChind()` 这 3 个方法则可以用来将新节点添加到 DOM 树结构中。

下面，我们创建一个新的 `p` 元素，并对它的 `innerHTML` 属性进行设置：

```
> var myp = document.createElement('p');
> myp.innerHTML = 'yet another';
      "yet another"
```

一般来说，被新建的元素会自动获取所有的默认属性，例如 style，我们可以对它进行修改：

```
> myp.style;
        CSSStyleDeclaration

> myp.style.border = '2px dotted blue';
        "2px dotted blue"
```

通过 appendChild()方法，我们可以将新节点添加到 DOM 树结构中去。并且，该方法应该是在 document.body 上被调用的，这指定了新节点应该被创建在该对象最后一个子节点的后面：

```
> document.body.appendChild(myp);
        <p style="border: 2px dotted blue;">yet another</p>
```

图 10-11 所示的是新节点载入页面之后的效果。

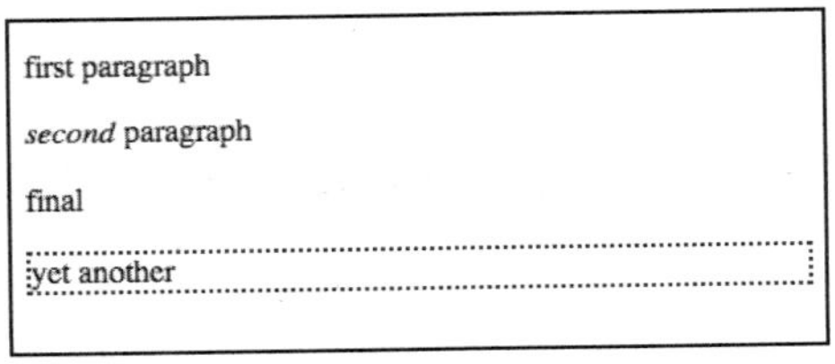

图 10-11

1. 纯 DOM 方法

通常情况下，使用 innerHTML 来设置内容会更便捷一些，如果要使用纯 DOM 方法，我们就必须执行以下内容。

（1）新建一个内容为 yet another 的文本节点。

（2）再新建一个段落节点。

（3）将文本节点添加为段落节点的子节点。

（4）将段落节点添加为 body 的子节点。

通过这种方式，我们可以创建任意数量的文本节点和元素，并任意安排它们之间的嵌套关系。让我们再来看一个例子，如果你想将下面的 HTML 代码加入 body 元素的后端：

```
<p>one more paragraph<strong>bold</strong></p>
```

也就是说，我们所要提交的东西有以下结构：

```
P element
    text node with value "one more paragraph"
    STRONG element
        text node with value "bold"
```

让我们来看看完成这个功能的代码应该怎么写：

```
// 新建 P
var myp = document.createElement('p');
// 新建文本节点并添加到 P
var myt = document.createTextNode('one more paragraph');
myp.appendChild(myt);
// 新建 STRONG 并将另一个文本节点添加到它上
var str = document.createElement('strong');
str.appendChild(document.createTextNode('bold'));
// 将 STRONG 添加到 P
myp.appendChild(str);
// 将 P 添加到 BODY
document.body.appendChild(myp);
```

2. cloneNode()方法

另外，复制现有节点也是一种创建节点的方法。这需要用到 `cloneNode()`方法，该方法有一个布尔类型的参数（`true` = 深复制，包括所有子节点；`false` = 浅复制，只针对当前节点）。下面，让我们来测试一下该方法。

首先，我们获取需要复制元素的引用：

```
> var el = document.getElementsByTagName('p')[1];
```

现在，`el` 指向了页面中的第二个段落，内容如下：

```
<p><em>second</em> paragraph</p>
```

然后，我们来建立一个 `el` 的浅复制副本，并将其添加到 `body` 元素的末端：

```
> document.body.appendChild(el.cloneNode(false));
```

这时候，我们在页面上不会看出有什么变化，因为浅复制只复制了 p 节点，并没有包含它的任何子节点。这意味着该段落中的文本（即其中的文本节点）并没有被复制过来。也就是说，这行代码的作用相对于：

```
> document.body.appendChild(document.createElement('p'));
```

但如果我们现在创建的是一个深复制副本，那么以 p 元素为首的整个 DOM 子树都将会被复制过来，其中包含了文本节点和 em 元素。这行代码将复制第二段并把其插入文本末端：

```
> document.body.appendChild(el.cloneNode(true));
```

如果你愿意的话，也可以只复制其中的 em 元素：

```
> document.body.appendChild(el.firstChild.cloneNode(true));
      <em>second</em>
```

或者只复制内容为 second 的文本节点：

```
> document.body.appendChild(
    el.firstChild. firstChild.cloneNode(false));
      "second"
```

3. insertBefore()方法

通过 appendChild()方法，我们只能将新节点添加到指定节点的末端。如果想更精确地控制插入节点的位置，我们可以使用 insertBefore()方法。该方法与 appendChild()方法基本相同，只不过它多了一个额外参数，该参数可以用于指定将新节点插入哪一个元素的前面。例如在下面的代码中，文本节点被插入 body 元素的末端：

```
> document.body.appendChild(document.createTextNode('boo!'));
```

我们也可以将同样的文本节点添加为 body 元素的第一个子节点：

```
document.body.insertBefore(
  document.createTextNode('first boo!'),
  document.body.firstChild
);
```

10.4.5 移除节点

要想从 DOM 树中移除一个节点，我们可以调用 removeChild()方法。下面，让我们再次以 body 元素为例：

```
<body>
  <p class="opener">first paragraph</p>
  <p><em>second</em> paragraph</p>
  <p id="closer">final</p>
  <!-- and that's about it -->
</body>
```

我们移除第二段落：

```
> var myp = document.getElementsByTagName('p')[1];
> var removed = document.body.removeChild(myp);
```

如果稍后还需要用到被移除的节点的话，可以保存该方法的返回值。尽管该节点已经不在 DOM 树结构中，但我们依然可对其调用所有的 DOM 方法：

```
> removed;
        <p>...</p>

> removed.firstChild;
        <em>second</em>
```

除此之外，还有一个 replaceChild()方法，该方法可以在移除一个节点的同时将另一个节点放在该位置上。下面，我们来看看之前移除节点之后的情况，现在的树结构应该是这样：

```
<body>
  <p class="opener">first paragraph</p>
  <p id="closer">final</p>
  <!-- and that's about it -->
</body>
```

现在，第二段落已经变成了 ID 为"closer"的元素：

```
> var p = document.getElementsByTagName('p')[1];
> p;
        <p id="closer">final</p>
```

我们用 removed 变量中的段落替换变量 p 指向的段落：

```
> var replaced = document.body.replaceChild(removed, p);
```

与 removeChild()相似，replaceChild()方法也会返回被移除节点的引用：

```
> replaced;
      <p id="closer">final</p>
```

现在，body 元素中的内容如下：

```
<body>
  <p class="opener">first paragraph</p>
  <p><em>second</em> paragraph</p>
  <!-- and that's about it -->
</body>
```

如果我们想将某个子树中的内容一并移除的话，最便捷的方式是就将它的 innerHTML 设置为空字符串。下面我们移除 body 元素中的所有子节点：

```
> document.body.innerHTML = '';
      ""
```

我们来测试一下：

```
> document.body.firstChild
      null
```

使用 innerHTML 来移除内容确实很容易，但如果我们只使用纯 DOM 方法的话，就必须对其所有的子节点进行遍历并逐个移除它们。下面，我们给出了一个用于移除某个指定节点所有子节点的函数：

```
function removeAll(n) {
  while (n.firstChild) {
    n.removeChild(n.firstChild);
  }
}
```

如果我们想移除 body 元素中的所有子节点而使页面变成一个空<body></body>的话，可以：

```
> removeAll(document.body);
```

10.4.6 只适用于 HTML 的 DOM 对象

正如我们所知，文档对象模型同时适用于 XML 文档和 HTML 文档。前面，我们已经学习了如何对树结构进行遍历，并添加、移除、修改任何 XML 文档树中的节点。但是，还有一些对象和属性是只适用于 HTML 的。

例如，`document.body` 就是一个纯 HTML 对象。但它的应用非常常见，只要 HTML 文档中包含了<body>标签就可以访问，其功能等价于 `document.getElementsByTagName('body')[0]`，但调用方式则要友好得多。

`document.body` 是一个典型的、根据之前标准 DOM Level 0 和 HTML 特性扩展而来的 DOM 对象。像 `document.body` 这样的对象还有不少。在这些对象中，有些在 Core DOM 组件中是找不到等价物的，而有些则有等价物，但普遍都在 DOM 0 标准的基础上做了一定的简化。下面，让我们来了解一下这些对象。

1．访问文档的基本方法

与如今 DOM 组件可以访问页面中的任何元素（甚至包括注释和空白处）不同的是，JavaScript 最初所能访问的内容只局限于一些 HTML 文档中的元素。这些元素主要由以下一系列集合对象组成。

- `document.images`。当前页面中所有图片的集合，等价于 Core DOM 组件中的 `document.getElementsByTagName('img')` 调用。
- `document.applets`。等价于 `document.getElementsByTagName('applets')`。
- `document.links`。`document.links` 是一个列表，它包含了页面中所有的<a href="..."> </a>标签，也就是页面中所有含有 `href` 属性的</a>标签。
- `document.anchors`。`document.anchors` 中包含的则是所有带 `name` 属性的链接（即<a name="..."></a>）。
- `document.forms`。使用最广泛的还是要数 `document.forms` 集合了，这是一个<form>标签的列表。

我们来看一个包含一个 `form` 和一个 `input` 的页面，以下这行代码可以让我们访问页面中的第一个 `form` 元素：

```
> document.forms[0];
```

这就相当于我们调用：

```
> document.getElementsByTagName('form')[0];
```

document.forms 集合中包含一系列的 input 字段和按钮，我们可以通过该对象的 elements 属性来访问它们。下面我们访问页面中的第一个 form 元素中的第一个 input 字段：

```
> document.forms[0].elements[0];
```

一旦我们获得了某个元素的访问权，就可以通过对象同名属性来访问该元素的属性了。现在假设第一个 form 元素的首字段如下：

```
<input name="search" id="search" type="text" size="50"
    maxlength="255" value="Enter email..." />
```

那么，我们就可以通过某种方法来改变该字段中的文本（即其 value 属性的值），例如：

```
> document.forms[0].elements[0].value = 'me@example.org';
    "me@example.org"
```

如果想将该字段动态地设置为不可用的话，我们也可以：

```
> document.forms[0].elements[0].disabled = true;
```

另外，如果 form 本身或者 form 中的元素拥有 name 属性的话，我们也可以通过名字来访问：

```
> document.forms[0].elements['search']; // 数组表示形式
> document.forms[0].elements.search;    // 对象属性
```

2．document.write()

通过 document.write()方法，我们可以在当前页面加载时插入一些 HTML 元素，例如，我们可以：

```
<p>It is now
```

```
  <script>
    document.write("<em>" + new Date() + "</em>");
  </script>
</p>
```

其效果与我们直接在 HTML 文档中插入相关日期相同：

```
<p>It is now
  <em>Fri Apr 26 2013 16:55:16 GMT-0700 (PDT)</em>
</p>
```

需要注意的是，我们只能在页面正在被加载时调用 `document.write()`方法，如果我们试图在页面加载之后调用该方法，整个页面的内容都会被替换。

事实上，我们很少需要用到 `document.write()`方法。如果你觉得需要的话，就应该先尝试一下其他方法。毕竟就修改页面内容而言，DOM Level 1 所提供的方法要简单、灵活得多。

3．cookie、title、referrer、domain

在这一节中，我们还将为你介绍另外 4 个属性，这些属性都属于从 DOM Level 0 移植到 DOM Level 1 的 HTML 扩展。并且，这些属性与之前所介绍的属性不一样，它们在 Core DOM 中并没有等价物。

`document.cookie` 属性实际上是一个字符串，其中存储了用于往返服务器端与客户端之间的 cookie 信息。每当服务器向浏览器发送页面时，往往都会发送 `Set-Cookie` 这一 HTTP 头信息。当客户端再向服务器发送请求时，客户端也会将 cookie 信息写入 `Cookie` 这一 HTTP 头信息。通过 `document.cookie` 属性，我们可以对浏览器的 cookie 信息进行某些操作。下面我们来看一个示例，先访问一个网站，然后在控制台中输入 `document.cookie`。

`document.title` 属性则是被用来修改页面在浏览器窗口中所显示的标题的。但要注意的是，该属性并没有改变`<title>`标签本身的值，只是改变了其在浏览器窗口中的显示内容。所以，该集合并不等价于 `document.querySelector('title')`。

`document.referrer` 中记录的是我们之前访问过的页面 URL。这与浏览器在请求页面时所发送的 HTTP 头信息中的 `referer` 值是相同的（要注意的是，HTTP 头信息中的 `Referer` 在拼写上是错误的，而 `document.referrer` 则是正确的[①]）。

① 也就是说，我们应该在 HTTP 头信息中使用 referer 这个拼写，而在 `document.referrer` 中使用 referrer 这个拼写。后者为双写 r。——译者注

通过 document.domain，我们可以得到当前所加载页面的域名。我们经常在某些跨域调用中用到它。可以想象一下，如果某网站的主页中有一个 iframe 标签，其中所加载的内容却来自该网站的二级页面。它们是两个不同的域，根据一般浏览器的安全规则，通常情况下是不允许页面与该 iframe 进行交互的。这时候，如果我们想实现这两个页面之间的“交谈”，就需要用 document.domain 将相关的域全都设置为主页网址。

需要注意的是，域的设置只能朝着更非具体化的方向进行。

之前在本章中，我们曾经介绍过 window.location 对象。实际上我们也可以用 document.location 来实现相同的功能：

```
> window.location === document.location;
  true
```

10.5　事件

想象一下，如果你突然在收音机里听到有人宣布：“大事件！重大事件！外星人登陆地球了！”或许你的反应是“耶，我无所谓！”，但有些听众可能会觉得“它们是和平使者！”，而另一些人则可能会觉得“这下所有人都要死了！”。同样，浏览器中所发生的事件也能以广播收听和监听的形式传递给相关的代码。这些事件包括：

- 用户单击某一按钮；
- 用户在某一表单域中输入字符；
- 某页面加载完成。

我们可以为这些事件指定相应的 JavaScript 函数，这些函数通常被称为事件监听器（event listener）或事件处理器（event handler）。这样一来，浏览器就会在相关事件发生时执行既定的函数。下面，我们来看看具体是如何实现的。

10.5.1　内联 HTML 属性法

最简便也最难以维护的方式就是通过标签的特定属性来添加事件，例如：

```
<div onclick="alert('Ouch!')">click</div>
```

在这种情况下，只要该<div>所在的区域被用户单击了，就会触发该标签的单击事件。与此同时，其 onclick 属性中的字符串就会被当作 JavaScript 代码来执行。尽管这里没有显式指定监听单击事件的函数，但相关环境在背后已经为此创建了一个函数，函数的代码就等于我们为 onclick 属性设定的值。

10.5.2 元素属性法

关于单击事件函数，我们还有另一种编写方式，那就是将其设置为 DOM 节点元素的属性。例如：

```
<div id="my-div">click</div>
<script>
  var myelement = document.getElementById('my-div');
  myelement.onclick = function() {
    alert('Ouch!');
    alert('And double ouch!');
  };
</script>
```

事实上这也是一种更好的选择，因为这种方式可以帮助我们厘清<div>与相关 JavaScript 代码之间的关系。一般情况下。我们总是希望页面中的内容归 HTML、行为归 JavaScript、格式归 CSS，并且三者之间应该尽可能彼此独立，互不干扰。

但这个方法也是有缺点的，因为这种做法只允许我们指定一个事件函数，这就好像我们的收音机只能有一个听众一样。当然，我们可以对多个事件使用同一个处理函数，但这样做总是不太方便，就好像我们每次都得让收音机的所有听众都集中在一个房间里一样。

10.5.3 DOM 的事件监听器

对于浏览器，最佳的事件处理方式莫过于使用 DOM Level 2 的事件监听器了。通过这种方式，我们可以为一个事件指定多个监听器函数。当事件被触发时，所有的监听器函数都会被执行。而且，这些监听器之间不需要知道彼此的存在，它们的工作是彼此独立的。任何一个函数的加入或退出都不会影响其他监听器的工作。

现在，让我们回到 10.4 节中的那个简单标志页（你也可以直接访问****://www.phpied.***/files/jsoop/ch7.html），我们所拥有的标志是：

```
<p id="closer">final</p>
```

我们可以通过 addEventListener()方法为单击事件赋予相关的监听器。下面我们尝试赋予两个监听器：

```
var mypara = document.getElementById('closer');
mypara.addEventListener('click', function(){
  alert('Boo!');
}, false);
mypara.addEventListener(
  'click', console.log.bind(console), false);
```

如你所见，addEventListeners()方法是基于某一节点对象来调用的。它的首参数是一个事件类型的参数，第二个参数是一个函数指针，它可以是 function(){alert('Boo!')}这样的匿名函数，也可以是 console.log()这样的现存函数。该监听器函数会在相关事件发生时被调用，调用时会接收到一个事件对象参数。如果我们运行上面的代码，就可以在控制台中看到所记录的事件对象。单击事件对象可以查看其属性，如图 10-12 所示。

```
Elements  Resources  Network  Sources
▼ MouseEvent {webkitMovementY: 0, webkitMovementX: 0
    altKey: false
    bubbles: true
    button: 0
    cancelBubble: false
    cancelable: true
    charCode: 0
    clientX: 19
    clientY: 92
    clipboardData: undefined
    ctrlKey: false
    currentTarget: null
    dataTransfer: null
    defaultPrevented: false
    detail: 1
    eventPhase: 0
    fromElement: null
    keyCode: 0
    layerX: 19
    layerY: 92
    metaKey: false
    offsetX: 11
    offsetY: 8
    pageX: 19
    pageY: 92
    relatedTarget: null
    returnValue: true
    screenX: 254
    screenY: 186
    shiftKey: false
  ▶ srcElement: <p>
  ▶ target: <p>
    timeStamp: 1356056143153
  ▶ toElement: <p>
    type: "click"
  ▶ view: Window
    webkitMovementX: 0
    webkitMovementY: 0
    which: 1
    x: 19
    y: 92
  ▶ __proto__: MouseEvent
>
```

图 10-12

10.5.4 捕获法与冒泡法

在之前调用 addEventListener()方法的过程中，我们还传入了第三个参数 false。下面我们来看看这个参数是什么。

假设我们有一个链接，它被嵌套在一个无序列表标签内，例如：

```
<body>
  <ul>
    <li><a href="http://phpied.com">my blog</a></li>
  </ul>
</body>
```

当我们单击该链接时，实际上我们也单击了列表项<li>、列表<ul>、<body>标签乃至整个 document 对象，这种行为被称为事件传播（propagation）。换句话说，对该链接的单击也可以看作对 document 对象的单击。事件传播过程通常有以下两种方式。

- 事件捕获（event capturing）——单击首先发生在 document 上，然后依次传递给 body、列表、列表项，并最终到达该链接，这称为捕获法。
- 事件冒泡（event bubbling）——单击首先发生在链接上，然后逐层向上冒泡，直至 document 对象，这称为冒泡法。

按照 DOM Level 2 的建议，事件传播应该分成 3 个阶段：先是捕获标签，然后到达对象，再冒泡，如图 10-13 所示。也就是说，事件传播的路径应该是先从 document 到相关链接（标签），然后回到 document。如果想要了解某一事件当前所处的阶段，我们可以访问事件对象的 eventPhase 属性。

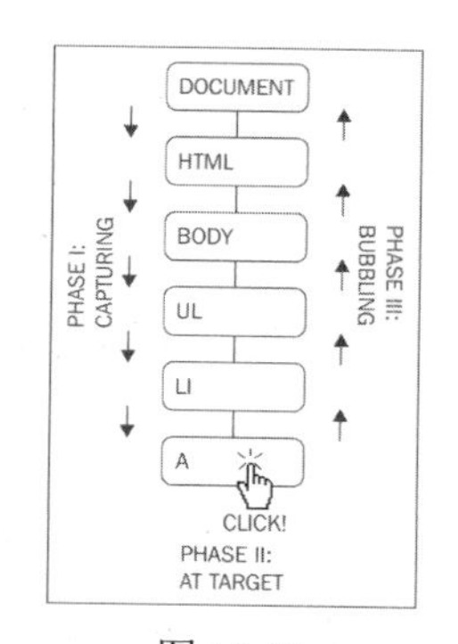

图 10-13

从历史上来说，IE 和 Netscape（当时业界并没有一个统一的标准可以遵循）的相关实现是完全不统一的。IE 使用冒泡法，而 Netscape 则只使用捕获法。而在当今，也就是 DOM 标准建立之后，现代浏览器终于统一实现了这 3 个阶段。

我们可以通过以下方式处理事件传播。

- 通过 addEventListener()的第三个参数，我们可以确定代码是否采用捕获法来处理事件。然而，为了让我们的代码适用于更多的浏览器，最好还是始终将其设置为 false，即只使用冒泡法来处理事件。

◆ 我们也可以在监听器函数中阻断事件的传播，令其停止向上冒泡，这样一来，事件就不会再到达 document 对象了。为了做到这一点，我们就必须去调用相关事件对象的 stopPropagation()方法（相关示例我们将在 10.5.5 节中看到）。

◆ 另外，我们还可以采用事件委托。例如，如果某个<div>中有 10 个按钮，那么，通常每个按钮都需要一个事件监听器，这样一来，我们就要设置 10 个监听器函数。而更聪明的做法是，我们只为整个<div>设置一个监听器，当事件发生时，让它自己去判断被单击的是哪一个按钮。

作为参考，我们还是要介绍一下在旧版本的 IE 中使用事件捕获的方式，即使用 setCapture()方法和 releaseCapture()方法。但是这种方式只适用于处理鼠标类事件，对于其他类型的事件（例如键盘类事件）则不起作用。

10.5.5　阻断传播

下面，我们来演示一下如何让事件停止它的冒泡式传播。首先，我们回到之前的测试文档，现有的标签是：

```
<p id="closer">final</p>
```

然后，我们来定义一个用于处理该段落单击事件的函数：

```
function paraHandler(){
  alert('clicked paragraph');
}
```

现在，我们将该函数设置为单击事件的监听器：

```
var para = document.getElementById('closer');
para.addEventListener('click', paraHandler, false);
```

同时，我们还可以将该单击监听器设置给 body、document，乃至整个浏览器的 window 对象：

```
document.body.addEventListener('click', function(){
  alert ('clicked body');
}, false);
document.addEventListener('click', function(){
  alert ('clicked doc');
}, false);
```

```
window.addEventListener('click', function(){
  alert ('clicked window');
}, false);
```

需要注意的是，按照 DOM 标准，window 事件是不存在的。这就是 DOM 指的是文档而不是浏览器的原因。因此，实际上浏览器对于 window 事件的实现与 DOM 事件的实现并不一致。

现在，如果我们单击该段落，就会看到 4 个警告窗，它们分别是：

- clicked paragraph；
- clicked body；
- clicked doc；
- clicked window。

这诠释了同一单击事件从具体标签向整个窗口传播的全过程（也就是向上冒泡的全过程）。

相对于 addEventListener()方法的是 removeEventListener()方法，这两个方法的参数相同。下面，我们移除该段落上的监听器：

```
> para.removeEventListener('click', paraHandler, false);
```

现在如果再次单击段落，就只会弹出 body、document 对象及 window 对象的单击事件窗，不再有针对该段落的弹出窗了。

下面，我们来阻断事件的传播。首先要定义一个以事件对象为参数的函数，并在函数内对该对象调用 stopPropagation()方法：

```
function paraHandler(e){
  alert('clicked paragraph');
  e.stopPropagation();
}
```

然后添加修改后的监听器：

```
para.addEventListener('click', paraHandler, false);
```

现在如果我们再单击段落，就会看到弹出窗只有一个了，因为该事件不会再被上冒泡传给 body、document 和 window 了。

要注意的是，如果我们要移除某个监听器，就必须获得之前那个指定为监听器函数的指针。否则，即便它们的函数体完全相同也无济于事，因为它们不是同一个函数。

```
document.body.removeEventListener('click',
  function(){
    alert('clicked body');
  },
false); // 未移除监听器
```

10.5.6 防止默认行为

在浏览器模型中，有些事件本身就存在一些预定义行为。例如，单击链接会导航至另一个页面。对此，我们可以为该链接设置监听器，并使用 `preventDefault()`方法禁用其默认行为。

下面，我们来麻烦一下我们的访客，让他们在每次单击链接之后，回答一个问题："Are you sure you want to follow this link?"。每当他们单击的是 **Cancel**（即 `confirm()`返回 `false`）时，`preventDefault()`方法就会被调用：

```
// 所有链接
var all_links = document.getElementsByTagName('a');
for (var i = 0; i < all_links.length; i++) {    // loop all links
  all_links[i].addEventListener(
    'click', // event type
    function(e){ // handler
      if (!confirm('Are you sure you want to follow this link?')){
        e.preventDefault();
      }
    },
    false    // 未使用捕获法
  );
}
```

需要注意的是，并不是所有事件的默认行为都是可禁用的。尽管大部分事件是可以的，但如果真的有必要确定一下，我们可以去检测事件对象的 `cancellable` 属性。

10.5.7 跨浏览器的事件监听器

正如我们所说过的，现在绝大部分的浏览器都已经完全实现了 DOM Level 1 标准。然而，事件方面的标准化是到 DOM Level 2 才完成的。这就导致了 IE9 以前的版本与其他现代浏览器在这方面的实现有不少的差异。

让我们再引入一个事件示例，该示例将会在控制台中返回被单击元素（即目标元素）的 nodeName 属性值：

```
document.addEventListener('click', function(e){
  console.log(e.target.nodeName);
}, false);
```

接下来，我们仔细看看 IE 的实现究竟有哪些不同之处。

- IE 中没有 addEventListener() 方法，但从 IE5 开始就提供了一个名为 attachEvent() 的等效方法。对于更早期的版本，我们就只能通过属性方法（例如 onclick 属性）来解决问题了。
- 对单击事件来说，使用 attachEvent() 就等同于使用 onclick 属性。
- 如果我们使用老式方法来进行事件监听（例如，通过将某个函数赋值给 onclick 属性），那么当该回调函数被调用时，它不会获得相关的事件参数。但只要我们设置了事件监听器，IE 中总会有一个全局对象 window.evnet 会指向该事件。
- 在 IE 的事件对象中，没有用于反映触发事件目标元素的 target 属性，但我们可以使用它的等效属性 srcElement。
- 正如之前所提到的，IE 不支持事件捕获法，只能对其使用冒泡法。
- IE 中没有 stopPropagation() 方法，我们可以通过将 IE-only 属性 cancelBubble 设置为 true 来完成相同的操作。
- IE 中没有 preventDefault() 方法，我们可以通过将 IE-only 属性 returnValue 设置为 false 来完成相同的操作。
- 对于事件的取消监听操作，IE 中使用的不是 removeEventListener() 方法，我们需要调用 detachEvent() 方法。

这样一来，我们就将原型的代码修改成跨浏览器版本了：

```
function callback(evt) {
  // 预备工作
  evt = evt || window.event;
  var target = evt.target || evt.srcElement;

  // 实际回调工作
```

```
  console.log(target.nodeName);
}

// 开始监听单击事件
if (document.addEventListener){ //  现代浏览器
  document.addEventListener('click', callback, false);
} else if (document.attachEvent){ // 旧版本 IE
  document.attachEvent('onclick', callback);
} else {
  document.onclick = callback; //早期
}
```

10.5.8 事件类型

现在，我们已经了解了如何处理跨浏览器事件，但至今为止所有的示例都是关于单击事件的。那么，除此之外还有哪些事件呢？你可能已经猜到了，不同的浏览器支持的事件也是不同的。其中一部分事件是跨浏览器的，而另一部分则是浏览器独有的。关于完整的事件列表，你需要查看相关浏览器的文档。在这里，我们只讨论跨浏览器事件的话题。

- 鼠标类事件。
  - 鼠标键的松开、按下、单击（按下并松开一次算单击一次）、双击。
  - 鼠标光标的悬停（指鼠标光标停留在某元素上方）、移出（指鼠标光标从某元素上方离开）、拖动。
- 键盘类事件。
  - 键盘键的按下、输入、松开（这 3 个事件是按顺序排列的）。
- 加载/窗口类事件。
  - 加载（图片、页面或其他组件完成加载操作）、卸载（指用户离开当前页面）、卸载之前（由脚本提供的、允许用户终止卸载的选项）。
  - 中止（指用户在 IE 中停止页面或图片加载）、错误（指在 IE 发生了 JavaScript 错误或图片加载失败）。
  - 调整大小（指浏览器窗口大小被重置）、滚动（指页面进行了滚动操作）、上下文菜单（即右键菜单出现）。
- 表单类事件。
  - 获得焦点（指某字段获得输入）、失去焦点（指离开该字段）。

- 改变（指改变某字段的值后离开）、选中（指某文本字段中的文本被选中）。
- 重置（指擦除用户输入的所有信息）、提交（指发送表单）。

另外，现代浏览器还提供拖动事件（例如 `dragstart`，`dragend`，`drop` 等）。触控设备也会有 `touchstart`、`touchmove`、`touchend` 事件等。

到这里，有关事件的内容就讨论完了。请读者参考本章最后的练习题，选一些富有挑战性的题目来实际体验一下这些跨浏览器事件的处理操作。

10.6 XMLHttpRequest 对象

`XMLHttpRequest()`是一个用于发送 HTTP 请求的 JavaScript 对象（构造器）。从历史上来说，XMLHttpRequest（简称 XHR）最初在 IE 浏览器中是以 ActiveX 对象的形式被引入的。但正式实现该对象则始于 IE7，那时候它也只是该浏览器中的一个本地对象，后来逐渐被其他浏览器所接受，并形成了一种通用的跨浏览器实现，这就是所谓的 Ajax 应用。这种应用模式可以使我们无须每次都通过刷新整个页面来获取新内容。我们可以利用 JavaScript 将相关的 HTTP 请求发送给服务器端，然后根据服务器端的响应来更新部分页面。总而言之，通过这种方式构建出来的页面在许多响应方式上会更类似于桌面应用。

实际上，Ajax 就是在 JavaScript 和 XML 之间所建立的一种异步联系。

- 之所以是异步，是因为我们的代码在发送 HTTP 请求之后，不需要特地停下来等待服务器响应，而可以继续执行其他任务，待相关信息到达时自然会收到通知（通常以事件的形式出现）。
- JavaScript——它的作用很明显，XHR 对象就是用 JavaScript 创建的。
- 至于用 XML，则是因为开发者最初设计这种 HTTP 请求就是用来获取 XML 文档并用其中的数据来更新页面的。但是如今这种做法已经不太常见了，这种方式更多地用来获取纯文本格式的数据、JSON 格式的数据，或只是一段等待被插入页面的 HTML 数据。

关于 XMLHttpRequest 对象的用法，主要可以分为以下两个有效步骤。

- 发送请求——在这一步骤中，我们需要完成 XMLHttpRequest 对象的创建，并为其设置事件监听器。

- 处理响应——在这一步骤中，事件监听器会在服务器的响应信息到达时收到通知，然后相应的代码就会被执行。

10.6.1 发送请求

首先，我们来简单地创建一个对象（对于不同的浏览器，可能在细节上会略有不同）：

```
var xhr = new XMLHttpRequest();
```

接下来要做的就是为该对象设置一个能触发 readystatechange 事件的事件监听器：

```
xhr.onreadystatechange = myCallback;
```

然后，我们需要调用其 open() 方法，具体如下：

```
xhr.open('GET', 'somefile.txt', true);
```

如你所见，第一个参数指定 HTTP 请求的类型（包括 GET、POST、HEAD 等）。GET 和 POST 是其中最常见的类型。当需要发送的数据不是很多，且不会改写服务器数据时，我们一般会用 GET 类型，否则就会用 POST 类型。而第二个参数则是我们所请求目标的 URL。在这个示例中，我们所请求的是一个与当前页面处于同一目录的文本文件 somefile.txt。最后一个参数是一个布尔类型的值，它决定请求是否按照异步的方式进行：是就为 true（大多数情况下都为此选项），否就为 false（此选项会阻塞 JavaScript 执行，一直等到该请求的返回数据到来）。

最后是发送请求：

```
xhr.send('');
```

另外只要我们愿意，就可以用 send() 方法在发送请求时附带任何数据。对于 GET 类请求，这里所发送的是一个空字符串。因为数据将被包含在 URL 中。而对于 POST 请求，它是表单数据中的一个查询字符串 key=value&key2=value2。

这样一来，请求被发送之后，我们的代码（以及用户）就可以将注意力转向其他任务了。待它收到服务器端响应时，会自动启动回调函数 myCallback。

10.6.2 处理响应

我们已经为 readystatechange 事件设置了监听器，那么这个事件究竟是怎么回事呢？

原来，每个 XHR 对象中都有一个叫作 readyState 的属性。一旦我们改变了该属性的值，就会触发 readystatechange 事件。该属性可能的状态值如下：

- 0——未初始化状态；
- 1——加载请求状态；
- 2——加载完成状态；
- 3——请求交互状态；
- 4——请求完成状态。

当 readyState 的值为 4 时，意味着服务器端的响应信息已经返回，可以开始处理了。在 myCallback 函数中，除了确定 readyState 的值是 4，我们还必须检查一下 HTTP 请求的状态码。因为如果目标 URL 实际上不存在，我们就会收到一个值为 404 的状态码（表示未找到文件），正常情况下该值应该为 200。因此，myCallback 有必要对该值进行检查，该状态码可以通过 XHR 对象的 status 属性来获得。

一旦确定了 xhr.readyState 的值为 4 并且 xhr.status 的值为 200，我们就可以通过 xhr.responseText 来访问目标 URL 中的内容了。下面，我们看看如何在 myCallback 中用简单的 alert()方法来显示目标 URL 中的内容：

```
function myCallback() {

  if (xhr.readyState < 4) {
    return; // 未准备好
  }
  if (xhr.status !== 200) {
    alert('Error!'); // HTTP 状态码异常
    return;
  }

  // 正常，开始工作
  alert(xhr.responseText);
```

```
}
```

一旦我们获得了所请求的内容，就可以将其添加到页面中，或者用于某些计算以及其他我们能想到的地方。

总而言之，这两个处理步骤（发送请求、处理响应）是整个 XHR/Ajax 编程方式的核心部分。现在我们已经基本掌握了，可以去构建下一个 Gmail 了。哦，对了，我们还得介绍一些浏览器之间细微的不一致之处。

10.6.3 在早于 IE7 的版本中创建 XMLHttpRequest 对象

在早于版本 IE7 的浏览器中，XMLHttpRequest 对象是以 ActiveX 对象的形式存在的，因此创建 XHR 实例的方式会有些小小的不同，具体如下：

```
var xhr = new ActiveXObject('MSXML2.XMLHTTP.3.0');
```

其中，`MSXML2.XMLHTTP.3.0` 是我们所要创建对象的标识符。因为实际上，XMLHttpRequest 对象有几个不同的版本，如果访问我们网页的客户没有安装最新的版本，在放弃他们之前，或许你应该试试前两个版本。

对于一个完整的跨浏览器解决方案，我们应该首先对用户浏览器所支持的 XMLHttpRequest 对象进行检查，如果该浏览器中没有这个对象，我们就得使用 IE 方案。因此，整个创建 XHR 实例的过程应该像这样：

```
var ids = ['MSXML2.XMLHTTP.3.0',
       'MSXML2.XMLHTTP',
       'Microsoft.XMLHTTP'];
var xhr;
if (XMLHttpRequest) {
  xhr = new XMLHttpRequest();
} else {
  //IE:试图找到 Active X 对象来使用
  for (var i = 0; i < ids.length; i++) {
    try {
      xhr = new ActiveXObject(ids[i]);
      break;
    } catch (e){}
  }
}
```

下面来看看这段代码究竟完成了哪些工作。首先，数组 `ids` 是一个包含了所有可能的 ActiveX 对象的 ID 列表。变量 `xhr` 指向新建的 XHR 对象。然后，我们的代码会先测试一下 `XMLHttpRequest` 对象，看看它是否存在。如果是，就意味着当前浏览器支持 `XMLHttpRequest()` 构造器（也就是说，该浏览器是较为现代的浏览器）；如果否，那么代码就得通过遍历 `ids` 中的可能项来尝试创建对象。`catch(e)` 则可以捕获其中创建失败的项目并使循环继续。如此，只要有一个 XHR 对象被成功创建，我们就可以提前退出循环。

如你所见，这段代码有点长，所以最好还是将其抽象成一个函数。实际上，在本章后面的练习题中就有一题要求我们创建属于我们自己的 Ajax 工具集。

10.6.4 A 代表异步

现在，我们已经了解了如何创建一个 XHR 对象，即只需给它一个既定的 URL，然后处理相关的请求响应。但如果我们异步发送了两个请求会发生什么呢？或者说，如果第二个请求的响应先于第一个请求的返回会发生什么呢？

在前面的例子中，XHR 对象都是属于全局域的，`myCallback` 要根据这个全局对象的存在状态来访问它的 `readyState`、`status` 和 `responseText` 属性。除此之外还有一种方法，可以让我们摆脱对全局对象的依赖，那就是将我们的回调函数封装到一个闭包中。下面我们来看看具体如何实现：

```
var xhr = new XMLHttpRequest();

xhr.onreadystatechange = (function(myxhr){
  return function(){
    myCallback(myxhr);
  };
}(xhr));

xhr.open('GET', 'somefile.txt', true);
xhr.send('');
```

在这种情况下，`myCallback` 将会以参数的形式接收相关的 XHR 对象，这就避免了使用全局空间。同时，这也意味着当该请求再次获得响应信息时，原来的 `xhr` 变量就可以被第二次请求复用了，因为我们在闭包内保留了该对象的原有信息。

10.6.5 X 代表 XML

尽管作为数据传输格式，最近 JSON（我们会在第 11 章中介绍）在风头上已经盖过了 XML，但 XML 仍然是我们的一个选择。除了 `responseText` 属性，XHR 对象还有另一个称为 `responseXML` 的属性。如果我们向一个 XML 文档发送一个 HTTP 请求，该属性就会指向该 XML 文档的 DOM document 对象。因此，对于该文档的操作，我们可以对它调用之前所讨论的 Core DOM 方法，例如 `getElementsByTagName()`、`getElementById()`等。

10.6.6 示例

下面，让我们通过一个具体的示例来总结一下关于 XHR 对象的各种话题。你也可以在 `****://***.phpied.***/files/jsoop/xhr.html` 中找到相关页面，并测试该示例中的操作。

该主页 `xhr.html` 是一个非常简单的静态页面，其中只含有 3 个`<div>`标签：

```
<div id="text">Text will be here</div>
<div id="html">HTML will be here</div>
<div id="xml">XML will be here</div>
```

然后，我们在控制台中输入相关代码，向 3 个文件发送请求，并将它们各自的内容加载到相关的`<div>`中。

这 3 个文件所加载的具体内容如下。

- `content.txt`——一个简单的文本文件，文本为 `I am a text file`。
- `content.html`——包含一段 HTML 代码，内容如下：

```
"I am <strong>formatted</strong> <em>HTML</em>"
```

- `content.xml`——一个 XML 文档，内容如下：

```
<?xml version="1.0" ?>
<root>
    I'm XML data.
</root>
```

要注意的是，上面所提到的所有文件都与 `xhr.html` 存在于同一个目录中。

出于安全因素，我们只能对同一个域使用 XMLHttp-Request 请求文件。然而，现代浏览器也支持 XHR2，它支持跨域请求，前提是 HTTP 请求有合适的 Access- Control-Allow-Origin 头信息。

我们先来提取请求/响应部分的功能，创建函数如下：

```
function request(url, callback) {
  var xhr = new XMLHttpRequest();
  xhr.onreadystatechange = (function (myxhr) {
    return function () {
      if (myxhr.readyState === 4 && myxhr.status === 200) {
        callback(myxhr);
      }
    };
  }(xhr));
  xhr.open('GET', url, true);
  xhr.send('');
}
```

该函数接收两个参数，一个是我们所请求的 URL，另一个则是响应返回后所要调用的回调函数。接下来，我们要调用 3 次该函数，每个文件调用一次，具体如下：

```
request(
  '****://www.phpied.***/files/jsoop/content.txt',
  function(o){
    document.getElementById('text').innerHTML =
      o.responseText;
  }
);
request(
  '****://www.phpied.***/files/jsoop/content.html',
  function(o){
    document.getElementById('html').innerHTML =
      o.responseText;
  }
);
request(
```

```
    '****://www.phpied.***/files/jsoop/content.xml',
    function(o){
      document.getElementById('xml').innerHTML =
        o.responseXML
         .getElementsByTagName('root')[0]
         .firstChild
         .nodeValue;
      }
    );
```

在这里，回调函数都是以内联的方式来定义的。前两个函数的实现很类似，它们都只需用其所请求文件中的内容替换相关<div>中的 HTML 文本。第三个函数则略有不同，因为它涉及一个 XML 文档。首先，我们需要通过 o.responseXML 调用来访问该 XML 文档的 DOM 对象。然后调用 getElementsByTagName()获取页面中所有<root>标签的列表（实际上只有一项）。<root>标签的 firstChild 是一个文本节点，所以我们用其 nodeValue 属性来获取这段文本（即 I'm XML data），并用它替换<div id="xml">中的 HTML 内容。整体效果如图 10-14 所示。

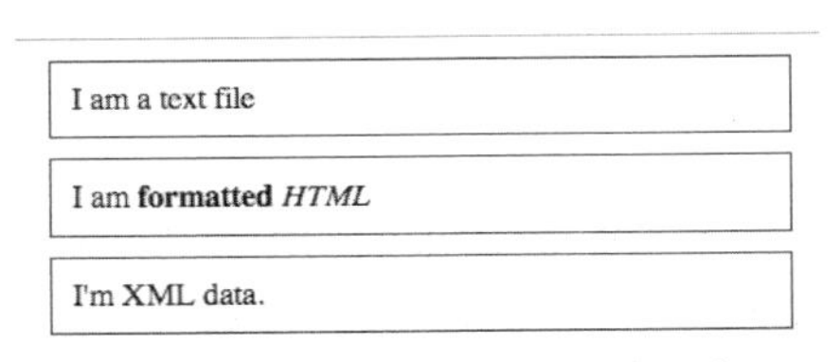

图 10-14

对于 XML 文档上的操作，我们也可以通过调用 o.responseXML.documentElement 来获取<root>元素，以取代 o.responseXML.getElementsByTagName('root')[0]。记住，documentElement 所指向的就是一个 XML 文档的根节点。对于 HTML 文档，它的根节点始终都是<html>标签。

10.7 练习题

在本章之前，我们的练习题都是可以在各自章节的正文中找到解决方案的。但这一次，你会发现有些练习题需要我们对本书以外的内容有更多的了解（或实践经验）。

（1）BOM。

作为 BOM 的练习，我们可以试着写出许多错误的、富有干扰性的、对用户非常不友好的代码，以及所有具有 Web 1.0 特性的东西，例如晃动的浏览器窗口。请试着令浏览器弹出一个 200 × 200 的窗口，然后将其大小渐变成 400 × 400，接着将窗口上下左右不停移动，造成地震效果。为了实现这种效果，我们需要 `move*()` 函数，其中需要一次或多次调用 `setInterval()`，最后可能还需要使用 `setTimeout()` 及 `clearInterval()` 来令其停止操作。或者我们可以更简单一些，将当前日期/时间通过 `document.title` 实时显示在浏览器的标题栏中，并像钟表一样每秒更新一次。

（2）DOM。

- 换一种不同的方式来实现 `walkDOM()` 方法，以回调函数参数的形式来代替 `console.log()` 硬编码。
- 使用 `innerHTML` 来移除相关内容确实很方便（即 `document.body.innerHTML = " "`），但未必总是最好的选择。如果在其中有元素被设置了事件监听器，那么当该元素被移除时，IE 并不会解除该元素与监听器之间的关联。这就有可能会导致浏览器中内存泄漏，因为它们所引用的内容已经不存在了。因此，请你实现一个通用的移除 DOM 节点的函数，它会在移除节点的同时移除相关的事件监听器。你可以遍历目标节点的属性，检查这些属性值是否属于函数类型，如果是（如最常见的 `onclick` 属性），你就需要在该元素节点被删除之前将该属性设置为 `null`。
- 创建一个叫作 `include()` 的函数，该函数可以按需将外部脚本引入当前页面。你可以首先动态创建一个新的`<script>`标签，然后设置其 `src` 属性，再将它插入到`<head>`标签末端。该函数应通过如下测试：

```
> include('somescript.js');
```

（3）事件。

创建一个叫作 `myevent` 的跨浏览器事件工具集（或对象集），其中应该包含以下方法。

- `addListener(element, event_name, callback)`，其中的 `element` 参数也可以是一个元素数组。
- `removeListener(element, event_name, callback)`。
- `getEvent(event)`，对于 IE 的早期版本，我们可以通过检查 `window.event`

属性来实现。

◆ getTarget(event)。

◆ stopPropagation(event)。

◆ preventDefault(event)。

其用例如下：

```
function myCallback(e) {
  e = myevent.getEvent(e);
  alert(myevent.getTarget(e).href);
  myevent.stopPropagation(e);
  myevent.preventDefault(e);
}
myevent.addListener(document.links, 'click', myCallback);
```

执行这段示例代码应该会使该文档中所有的链接失效。但是，它们在被单击时会弹出一个 alert() 窗口，以显示其 href 属性。

创建一个以像素定位的<div>元素，坐标为 x = 100px，y = 100px。然后编写代码使<div>元素能按照按键 J（左）、K（右）、M（下）、I（上）或对应方向键的操作方式在页面中移动。并且，在编写过程中可以复用你刚刚实现的事件工具集。

（4）XMLHttpRequest 对象。

创建一个名为 ajax 的 XHR 工具集（或对象集），其示例用法如下：

```
function myCallback(xhr) {
  alert(xhr.responseText);
}
ajax.request('somefile.txt', 'get', myCallback);
ajax.request('script.php', 'post', myCallback,
             'first=John&last=Smith');
```

10.8 小结

本章所涉及的内容相当多。首先，我们介绍了一系列跨浏览器的 BOM（浏览器对象模型）对象，其中主要包括：

◆ 全局对象 window 的系列属性，如 navigator、location、history、frames、

screen 等；

- 对应的方法，如 setInterval()和 setTimeout()；alert()、confirm()和 prompt()；moveTo/By()和 resizeTo/By()。

然后，我们介绍了有关 DOM（文件对象模型）的内容，这是一个以树结构来表示 HTML（或 XML）文档的方法，其中的每一个标签或文本都是该树结构上的节点。我们详细介绍了以下几点。

- 节点访问。
  - 通过 parentNode、childNodes、firstChild、lastChild、nextSibling、previousSibling 这些带有父/子关联性的属性来访问。
  - 通过 getElementsById()、getElementsByTagName()、getElementsByName()及 querySelectorAll()等方法来访问。
- 节点修改。
  - 通过 innerHTML 或 innerText/textContent 属性来进行。
  - 通过 nodeValue 或 setAttribute()以及对象属性中的相关属性来进行。
- 通过 removeChild()或 replaceChild()来移除节点。
- 通过 appendChild()、cloneNode()、insertBefore()等方法来添加新节点。

另外，我们还介绍了一些从 DOM 0（这是正式标准化之前的产物）中移植到 DOM Level 1 中的属性，包括以下几部分。

- 一系列集合对象，如 document 对象的 forms、images、links、anchors 以及 applets。但相对来说，DOM 1 中的 getElementsByTagName()显然更为灵活实用。
- document.body，这是一种能方便访问<body>元素的特定属性。
- document 中的 title、cookie、referrer、domain 四大特殊属性。

接着，我们介绍了浏览器事件的传播方式。尽管它们要实现跨浏览器模式并不容易，但也是有可能的。由于事件是以冒泡形式传播的，因此我们可以将监听任务设置得更全局化。另外，我们还介绍了如何阻断事件的传播路径，以及如何改变其默认行为。

最后，我们还学习了有关 XMLHttpRequest 对象的知识，该对象也允许我们构建具有即时响应能力的 Web 页面，主要分为两个步骤。

- ◆ 首先，向服务器发送 HTTP 请求，以获得相关数据。
- ◆ 然后，处理服务器的响应信息，并更新页面中的相关部分。

第 11 章 编程模式与设计模式

到目前为止，我们已经掌握了 JavaScript 的面向对象特性，如原型和继承，并且接触了一些使用浏览器对象的示例。接下来，我们将介绍一些 JavaScript 中的常用模式及其使用方法。

首先，什么是模式？简单地说，模式就是专门为某些常见问题开发的优秀的解决方案。

通常，当我们面对一个新的编程问题时，往往会发现眼前的这个问题与我们之前解决过的某个问题有很多相似之处。这时候，你或许就可以考虑将这些问题抽象归类，以寻求一个通用性的解决方案。而所谓模式，实际上就是一系列经过实践证明的、针对某类问题的、具有可复用性的解决方案（或者是寻求解决方案的方法）。

有时候，模式仅仅是一个用于帮助我们思考的想法或名字。例如，当你与团队中其他开发人员讨论某类问题或方案时，模式可以被当作一个术语来使用，以使交流变得更容易一些。

而有时候我们所面对的问题可能更特殊一些，以至于根本找不到任何适用的模式。这时候，切忌盲目使用模式，生搬硬套在任何时候都不是一个好主意，因为在这种情况下，往往不使用模式要比为了套用某个现有模式而强行改变问题本身要好得多。

在本章中，我们将讨论的模式主要分为两大类：

- 编程模式（coding pattern）——一些专门为 JavaScript 语言开发出的最佳实践方案；
- 设计模式（design pattern）——这些模式与具体语言无关，它们主要来自那本著名的、由“四人组”所著的《设计模式：可复用面向对象软件的基础》[①]一书。

11.1 编程模式

在本章的第一部分，我们首先要讨论一些与 JavaScript 语言特性密切相关的模式。其中有些模式主要用来组织代码（如命名空间模式），有些则与性能改善有关（如延迟定义和初始化时分支），还有些会涉及一些 JavaScript 语言缺失的特性（如私有属性）。总而言之，本节将讨论以下几种模式：

- 行为隔离；
- 命名空间；
- 初始化时分支；
- 延迟初始（惰性初始）；
- 配置对象；
- 私有变量和方法；
- 特权方法；
- 私有函数的公有化；
- 即时函数；
- 链式调用；
- JSON。

11.1.1 行为隔离

正如我们所知，一个 Web 页面通常有 3 个要素：

- 内容（HTML）；
- 外观（CSS）；
- 行为（JavaScript）。

---

① 《设计模式：可复用面向对象软件的基础》（*Design Patterns: Elements of Reusable Object-Oriented Software*）是软件工程领域有关软件设计的一本书，提出并总结了对于一些常见软件设计问题的标准解决方案，称为软件设计模式。该书作者为：Erich Gamma、Richard Helm、Ralph Johnson 和 John Vlissides，后以“四人组”（Gang of Four，GoF）著称。——译者注

1. 内容

HTML 所代表的是 Web 页面的内容，也就是文本。理想状况下，内容的 HTML 标签应该尽量精简，而又能恰到好处地描述内容的语义。例如`<ul>`和`<li>`标签可用于导航菜单，因为导航菜单只是一组链接。

通常情况下，内容（HTML）中是不应该包含格式化元素的。可视化格式之类的元素应该属于外观层的东西，通常交由 CSS 来实现，这意味着我们应该：

- 尽量避免在 HTML 标签中使用 style 属性；
- 不要使用与外观有关的 HTML 标签，如`<font>`；
- 尽量根据语义需要来选择标签，而不是去考虑浏览器会如何绘制它们。例如，开发人员有时候使用`<div>`标签，实际上不如使用`<p>`标签。同理，我们应该更多地使用`<strong>`和`<em>`而不是`<b>`和`<i>`，因为`<b>`和`<i>`更强调的是外观而不是语义。

2. 外观

要将外观与内容分开，有一个好方法就是对浏览器默认的绘制行为进行重新设置，例如使用 Yahoo！UI 库中的 `reset.css`。这样一来，浏览器默认的绘制方式就不会影响我们对语义标签的选择了。

3. 行为

Web 页面的第三要素是行为。行为也应该做到与内容及外观分离。行为通常是由 JavaScript 负责定义的，且只由`<script>`标签来标记。这些脚本代码最好被存放在外部文件中。这意味着我们使用的不是类似于 `onclick`、`onmouseover` 这样的内联属性，而是利用之前介绍过的 `addEventListener/attachEvent` 方法来进行事件定义。

关于行为与内容的隔离，我们通常有以下几条原则性策略。

- 尽可能少用`<script>`标签。
- 尽量不要使用内联事件的处理方法。
- 尽量不要使用 CSS 表达式。
- 在内容末尾、`<body>`标签之前，插入一个 `external.js` 文件。

行为隔离示例

下面，假设我们有一个搜索表单，该表单中的内容需要通过 JavaScript 来验证。在这里，我们没有在 form 标签内使用任何 JavaScript 代码，而只是在<body>标签结束之前插入一个<script>标签，并令其指向一个外部脚本文件：

```
<body>
  <form id="myform" method="post" action="server.php">
  <fieldset>
    <legend>Search</legend>
    <input
      name="search"
      id="search"
      type="text"
    />
    <input type="submit" />
    </fieldset>
  </form>
  <scriptsrc="behaviors.js"></script>
</body>
```

而在 behaviors.js 文件中，我们为提交事件设定了一个处理方法，用以检查输入文本框是否为空。若为空，则不提交表单。这样的设计会省却一次客户端与服务器端之间的通信，应用也会根据输入马上做出响应。

以下是 behaviors.js 的完整实现。在其中，我们用到了第 10 章练习题中所实现的 myevent 工具：

```
// 初始化
myevent.addListener('myform', 'submit', function(e){
  // 不需要进一步传播
  e = myevent.getEvent(e);
  myevent.stopPropagation(e);
  // 验证
  var el = document.getElementById('search');
  if (!el.value) { // too bad, field is empty
    myevent.preventDefault(e); // 防止表单提交
    alert('Please enter a search string');
  }
});
```

4. 异步的 JavaScript 代码加载

在这个例子中，我们注意到，<script>标签被放置在<body>元素的末尾。这么做是因为加载 JavaScript 代码的过程会阻塞页面 DOM 的构建，甚至在某些浏览器中，一些需要下载的组件也会被阻塞。将<script>移动到页面底部可以确保它不会形成阻塞，并且这段 JavaScript 代码被加载后只会增强这个基本功能已经完整的页面。

另一种防止外部 JavaScript 文件阻塞页面的方法是将它们异步加载。这么，我们就可以早一些开始加载它们。HTML5 为此提供了 defer 属性：

```
<script defer src="behaviors.js"></script>
```

遗憾的是，老式浏览器并不支持 defer 属性。但幸运的是，我们有另一种跨浏览器的方式来解决这一问题，并且这种方式对于新老浏览器都能接受。这种方式就是动态地创建 script 节点，然后将它插入 DOM。换句话说，我们需要使用一些内联 JavaScript 代码来加载外部 JavaScript 文件。这段代码可以放在文档的顶部，这样一来外部 JavaScript 文件就会早一些被加载：

```
...
<head>
<script>
(function () {
  var s = document.createElement('script');
  s.src = 'behaviors.js';
  document.getElementsByTagName('head')[0].appendChild(s);
}());
</script>
</head>
...
```

11.1.2 命名空间

为了减少命名冲突，我们通常都会尽量减少使用全局变量的机会。但这并不能从根本上解决问题，更好的办法是将变量和方法定义在不同的命名空间中。这种方法的实质就是只定义一个全局变量，并将其他变量和方法定义为该变量的属性。

1. 将对象用作命名空间

首先，我们来新建一个全局变量 MYAPP：

```
// 全局命名空间
var MYAPP = MYAPP || {};
```

然后，我们为MYAPP设置属性event，用它来代替第10章练习题中实现的myevent全局工具对象：

```
// 子对象
MYAPP.event = {};
```

将这些方法添加到event程序中：

```
// 对象及方法声明
MYAPP.event = {
  addListener: function(el, type, fn) {
    // ... 完成一些任务
  },
  removeListener: function(el, type, fn) {
    // ...
  },
  getEvent: function(e) {
    // ...
  }
  // ... 其他方法或属性
};
```

2. 命名空间中的构造器应用

我们也可以在命名空间中使用构造器函数。在本例中，DOM 工具本身就定义了一个Element构造器，通过它我们可以很方便地创建DOM元素：

```
MYAPP.dom = {};
MYAPP.dom.Element = function (type, properties) {
  var tmp = document.createElement(type);
  for (var i in properties) {
    if (properties.hasOwnProperty(i)) {
      tmp.setAttribute(i, properties[i]);
    }
  }
  return tmp;
};
```

同样，你也可以用Text构造器来创建文本节点：

```
MYAPP.dom.Text = function(txt){
  return document.createTextNode(txt);
};
```

然后使用该构造器在页面底部创建一个链接：

```
var link = new MYAPP.dom.Element('a',
  {href: 'http://phpied.com', target: '_blank'});
var text = new MYAPP.dom.Text('click me');
link.appendChild(text);
document.body.appendChild(link);
```

3. namespace()方法

我们可以实现一个名为 namespace 的工具方法来简化我们的工作。调用方法很简单：

```
MYAPP.namespace('dom.style');
```

其等价于：

```
MYAPP.dom = {};
MYAPP.dom.style = {};
```

下面，我们来看看这个 namespace()方法是如何实现的。首先，我们创建一个数组，用于存放由“.”分隔的输入字符串。然后将该数组中的每个元素都添加为全局对象的属性：

```
var MYAPP = {};
MYAPP.namespace = function (name) {
  var parts = name.split('.');
  var current = MYAPP;
  for (var i = 0; i < parts.length; i++) {
    if (!current[parts[i]]) {
      current[parts[i]] = {};
    }
    current = current[parts[i]];
  }
};
```

测试一下新的方法：

```
MYAPP.namespace('event');
MYAPP.namespace('dom.style');
```

上述代码等价于以下调用：

```
var MYAPP = {
  event: {},
  dom: {
    style: {}
  }
};
```

11.1.3 初始化时分支

我们在第10章提到过，不同的浏览器对于相同或相似的方法可能有不同的实现。这时，你需要依据当前的浏览器的支持方式来选择对应的执行分支。这类分支可能有很多，因而可能会减缓脚本执行速度。

但非要等到运行时才能分支吗？我们完全可以在加载脚本时，在模块初始化的过程中就将部分代码进行分支处理。这显然更有利于提高效率。利用JavaScript代码可以动态定义的特性，我们可以为不同的浏览器定制不同的实现方法。下面我们来看一个具体示例。

首先，我们定义一个命名空间并为event程序声明了一个占位符方法：

```
var MYAPP = {};
MYAPP.event = {
  addListener: null,
  removeListener: null
};
```

注意，此时无论是添加还是移除事件监听的方法都还没有被定义，它们将根据具体的浏览器特性探测的结果，被赋予不同的实现：

```
if (window.addEventListener) {
  MYAPP.event.addListener = function(el, type, fn) {
    el.addEventListener(type, fn, false);
  };
  MYAPP.event.removeListener = function(el, type, fn) {
    el.removeEventListener(type, fn, false);
  };
} else if (document.attachEvent){ // IE
  MYAPP.event.addListener = function(el, type, fn) {
    el.attachEvent('on' + type, fn);
  };
```

```
    MYAPP.event.removeListener = function(el, type, fn) {
      el.detachEvent('on' + type, fn);
    };
  } else { // 较老的浏览器
    MYAPP.event.addListener = function(el, type, fn) {
      el['on' + type] = fn;
    };
    MYAPP.event.removeListener = function(el, type) {
      el['on' + type] = null;
    };
  }
```

一旦上述脚本被执行，我们就定义了与浏览器特性相关的 addListener()和 removeListener()方法。因此，当它们再次被调用时，就不需要再探测浏览器特性了，脚本会执行得更快。

需要注意的是，在检查浏览器特性时，请尽量不要对一个特性做过多的假设。在上例中，我们就没有遵从这一原则。因为我们只检查了浏览器对 addEventListener 方法的支持，然后就直接定义了相应的 addListener()和 removeListener()方法。在这个例子中，我们合理地假设一个浏览器如果实现了 addEventListener()方法，那么它当然也会同时实现 removeEventListener()方法。但请想象一下，如果浏览器只实现了 stopPropagation()方法，却没有实现 preventDefault()方法，而我们又没有对它们分别检查，会导致什么后果呢？另外，我们很可能在发现 addEventListener()方法没有被定义后，想当然地认为这个浏览器肯定是低版本的 IE，结果又导致我们必须为 IE 浏览器编写专用的处理函数。请记住，这些代码可能会在目前 IE 中正常工作，但不等于在今后的版本中也这样。为了避免自定义函数在新版本浏览器被改写，我们应该单独检查每个可能会用到的浏览器特性，千万不要只做一些泛泛的假设。

11.1.4 惰性初始

惰性初始模式与上面的初始化分支模式很相似。不同之处在于，该模式下的分支只有在相关函数第一次被调用时才会发生，即只有函数被调用时，它才会以最佳实现改写自己。在初始化分支模式中，模块初始化时 if 分支必然会发生；而在惰性初始模式中，这可能根本就不会发生，因为某些函数可能永远不会被调用。同时，惰性初始模式也会使初始化过程更为轻量，因为不需要再做分支判断。

接下来，我们通过一个 addListener()方法的定义来演示一下这个模式。该方法将以泛型的方式来实现，即在它第一次被调用时，首先会检查浏览器支持的功能，然后为自己选择最合适的实现，最后调用自身以完成真正的事件添加。当下一次再调用该方法时，程序就会直接调用它选择的新方法而不再需要做分支判断。示例如下：

```
var MYAPP = {};
MYAPP.myevent = {
  addListener: function(el, type, fn){
    if (el.addEventListener) {
      MYAPP.myevent.addListener = function(el, type, fn) {
        el.addEventListener(type, fn, false);
      };
    } else if (el.attachEvent){
      MYAPP.myevent.addListener = function(el, type, fn) {
        el.attachEvent('on' + type, fn);
      };
    } else {
      MYAPP.myevent.addListener = function(el, type, fn) {
        el['on' + type] = fn;
      };
    }
    MYAPP.myevent.addListener(el, type, fn);
  }
};
```

11.1.5 配置对象

该模式往往适用于有很多个参数的函数或方法。但关于“很多”的理解，每个人可能都不一样，但一般来说，当一个函数的参数多于 3 个时，使用起来就多少会有些不太方便，因为我们不太容易记住这些参数的顺序，尤其是当其中还有默认参数的时候。

但我们可以用对象来替代多个参数。也就是说，让这些参数都成为某一个对象的属性。这在面对一些配置型参数时会显得尤为适合，因为它们中往往存在多个默认参数。简而言之，用单个对象来替代多个参数有以下几点优势。

- 不用考虑参数的顺序。
- 可以跳过某些参数的设置。
- 函数的扩展性更强，可以适应将来的扩展需要。
- 代码的可读性更好，因为在代码中我们看到的是配置对象的属性名。

下面，假设我们有一个 UI 组件的构造器，通过调用该构造器就可以创建美观的按钮。它的参数包括一段文本，即按钮的显示内容（<input>标签的 value 属性）和一个可默认的 type 参数。第一步，我们先从一个常规的按钮开始。代码如下：

```
// 创建按钮的构造器
MYAPP.dom.FancyButton = function (text, type) {
  var b = document.createElement('input');
  b.type = type || 'submit';
  b.value = text;
  return b;
};
```

该构造器很简单，只需传递给它一个字符串，然后就可以把新创建的按钮加入文档了：

```
document.body.appendChild(
  new MYAPP.dom.FancyButton('puuush')
);
```

到目前位置一切看起来都很好，但接下来，我们需要为按钮设置更多属性，如颜色和字体。这个构造器的定义最终就可能会变成这样：

```
MYAPP.dom.FancyButton =
  function(text, type, color, border, font) {
  // ...
}
```

这显然就不太方便了，例如当我们可能只想设置第三个和第五个参数，而跳过第二个和第四个参数时，就必须这样：

```
new MYAPP.dom.FancyButton(
  'puuush', null, 'white', null,'Arial');
```

这时候，更好的选择就是用一个配置对象参数来替代所有的参数配置。这样一来，函数定义看起来就可能是这样：

```
MYAPP.dom.FancyButton = function(text, conf) {
  var type = conf.type || 'submit';
  var font = conf.font || 'Verdana';
  // ...
};
```

其使用方法如下：

```
var config = {
```

```
    font: 'Arial, Verdana, sans-serif',
    color: 'white'
  };
  new MYAPP.dom.FancyButton('puuush', config);
```

另一个例子：

```
document.body.appendChild(
  new MYAPP.dom.FancyButton('dude', {color: 'red'})
);
```

如你所见，我们可以方便地设置部分参数，并可以随意改变参数设置的顺序。同时，由于我们是通过名字来设置参数的，因此代码也显得更易读、更友好。

这一优点同时也是此模式的一大缺点，它有可能导致此模式的滥用。设计者可能会以此为借口，不加甄别地乱添加参数，而其中某些参数不完全是默认的，某些又依赖其他参数。

作为经验法则，这些参数都应该是独立且可选的。如果在函数中，我们必须为这些参数的组合检查各种可能性（“呃，A 参数被设置了，但 A 参数只有在 B 参数被设置时才有效”），那么这种方法就可能导致函数体过于臃肿，难以维护与测试，因为其可能的组合太多了。

11.1.6 私有属性和方法

在 JavaScript 中，我们没有可以用于设置对象属性访问权限的修饰符。但一般编程语言通常有以下访问修饰符。

- public——对象的属性（或方法）可以被所有人访问。
- private——只有对象自己可以访问这些属性。
- protected——仅该对象或其继承者才能访问这些属性。

尽管 JavaScript 中没有特殊的语法来标记私有属性，但是根据第 3 章，我们可以在构造器中通过使用局部变量和函数的方式来实现类似的权限控制。

下面继续以 FancyButton 构造器为例，我们为它定义一个 styles 局部变量，用于表示所有的默认样式参数，并且定义一个 setStyles()的局部方法。该变量和方法对于构造器之外的代码是不可见的。下面，我们将演示 FancyButton 对象是如何使用这些局部的私有属性的：

```
var MYAPP = {};
MYAPP.dom = {};
MYAPP.dom.FancyButton = function(text, conf) {
  var styles = {
    font: 'Verdana',
    border: '1px solid black',
    color: 'black',
    background: 'grey'
  };
  function setStyles(b) {
    var i;
    for (i in styles) {
      if (styles.hasOwnProperty(i)) {
        b.style[i] = conf[i] || styles[i];
      }
    }
  }
  conf = conf || {};
  var b = document.createElement('input');
  b.type = conf.type || 'submit';
  b.value = text;
  setStyles(b);
  return b;
};
```

在这段代码中，`styles` 是一个私有属性，而 `setStyles()` 则是一个私有方法。构造器可以在内部调用它们（它们也可以访问构造器中的任何对象），但它们不能被外部代码所调用。

11.1.7 特权方法

特权方法（这个概念是由 Douglas Crockford 提出的）实际上只是一些普通的公有方法，但它们可以访问对象的私有方法或属性。它们就像一座桥梁，将私有特性以一种可控的方式暴露给外部使用者。

11.1.8 私有函数的公有化

假设我们定义了一个函数，但并不想让外部修改它，于是将其设为私有。但有时候我们又希望让某些外部代码能访问它，这该如何实现呢？解决方案是将这个私有函数赋值给一个公有属性。

下面，我们将_setStyle()和_getStyle()定义为私有函数，但同时又将它们分别赋值给公有函数 setStyle()和 getStyle()：

```
var MYAPP = {};
MYAPP.dom = (function(){
  var _setStyle = function(el, prop, value) {
    console.log('setStyle');
  };
  var _getStyle = function(el, prop) {
    console.log('getStyle');
  };
  return {
    setStyle: _setStyle,
    getStyle: _getStyle,
    yetAnother: _setStyle
  };
}());
```

在这种情况下，当 MYAPP.dom.setStyle()被调用时，_setStyle()也会被调用。我们也可以在外部覆写 setStyles()方法:

```
MYAPP.dom.setStyle = function(){alert('b');};
```

也就是说：

- MYAPP.dom.setStyle 指向的是新的函数；
- MYAPP.dom.yetAnother 仍然指向_setStyle()；
- _setStyle()随时可以被内部的代码调用。

当我们暴露私有函数与属性时，记住，对象（函数及数组也是对象）传递的方式为引用传递，所以对象可以从外部被修改。

11.1.9 即时函数

另一个保证全局命名空间不被污染的模式是，把代码封装在一个匿名函数中并立即调用。如此一来，该函数中的所有变量都是局部的（假设我们使用了 var 语句），并在函数返回时被销毁（前提是它们不属于闭包）。在本书第 3 章已经详细讨论过该模式。例如：

```
(function(){
  // 这里是代码
}());
```

该模式特别适用于加载某些脚本时所执行的一次性初始化任务。

即时函数也可用于创建和返回对象。如果我们创建对象的过程很复杂，并且需要做一些初始化工作，我们就可以把第一部分相关的初始化工作设置为一个即时函数，然后通过它来返回一个对象，该对象可以访问初始化部分定义的任何私有属性。例如：

```
var MYAPP = {};
MYAPP.dom = (function () {
  // initialization code...
  function _private() {
    // ...
  }
  return {
    getStyle: function (el, prop) {
      console.log('getStyle');
      _private();
    },
    setStyle: function (el, prop, value) {
      console.log('setStyle');
    }
  };
}());
```

11.1.10 模块

综合上述几个模式，我们可以获得一个新的模式，这个模式通常被称为模块模式。在编程中，模块的概念可以帮助我们管理代码片段与库并且在需要的时候引入它们，就像玩拼图游戏一样。

JavaScript 暂时还没有内建的模块机制。不过，未来可能会通过 export 与 import 关键字来声明模块。另外，CommonJS 也有一套模块声明规则，它通过 require() 函数和 exports 对象来声明与调用模块。

然而，ES6 支持模块。你可以在第 8 章中了解相关内容。

模块模式包括以下几个部分。

- 命名空间：用于减少模块之间的命名冲突。
- 即时函数：用于提供私有作用域以及初始化操作。
- 私有属性与方法。
- 作为返回值的对象：该对象作为模块提供公共 API。例如：

```
namespace('MYAPP.module.amazing');

MYAPP.module.amazing = (function () {

  // 依赖的短名
  var another = MYAPP.module.another;

  // 局部/私有变量
  var i, j;

  // 私有函数
  function hidden() {}

  // 公有 API
  return {
    hi: function () {
      return "hello";
    }
  };
}());
```

使用方式：

```
MYAPP.module.amazing.hi(); // "hello"
```

11.1.11 链式调用

通过链式调用模式，我们可以在单行代码中一次性调用多个方法，就好像它们被链接在了一起。当我们需要连续调用若干彼此相关的方法时，该模式会带来很大的方便。实际上，我们就是通过前一个方法的结果（即返回对象）来调用下一个方法的，因此不需要中间变量。

通常情况下，任何一个新建的构造器都能立即作用到某个 DOM 元素上去，例如在接下来的代码中，我们用构造器新建了一个<span>元素，然后将其添加到<body>元素中：

```
var obj = new MYAPP.dom.Element('span');
obj.setText('hello');
obj.setStyle('color', 'red');
obj.setStyle('font', 'Verdana');
document.body.appendChild(obj);
```

我们已经知道，构造器返回的是新建对象的 this 指针。同样，我们也可以让 setText()和 setStyle()方法返回 this，这样，我们就可以直接用这些方法所返回的实例来调用其他方法了，这就是所谓的链式调用：

```
var obj = new MYAPP.dom.Element('span');
obj.setText('hello')
   .setStyle('color', 'red')
   .setStyle('font', 'Verdana');
document.body.appendChild(obj);
```

实际上，我们甚至不需要定义 obj 变量，如果在新对象被添加到 DOM 树之后就不再需要访问它的话。那么我们可以这样写：

```
document.body.appendChild(
  new MYAPP.dom.Element('span')
    .setText('hello')
    .setStyle('color', 'red')
    .setStyle('font', 'Verdana')
);
```

此模式的缺点之一是，由于所有的调用都在同一行，一旦调用中出错，就会为调试带来一点困难。因为一般报错只会告诉我们在第几行，而我们无法从中得知错误出现在链式调用中的哪一环节。

11.1.12 JSON

在 11.1 节末尾，我们来简单介绍一下 JSON。从技术上说，JSON 本身不能算编程模式，但可以说，JSON 的使用确实是一种很有用的模式。

JSON 本身实际上是一种轻量级的数据交换格式。当使用 XMLHttpRequest()接收服务器端的数据时，通常使用的就是 JSON 而不是 XML。JSON 是 JavaScript Object Notation 的缩写，它除了使用极为方便，没有什么特别之处。JSON 格式由对象和数组标记的数据构成。下面是 JSON 字符串的一个例子——来自服务器响应的 XHR 请求：

```
{
  'name': 'Stoyan',
  'family': 'Stefanov',
  'books': ['OOJS', 'JSPatterns', 'JS4PHP']
}
```

与其相对应的 XML 应该如下：

```
<?xml version="1.1" encoding="iso-8859-1"?>
<response>
  <name>Stoyan</name>
  <family>Stefanov</family>
  <books>
    <book>OOJS</book>
    <book>JSPatterns</book>
    <book>JS4PHP</book>
  </books>
</response>
```

首先，我们可以看到 JSON 是如此轻量，它只用了很少的字节来表示数据。但使用 JSON 的最大好处是，JavaScript 可以很容易地处理它。假设我们发送了一个 XHR 请求并得到了一个 JSON 字符串，它保存在 XHR 的 `responseText` 属性中，然后，我们调用 `eval()` 将该字符串转换为 JavaScript 对象。例如：

```
// 警告：反例
var response = eval('(' + xhr.responseText + ')');
```

接着，我们就可以通过 `obj` 的属性来访问这些数据了：

```
Console.log(reponse.name); // "Stoyan"
Console.log (reponse.books[2]); // "JS4PHP"
```

由于 `eval()` 有安全隐患问题，因此最好使用 JSON 对象来处理 JSON 数据（对于没有 JSON 对象的老式浏览器，可以使用外部库），这样做也很方便：

```
var response = JSON.parse(xhr.responseText);
```

与此相反，若想将对象转换为 JSON 字符串，你可以采用 `stringify()` 方法：

```
var Str = JSON.stringify({hello:"you"});
```

正因为 JSON 简洁的特点，它很快成为一种流行的、与语言无关的数据交换格式。我们可以很容易地在服务器端使用喜欢的语言创建 JSON 对象，例如，可以用 PHP 提供的 `json_encode()` 方法将 PHP 数组序列化为 JSON 字符串，再用 `json_decode()` 方法还原 PHP 数组。

11.1.13 高阶函数

此前仅有个别编程语言对函数式编程有着比较完善的支持。随着越来越多的编程语言支持函数式编程的相关特性，这一概念也日趋流行起来。JavaScript 也逐步支持了一些函数式编程的基本特性。现在你也能够看到越来越多的应用这种风格的代码。所以即使你还没有准备好在实践中应用函数式编程，了解相关的概念也是十分有必要的。

高阶函数是函数式编程中比较重要的概念之一。高阶函数至少遵从下列特性中的一种：

- 其参数至少有一个为函数类型；
- 高阶函数的返回值也是一个函数。

函数是 JavaScript 中的一等对象。函数之间相互进行返回传递等是十分常见的操作。例如包含回调的函数就可以归结为高阶函数。接下来我们来了解一下如何利用上述这些概念进行实际的应用。

我们试着来编写一个 `filter` 函数。`filter` 函数根据传入其中的回调函数来筛选数组中的值。它接收的其中一个参数类型为函数，此函数返回布尔值来判断是否保留某个数组元素。

例如下面这个返回所有奇数的具体示例：

```
console.log([1, 2, 3, 4, 5].filter(function (ele) {
  return ele % 2 == 0;}));
//[2,4]
```

上述示例使用的是在 ECMAScript 5 中就已经出现的使用高阶函数的方法。这个示例是为了说明，在你使用 JavaScript 的过程中，你会不断见到类似的代码编写模式。你必须先了解高阶函数的功能，当你掌握了这一概念后，可以尝试在你的代码中应用。

ES6 带来的语法变化，让我们能够更加优雅地编写高阶函数。我们来看一个具体的对比 ES5 和 ES6 的示例：

```
function add(x) {
  return function (y) {
    return y + x;
  };
}
var add3 = add(3);
console.log(add3(3));      // => 6
console.log(add(9)(10));  // => 19
```

上述示例中的 add 方法接收 x 为参数，并返回一个以 y 为参数的函数，最终结果则是 y 与 x 的和。

此前我们已经讨论介绍了箭头函数的相关概念，箭头函数可以将一个独立的表达式作为其返回结果。同样，箭头函数也可以返回一个箭头函数，如此一来，上述的示例可以改写成：

```
const add = x => y => y + x;
```

此时，外部函数就是 x =>，而内部函数则是 y => y + x。

这部分介绍会对你掌握、了解高阶函数的相关概念有所帮助，同时也强调了它在 JavaScript 当中日趋增加的重要性。

11.2 设计模式

在本节中，我们将为你介绍如何使用 JavaScript 来演绎《设计模式：可复用面向对象软件的基础》一书中介绍的部分设计模式。该书很有影响力，该书的 4 位作者通常被称为 Book of Four、Gang of Four 或 GoF。这本书中所涉及的模式大致上可以分为 3 组。

- 创建型模式：涉及对象的创建（实例化）。
- 结构型模式：描述了如何组合对象以提供新的功能。
- 行为型模式：描述了对象之间如何通信。

GoF 一共介绍了 23 个模式，自此书发行以来，人们又发现了更多的模式。在本书中，我们只介绍其中的 4 个，并通过一些 JavaScript 的实现示例对其加以说明。记住，提到模式，我们更关注的是它们的接口及关系，而不是内部的实现细节。一旦你掌握了一种设计模式，实现起来很容易，尤其对于 JavaScript 这样的动态语言。

下面是我们将要介绍的模式：

- 单例模式；
- 工厂模式；
- 装饰器模式；
- 观察者模式。

11.2.1 单例模式 1

单例是一个创建型的设计模式，它主要考虑的是创建对象的方式。当我们需要创建一种类型或一个类的唯一对象时，就可以使用该模式。在一般的语言中，这意味着这一个类只能被创建一个实例对象，如果之后再尝试创建该对象的话，代码只会返回原来的实例。

但因为 JavaScript 本身没有类的概念，所以单例成为默认的也是最自然的模式。每个对象都是一个单例对象。

JavaScript 中最基本的单例模式实现是使用对象文本标识法，例如：

```
var single = {};
```

很简单，不是吗？

11.2.2 单例模式 2

但当我们想用类似于类的语法来实现单例模式时，事情就会变得更有趣一些。例如，假设我们有一个叫作 `Logger()` 的构造器，而我们想这样使用它：

```
var my_log = new Logger();
my_log.log('some event');

// ... 1000 行代码在不同的作用域中...

var other_log = new Logger();
other_log.log('some new event');
console.log(other_log === my_log); // true
```

这段代码所要表达的意思是，尽管这里多次使用了 `new`，但实际上所创建的对象实例始终只有一个，且后续的构造器调用过程中所返回的始终是这个对象。

1. 全局变量

解决方案之一是用全局变量来保存这个唯一的实例。在这种情况下，我们的构造器看起来像这样：

```
function Logger() {
  if (typeof global_log === "undefined") {
    global_log = this;
  }
  return global_log;
}
```

使用这个构造器将达到以下预期的结果：

```
var a = new Logger();
var b = new Logger();
console.log(a === b); // true
```

但这样做的缺陷也正是使用了全局变量，它在任何时候都有可能被覆写，从而导致实例丢失。反之亦然，全局变量也随时有可能覆写别的对象。

2. 构造器属性

正如我们所知道的，函数也是一种对象，其本身也有属性。因此，我们也可以将这个唯一的实例设置为构造器本身的属性。例如：

```
function Logger() {
  if (!Logger.single_instance) {
    Logger.single_instance = this;
  }
  return Logger.single_instance;
}
```

在这种情况下，当我们调用 `var a = new Logger()` 语句时，a 就会指向一个新建的 `Logger.single_instance` 属性。接下来如果我们再调用 `var b = new Logger()` 语句，得到的 b 将会指向同一个 `Logger.single_instance` 属性。这正是我们想要的结果。

上述方法显然解决了全局变量所带来的问题，因为没有全局变量被创建。它的唯一缺陷是 Logger 构造器的属性是公有的，因此它随时有可能会被覆写。如此一来这个唯一的实例可能会丢失或被修改。当然，我们也只能为之后那些搬起石头砸自己的脚的程序员提供保护到这一步了。毕竟，如果有人可以搅乱该单实例属性，也就一样可以搅乱 Logger 的构造器。

3. 使用私有属性

上述问题的解决方案是使用私有属性。我们已经知道如何使用闭包来保护一个变量，作为一个练习，请用此方法实现单例模式。

11.2.3 工厂模式

工厂模式也属于创建对象的创建型模式。当我们有多个相似的对象而又不知道应该先使用哪种时，就可以考虑使用工厂模式。在该模式下，代码将会根据具体的输入或其他既定规则，自行决定创建哪种类型的对象。

下面，假设我们有 3 个不同的构造器，它们所实现的功能是相似的。它们所创建的对象都将接收一个 URL 类型的参数，但处理细节稍有不同。例如，它们分别创建的是一个文本 DOM 节点、一个链接以及一个图像。例如：

```
var MYAPP = {};
MYAPP.dom = {};
MYAPP.dom.Text = function (url) {
  this.url = url;
  this.insert = function (where) {
    var txt = document.createTextNode(this.url);
    where.appendChild(txt);
  };
};

MYAPP.dom.Link = function (url) {
  this.url = url;
  this.insert = function (where) {
    var link = document.createElement('a');
    link.href = this.url;
    link.appendChild(document.createTextNode(this.url));
    where.appendChild(link);
  };
};

MYAPP.dom.Image = function (url) {
```

```
    this.url = url;
    this.insert = function (where) {
      var im = document.createElement('img');
      im.src = this.url;
      where.appendChild(im);
    };
  };
```

使用 3 个构造器的方法都一样：设置 url 属性并调用 insert() 方法。例如：

```
var url = 'http://www.phpied.com/images/covers/oojs.jpg';

var o = new MYAPP.dom.Image(url);
o.insert(document.body);

var o = new MYAPP.dom.Text(url);
o.insert(document.body);

var o = new MYAPP.dom.Link(url);
o.insert(document.body);
```

但我们预先并不知道应该创建哪一种类型的对象，例如，程序需要根据用户在运行时单击的按钮来决定对象的创建。假设 type 中包含了被创建对象的类型，我们可以用 if 或者 switch 语句编写如下代码：

```
var o;
if (type === 'Image') {
  o = new MYAPP.dom.Image(url);
}
if (type === 'Link') {
  o = new MYAPP.dom.Link(url);
}
if (type === 'Text') {
  o = new MYAPP.dom.Text(url);
}
o.url = 'http://...';
o.insert();
```

这段代码可以工作，但如果构造器很多，代码就会很长，难以维护。尤其当我们创建一个库或框架时，有可能根本不知道构造器函数的名字。这时候，就应该考虑将这种动态创建对象的操作委托给一个工厂函数。

下面，让我们来为 MYAPP.dom 工具添加一个工厂方法：

```
MYAPP.dom.factory = function(type, url) {
  return new MYAPP.dom[type](url);
};
```

然后我们就可以把上面的 3 个 if 替换了：

```
var image = MYAPP.dom.factory("Image", url);
image.insert(document.body);
```

在这个例子中，factory()方法是很简单的，但在实际使用中，我们可能需要对该函数的 type 参数值进行相关的验证（如检查 MYAPP.dom[type]是否存在），并且对所有的对象做一些相同的设置工作（如设置所有构造器共用的 URL）。

11.2.4 装饰器模式

装饰器模式是一种结构型模式，它与对象的创建无关，主要考虑的是如何拓展对象的功能。也就是说，除使用线性式（父一子一孙）继承方式之外，我们也可以为一个基础对象创建若干装饰器对象以拓展其功能。然后，由我们的程序自行选择不同的装饰器，并按不同的顺序使用它们。在不同的程序中我们可能会面临不同的需求，并从同样的装饰器集合中选择不同的子集。在下面的代码中，我们演示了装饰器模式的一种使用方法：

```
var obj = {
  doSomething: function () {
    console.log('sure, asap');
  }
  // ...
};
obj = obj.getDecorator('deco1');
obj = obj.getDecorator('deco13');
obj = obj.getDecorator('deco5');
obj.doSomething();
```

这个例子的开头使用了一个拥有 doSomething()方法的简单对象，接着，我们通过名字来选择不同的装饰器。这里的每一个装饰器都有一个 doSomething()方法，它会先调用前一个装饰器的 doSomething()方法，然后再执行自己特有的代码。每次添加一个装饰器时，我们都会覆写基础 obj。最后，选择完所有装饰器后，调用 doSomething()

方法，它会按顺序调用每个装饰器的 doSomething()方法。下面，我们再来看一个具体的示例。

11.2.5 装饰一棵圣诞树

下面来看一个装饰器模式的示例：装饰一棵圣诞树。首先我们来实现 decorate()方法：

```
var tree = {};
tree.decorate = function() {
  alert('Make sure the tree won\'t fall');
};
```

接着，再定义 getDecorator()方法，该方法用于添加额外的装饰器。装饰器被实现为构造器函数，且都继承自 tree 对象。例如：

```
tree.getDecorator = function(deco){
  tree[deco].prototype = this;
  return new tree[deco];
};
```

下面来创建第一个装饰器 RedBalls()，我们将它设为 tree 的一个属性（以保持全局命名空间的纯净）。RedBall 对象也提供了 decorate()方法，注意它先调用了父类的 decorate()方法。例如：

```
tree.RedBalls = function() {
  this.decorate = function() {
    this.RedBalls.prototype.decorate();
    alert('Put on some red balls');
  };
};
```

然后，我们用同样的方法来分别添加 BlueBalls()和 Angel()装饰器：

```
tree.BlueBalls = function() {
  this.decorate = function() {
    this.BlueBalls.prototype.decorate();
    alert('Add blue balls');
  };
};
tree.Angel = function() {
  this.decorate = function() {
    this.Angel.prototype.decorate();
```

```
    alert('An angel on the top');
  };
};
```

再把所有的装饰器都添加到基础对象中：

```
tree = tree.getDecorator('BlueBalls');
tree = tree.getDecorator('Angel');
tree = tree.getDecorator('RedBalls');
```

最后，运行 decorate()方法：

```
tree.decorate();
```

最终，当我们执行 decorate()方法时，将依次得到如下警告信息。

（1）Make sure the tree won't fall.

（2）Add blue balls.

（3）An angel on the top.

（4）Add some red balls.

由此可见，我们可以创建很多装饰器，然后按照需求选择和组合它们。

11.3 观察者模式

观察者模式（有时也称为发布—订阅模式）是一种行为型模式，主要用于处理不同对象之间的交互和通信问题。观察者模式中通常会包含以下两类对象。

- 一个或多个发布者对象：当有重要的事情发生时，它们会通知订阅者。
- 一个或多个订阅者对象：它们追随一个或多个发布者，监听它们的通知，并做出相应的反应。

对于观察者模式你可能很熟悉。看上去，观察者模式似乎与第 10 章中所讨论的浏览器事件很相似。确实如此，浏览器事件正是该模式的一个典型应用。浏览器是发布者：当一个事件（如 click）发生时，它会发出通知。事件订阅者会监听这类事件，并在事件发生时被通知。浏览器（发布者）为每个订阅者发送一个事件对象，但在我们自己的实现中，大可不必使用事件对象，而可以使用任何合适的数据类型。

通常来说，观察者模式可分为两类：推送和拉动。推送模式是由发布者负责将消息通知给各个订阅者。而拉动模式则要求订阅者主动跟踪发布者的状态变化。

下面，我们来看一个推送模式的示例。我们把与观察者相关的代码放到一个单独的对象中，然后以该对象为一个混合类，将它的功能加到发布者对象中。如此一来，任何一个对象都可以成为发布者，而任何一个功能型对象都可以成为订阅者。观察者对象中应该有如下属性和方法。

- 由回调函数构成的订阅者数组。
- 用于添加和删除订阅者的 addSubscriber()和 removeSubscriber()方法。
- publish()方法，接收并传递数据给订阅者。
- make()方法，将任意对象转变为一个发布者并为其添加上述方法。

以下是一个观察者对象的实现代码，其中包含了订阅相关的方法，并可以将任意对象转变为发布者的代码。

```
var observer = {
  addSubscriber: function (callback) {
    if (typeof callback === "function") {
      this.subscribers[this.subscribers.length] = callback;
    }
  },
  removeSubscriber: function (callback) {
    for (var i = 0; i < this.subscribers.length; i++) {
      if (this.subscribers[i] === callback) {
        delete this.subscribers[i];
      }
    }
  },
  publish: function (what) {
    for (var i = 0; i < this.subscribers.length; i++) {
      if (typeof this.subscribers[i] === 'function') {
        this.subscribers[i](what);
      }
    }
  },
  make: function (o) { // 将对象转变为发布者
    for (var i in this) {
      if (this.hasOwnProperty(i)) {
        o[i] = this[i];
        o.subscribers = [];
      }
```

```
      }
    }
  };
```

接下来，我们来创建订阅者。订阅者可以是任意对象，它们的唯一职责是在某些重要事件发生时调用 publish() 方法。下面是一个 blogger 对象，每当新博客准备好时，就会调用 publish() 方法。

```
var blogger = {
  writeBlogPost: function() {
    var content = 'Today is ' + new Date();
    this.publish(content);
  }
};
```

另有一个 la_times 对象，每当新一期的报刊出来时，就会调用 publish() 方法。

```
var la_times = {
  newIssue: function() {
    var paper = 'Martians have landed on Earth!';
    this.publish(paper);
  }
};
```

它们都很容易转变为发布者：

```
observer.make(blogger);
observer.make(la_times);
```

与此同时，我们准备两个简单对象 jack 和 jill：

```
var jack = {
  read: function(what) {
    console.log("I just read that " + what)
  }
};
var jill = {
  gossip: function(what) {
    console.log("You didn't hear it from me, but " + what)
  }
};
```

jack 和 jill 可以订阅 blogger 对象，只需提供事件发生时的回调函数。例如：

```
blogger.addSubscriber(jack.read);
blogger.addSubscriber(jill.gossip);
```

当 blogger 写了新的博客时会发生什么事呢？结果就是 jack 和 jill 会收到通知：

```
> blogger.writeBlogPost();
   I just read that Today is Fri Jan 04 2013 19:02:12 GMT-0800 (PST)
   You didn't hear it from me, but Today is Fri Jan 04 2013 19:02:12 GMT-0800
(PST)
```

任何时候 jill 都可以取消订阅。于是当博主写了另一篇博客时，jill 就不会再收到通知消息。例如：

```
> blogger.removeSubscriber(jill.gossip);
> blogger.writeBlogPost();
I just read that Today is Fri Jan 04 2013 19:03:29 GMT-0800 (PST)
```

jill 也可以订阅 LA Times，因为一个订阅者可以对应多个发布者：

```
> la_times.addSubscriber(jill.gossip);
```

如此，当 LA Times 发行新的期刊后，jill 就会收到通知并执行 jill.gossip() 方法：

```
> la_times.newIssue();
You didn't hear it from me, but Martians have landed on Earth!
```

11.4　小结

在本章中，我们学习了 JavaScript 语言中通用的一些编程模式，了解了如何使程序简洁、干净，运行得更快，以便能更好地与其他程序或库工作。然后我们讨论了如何实现《设计模式：可复用面向对象软件的基础》一书中介绍的部分设计模式。这些内容充分证明了，JavaScript 作为一门功能全面的语言，可以很容易地实现这些经典模式。设计模式是一个很广泛的主题，读者可以通过 JSPatterns 网站与其他用户进一步讨论 JavaScript 中的模式。第 12 章着重讨论测试与调试的方法。

第 12 章 测试与调试

在编写了越来越多的 JavaScript 应用之后，你就会逐渐意识到拥有一套完善的测试体系的重要性。事实上，不进行充分测试也是一种非常不好的习惯。你需要确保你代码中所有重要的部分：

- 已有的代码功能完善；
- 新增的代码不破坏已有的架构。

上述两点都非常重要。许多工程师只考虑到了第一点，他们会尽量让测试覆盖所有的代码。覆盖性测试最显著的优点是可以确保我们推送到生产环境中的代码没有任何报错。最大限度地测试代码的各个部分可以让我们对代码的质量有一个准确的把握。在这一点上不允许有任何的争辩或妥协。然而事实上，现在许多已经投入生产环境的代码在测试方面都做得远远不够。建立起一种将测试和代码放在同等重要的位置上的工程师文化非常重要。

第二点更加重要。维护已有的系统是一件非常艰难的工作。你需要维护的代码基本都是由别人甚至是已经解散的团队编写的。如此一来在修改时也就很容易造成各种错误甚至破坏已有的功能。即使是最优秀的工程师也可能会犯这类错误。当你面对一个庞大的代码库，却又没有相关测试来辅助的时候，你很容易会制造出 bug。这也会导致你无法顺利重构，发布延期，甚至埋藏下许多未知错误。

你会逐渐开始抵触对代码进行重构或者优化，因为你无法确定你的修改会造成什么潜在的破坏（因为没有测试用例来验证你的修改），随后就会陷入一个恶性循环。这就好像是一个造桥的建筑师在完工后说他无法保证桥的质量，也不知道桥什么时候会坍塌。这样讲可能有些危言耸听，但我真的见到过许多未经测试就部署生产的重要代码。这是一种非常冒险的行为。当你编写了足够的测试用例来覆盖你的大部分代码之后，一旦在修改时发生错误，你马上就能够进行准确定位，发生的一切问题也能够在你正式部署代码之前解决。

近些年来，测试驱动开发和自测代码模式越来越受到重视，尤其是它们在敏捷开发中的应用。目前已经有许多帮助你编写出健壮的代码的理论。在接下来的内容中，我们会集中介绍这些相关理论。我们会学习如何使用 JavaScript 编写良好的测试用例，如何使用调试工具等知识。曾经 JavaScript 由于缺乏相关工具很难进行测试，但如今现代化的工具已经解决了这一历史遗留问题。

12.1　单元测试

我们所说的测试用例，大部分是指单元测试（unit test）。需要注意的是，单元测试并不代表单独的函数。一个单元是指在逻辑上有着单独行为的功能性单元。这个单元应该可以通过某个公有的接口调用，并能独立进行测试。

因此，单元测试应具备如下功能：

- 测试单一逻辑函数；
- 不限制执行次序；
- 拥有独立的依赖及测试数据；
- 相同输入只会返回相同输出；
- 拥有良好的自释义性、可维护性和可读性。

Martin Fowler 提出了 Test Pyramid 策略。它要求我们编写尽量多的单元测试，最大限度地覆盖所有代码。接下来我们会讨论这一策略中的两个要点。

12.1.1　测试驱动开发

测试驱动开发（Test Driven Development，TDD）近些年来受到了越来越多的关注。这一概念最早是在一种极端的编程方法论中提出的。概括来讲就是在极短的开发循环中优先编写测试的一种开发模式，循环包含以下步骤。

（1）为每个代码单元编写测试用例。

（2）运行你编写好的所有测试来检验错误。现在当然会报错，因为你还没有编写任何业务代码。这一步是为了确保所有测试运行正常。

（3）编写能够通过对应测试用例的代码。此时你无须对代码进行优化、重构或者确保其完全正确。

（4）再次运行所有测试来检测错误，如果这一步顺利通过，你就能够确保新编写的代码没有破坏任何部分。

（5）重构你的代码并进行优化，确保考虑全面。

每当你需要添加新代码时请重复上述的步骤。在敏捷开发当中，这是一种非常精妙的策略。细分代码单元、符合测试用例是 TDD 成功的关键。

12.1.2 行为驱动测试

在应用 TDD 时，经常会遇到如何定义“正确”的问题。行为驱动测试（Behavior Driven Development，BDD）提供了一种更具普遍性的编写测试的方法。这一方法定义统一了业务逻辑和工程逻辑。

这里我们使用 Jasmine 作为编写 BDD 测试的框架。

下载 Jasmine，并对其解压缩之后，你会看到图 12-1 所示的目录结构。

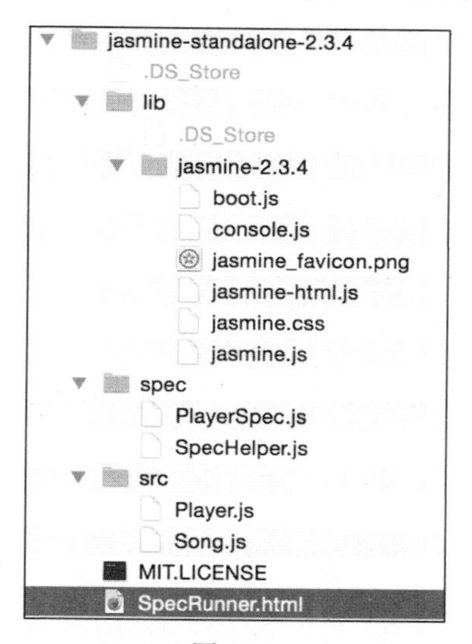

图 12-1

`lib` 文件夹下包含我们编写测试用例所需的依赖文件。如果你打开 `SpecRunner.html` 文件，就能够看到它引入的 JavaScipt 文件：

```
<script src="lib/jasmine-2.3.4/jasmine.js"></script>
 <script src="lib/jasmine-2.3.4/jasmine-html.js"></script>
```

```
<script src="lib/jasmine-2.3.4/boot.js"></script>

<!-- include source files here... -->
<script src="src/Player.js"></script>
<script src="src/Song.js"></script>
<!-- include spec files here... -->
<script src="spec/SpecHelper.js"></script>
<script src="spec/PlayerSpec.js"></script>
```

前三个是 Jasmine 本身的库文件。后续引入的则是我们需要测试的 JavaScript 代码。

让我们通过一个普通的示例来体验一下 Jasmine 的使用。首先在 src/目录下创建一个名为 bigfatjavascriptcode.js 的文件，并输入下面的代码：

```
function capitalizeName(name) {
  return name.toUpperCase();
}
```

上述示例是一个非常简单的具有单一功能的函数，它会返回传入参数的大写形式。根据之前介绍过的定义，我们可以称其为一个代码单元，接下来我们会以此函数为例编写多种情形下的测试。

接下来，我们先创建一个测试样例。首先在 spec/目录下新建一个名为 test.spec.js 的文件，之后将刚才创建的这两个文件都添加到 SpecRunner.html 文件中：

```
<script src="src/bigfatjavascriptcode.js"></script>
<script src="spec/test.spec.js"></script>
```

添加文件的顺序无关紧要。现在如果你尝试运行 SpecRunner.html 文件，就能够看到图 12-2 所示的内容。

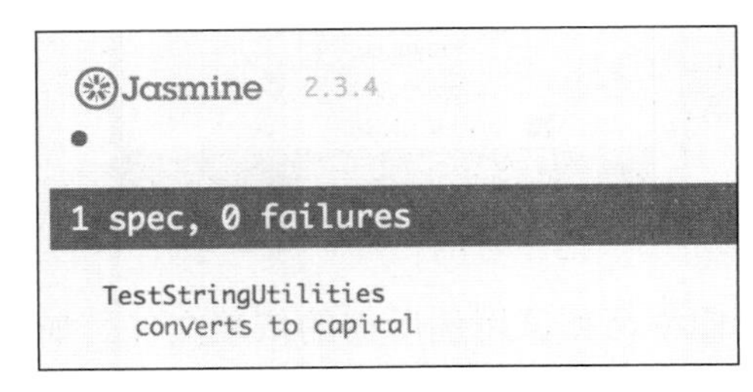

图 12-2

图 12-2 是 Jasmine 报告测试执行结果的展示。接下来，我们来编写一个测试。它可以检验我们的函数是否能够正常地处理 undefined 值：

```
it("can handle undefined", function () {
    var str = undefined;
    expect(capitalizeName(str)).toEqual(undefined);
});
```

当你再次运行 SpecRunner，就会看到图 12-3 所示的结果。

Jasmine 2.3.4
•×
2 specs, 1 failure
Spec List | Failures
TestStringUtilities can handle undefined
TypeError: name is undefined in file:///Users/8288/Downloads/jasmine-standalone-2.3.4/src/bigfatjavascriptcode.js (line 2)

图 12-3

在图 12-3 中，你能够看到具体的报错以及出错的位置。接下来，我们尝试改进函数来通过这个测试：

```
function capitalizeName(name) {
  if(name) {
    return name.toUpperCase();
  }
}
```

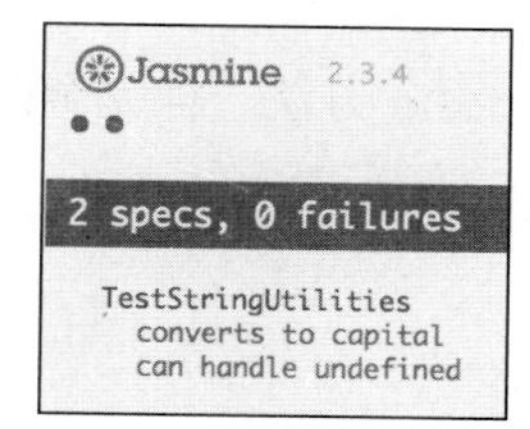

图 12-4

如此一来，刚才的测试用例就能够正常通过了。现在你能够看到图 12-4 所示的结果。

上述的整个示例基本上就是测试驱动开发的流程。你需要先编写测试，之后想办法让你的代码通过测试。接下来让我们详细了解一下 Jasmine 测试的结构。

我们的测试样例包含如下代码：

```
describe("TestStringUtilities", function () {
      it("converts to capital", function () {
          var str = "albert";
          expect(capitalizeName(str)).toEqual("ALBERT");
      });
      it("can handle undefined", function () {
          var str = undefined;
          expect(capitalizeName(str)).toEqual(undefined);
      });
```

```
});
```

开头的 describe("TestStringUtilities"表示一个测试集合。测试集合的名称应该准确描述我们要进行测试的代码单元，代码单元可以是一个或者一组具有相关功能的函数。在测试集合内部，你可以调用 Jasmine 的测试方法 it，你需要向该方法传入测试用例的标题和验证的条件逻辑。此方法可以用来编写具体的测试用例。你可以使用 expect 方法来编写判断语句。当一个测试用例中的所有判断都返回 true 时就代表着一个测试通过。在 describe 及 it 方法中可以使用任意的 JavaScript 代码。判断语句中可以使用各类判断条件，例如在上述示例中的 toEqual 就是判断两个值是否相等。Jasmine 中包含许多内置的判断条件，如下所列。

◆ toBe：一般用来进行两个对象之间的比较，可以当作严格相等的比较使用，例如：

```
var a = {value: 1};
var b = {value: 1};

expect(a).toEqual(b);    // 成功，相当于 == 比较
expect(b).toBe(b);       // 失败，相当于 === 比较
expect(a).toBe(a);       // 成功，相当于 === 比较
```

◆ not：not 可以插入在任意判断条件之前，返回相反的结果。例如 expect(1).not.toEqual(2);的判断结果与 toEqual()相反。

◆ toContain：用来判断数组中是否包含某个元素，它不像 toBe 方法一样完全匹配整个对象。例如：

```
expect([1, 2, 3]).toContain(3);
expect("astronomy is a science").toContain("science");
```

◆ toBeDefined 与 toBeUndefined：用来检测某个值是否为 undefined。

◆ toBeNull：用来检测某个值是否为 null。

◆ toBeGreaterThan 与 toBeLessThan：用来比较两个值的大小，也可以用于字符串的比较。例如：

```
expect(2).toBeGreaterThan(1);
expect(1).toBeLessThan(2);
expect("a").toBeLessThan("b");
```

Jasmine 还有一个叫作监视（spy）的特性。当你在开发一个庞大的系统时，你很难确保

系统的各个部分永远都是可用并正常运行的。除此之外，你也不希望你的测试因为一些依赖问题而变得不可用。所以在测试中，我们就需要通过 Mocking 来模拟一些依赖或者数据来确保测试正常进行。大部分测试框架都支持这类模拟功能，而 Jasmine 是通过一个叫作 Spy 的特性实现的。我们可以通它来模拟一些在测试时还没有实现的逻辑，例如下面这个例子：

```
describe("mocking configurator", function () {
  var cofigurator = null;
  var responseJSON = {};

  beforeEach(function () {
    configurator = {
      submitPOSTRequest: function (payload) {
        //This is a mock service that will eventually be replaced
        //by a real service
        console.log(payload);
        return {"status": "200"};
      }
    };
    spyOn(configurator, 'submitPOSTRequest').and.returnValue({
     "status": "200"});
    configurator.submitPOSTRequest({
       "port": "8000",
       "client-encoding": "UTF-8"
    });
  });

  it("the spy was called", function () {
    expect(configurator.submitPOSTRequest).toHaveBeenCalled();
  });

  it("the arguments of the spy's call are tracked", function () {
    expect(configurator.submitPOSTRequest).toHaveBeenCalledWith({
      "port": "8000","client-encoding": "UTF-8"});
  });
});
```

在上述示例中，我们编写了一个测试。然而我们已有的代码尚未支持 `configurator.submitPOSTRequest()` 这一方法，或许有人正在修复这一问题，但是，我们当前还无法获取它。因此我们在测试中需要模拟这一方法的实现。Jasmine 的监视特性允许用户用方法的模拟实现来替代方法并追踪它的执行。

在测试中，我们需要确保依赖方法的出现。等到真正的依赖准备就绪后，我们可以再重新对其进行测试。然而在此之前，我们只需要模拟它的运行。`tohaveBeenCalled()`可以用来追踪模拟方法的执行。我们也可以通过`toHaveBeenCalledWith()`方法来测试传入特定参数的函数执行。除此之外还有许多其他的使用情形，本章的介绍无法涵盖全部，读者可以自己进行尝试。

12.1.3 mocha、chai 以及 sinon

除了最出名的 Jasmine 测试框架，mocha 和 chai 也是在 Node.js 环境中非常流行的测试工具：

- mocha 是一个流行的测试框架；
- chai 是支持 mocha 的一个断言（assertion）库。
- sinon 是一个可以在测试中使用的 mock 工具。

本章中我们不会再对它们做过多详细的介绍，根据上文中 Jasmine 的相关使用体验，读者可以自行探索这些框架及工具。

12.2 调试 JavaScript

如果你不是一个编程新手，你一定或多或少地调试过自己或他人编写的代码。调试（debugging）很像是一种玄学。每种编程语言都有不同的调试方法，面临着各种挑战。JavaScript 曾经是一种难以调试的语言。最早的时候只能通过`alert()`方法来寻找代码中的错误。幸运的是，如今包括 Mozilla 的 Firefox 和 Google 的 Chrome 在内的现代浏览器都拥有非常完善的开发者工具（Developer Tools）来辅助进行浏览器中的 JavaScript 调试。另外诸如 IntelliJ IDEA 和 WebStorm 等 IDE 对 JavaScript 及 Nodejs.js 的调试也提供了非常完备的支持。接下来，我们将以 Chrome 内建的开发者工具为例对 JavaScript 的调试进行详细的介绍，FireFox 提供的 Firebug 等工具的使用也与之类似。

在我们介绍具体的调试技巧之前，先来了解一下 JavaScript 中的错误类型。

12.2.1 语法错误

当你的代码中出现与 JavaScript 语法不符的内容时，编译器会拒绝处理这部分内容。许多 IDE 都可以自动帮你检查这类错误。此前我们也介绍过 JSLint 及 JSHint 一类的代码风格检查工具。它们分析代码并展示对应的语法错误。例如 JSHint 可以输出非常详细的检查信息，它能够标出每一处错误的位置及错误原因：

```
temp git:(dev_branch) X jshint test.js
test.js: line 1, col 1, Use the function form of "use strict".
test.js: line 4, col 1, 'destructuring expression'
  is available in ES6 (use esnext option) or
  Mozilla JS extensions (use moz).
test.js: line 44, col 70, 'arrow function syntax (=>)'
  is only available in ES6 (use esnext option).
test.js: line 61, col 33, 'arrow function syntax (=>)'
  is only available in ES6 (use esnext option).
test.js: line 200, col 29, Expected ')' to match '(' from
  line 200 and instead saw ':'.
test.js: line 200, col 29, 'function closure expressions'
  is only available in Mozilla JavaScript extensions (use moz option).
test.js: line 200, col 37, Expected '}' to match '{' from
  line 36 and instead saw ')'.
test.js: line 200, col 39, Expected ')' and instead saw '{'.
test.js: line 200, col 40, Missing semicolon.
```

使用严格模式

之前我们介绍过严格模式。当严格模式启用后，出现语法错误时，JavaScript 会抛出异常，而不是简单地显示错误。它可以辅助你将一些编码时的错误转化成程序抛出的异常。使用严格模式的方法有两种，你可以在代码的第一行加入 `use strict` 声明来为整个程序启用严格模式，或者在某个函数中的第一行加入声明，在函数中启用严格模式：

```
function strictFn() {
  // 本行使整个程序处于严格模式下
  'use strict';
  ...
  function nestedStrictFn() {
    //本函数中的内容也是嵌套的
    ...
  }
}
```

12.2.2 运行时异常

这类错误是指执行代码时发生的错误。例如尝试获取一个 `undefined` 变量或者试图处理 `null` 时就会抛出异常。当某一行代码发生异常时，随后的所有代码都会停止执行。

所以我们必须妥善处理这些可能发生异常的部分，才能防止程序崩溃，同时也能方便调试。你可以通过 try{}方法来捕获这类异常，然后通过 catch(exception){}来处理异常，例如下面这个示例：

```
try {
  var a = doesnotexist; // 抛出一个运行时异常
} catch (e) {
  console.log(e.message); //处理异常
  //prints - "doesnotexist is not defined"
}
```

在上述示例中，代码 var a =doesnotexist 尝试获取一个尚未定义的变量 doesnotexist，因此造成了运行时异常。我们通过 try{}catch(){}方法包裹起了这段有问题的代码来处理发生的异常。执行过程中 try()代码块会停止运行并直接进入 catch()处理。catch()方法负责处理异常情形。此处我们通过控制台打印出了错误消息。你也可以在 try 方法中获取到主动抛出的错误消息，例如下面这个示例：

```
function engageGear(gear) {
  if (gear === "R") {console.log("Reversing");}
  if (gear === "D") {console.log("Driving");}
  if (gear === "N") {console.log("Neutral/Parking");}
  throw new Error("Invalid Gear State");
}
try
{
  engageGear("R");     //倒挡
  engageGear("P");     //无效的参数
}
catch (e) {
  console.log(e.message);
}
```

在上述示例中，我们通过代码模拟了机动车的换挡。此处只有 R、N、D 这 3 种有效的参数，除此之外的输入都会抛出异常。考虑函数执行时可能发生的异常情况，可以把代码包裹在 try{}块中，并附加一个 catch(){}处理程序。当异常被 catch()块捕获时，我们会根据实际情况来处理异常。

1. Console.log 与 asserts

在控制台中输出信息对调试非常有帮助。另外，开发者工具还允许你为代码设置断点来调试代码运行中的数据变化。通过查看控制台输出的变量的状态，你会很容易发现一些细小的错误。接下来，我们会介绍如何通过 Chrome 开发者工具来调试 JavaScript 代码。

2．Chrome 开发者工具

你可以通过单击 **menu→More tools→Developer Tools** 来启用 Chrome 开发者工具，如图 12-5 所示。

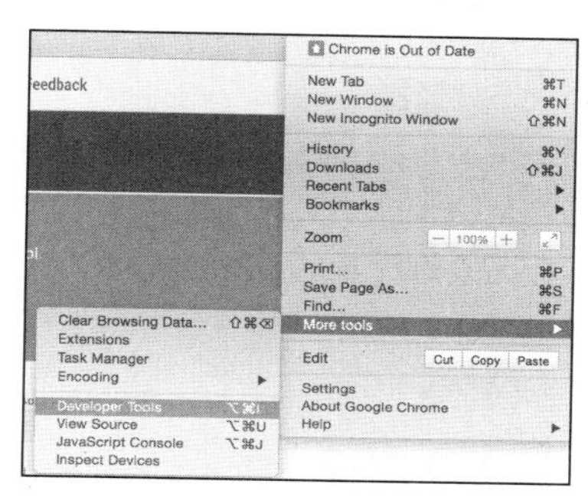

图 12-5

Chrome 开发者工具会在窗口中的一个单独面板中出现，该面板中有许多有用的选项，如图 12-6 所示。

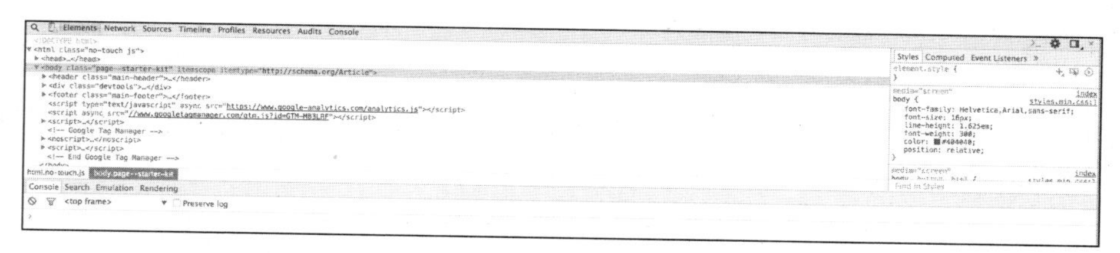

图 12-6

在 **Element** 选项卡中我们可以查看并检查当前页面的 DOM 以及样式。

在 **Network** 选项卡中我们可以进行各类网络请求相关的调试，例如，你可以实时监控某个资源在网络上的下载情况。

最重要的是 **Sources** 选项卡，在这里我们可以对 JavaScript 代码进行调试。我们先来创建一个简单的页面用作测试：

```
<!DOCTYPE html>
<html>
<head>
  <meta charset="utf-8">
  <title>This test</title>
```

```
    <script type="text/javascript">
    function engageGear(gear){
      if(gear==="R"){ console.log ("Reversing");}
      if(gear==="D"){ console.log ("Driving");}
      if(gear==="N"){ console.log ("Neutral/Parking");}
      throw new Error("Invalid Gear State");
    }
    try
    {
      engageGear("R");   //倒挡
      engageGear("P");   //无效的状态
    }
    catch(e){
      console.log(e.message);
    }
    </script>
  </head>
  <body>
  </body>
  </html>
```

将上述代码保存为 HTML 文件并在 Chrome 中打开。随后打开开发者工具，你就能够看到图 12-7 所示的内容。

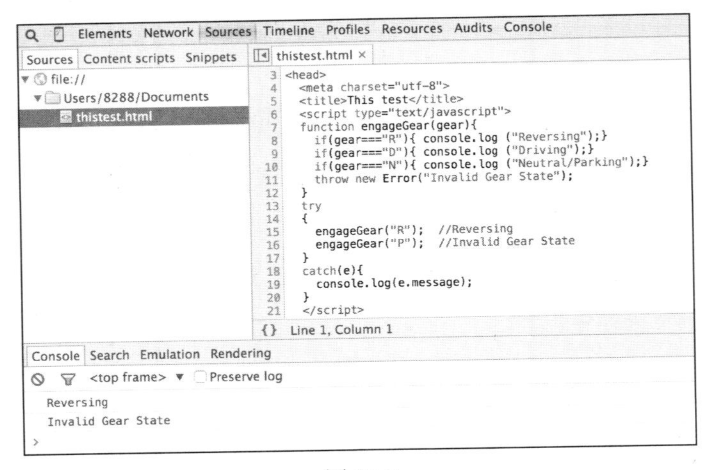

图 12-7

在 **Sources** 面板中，你能够观察到 HTML 及嵌入的 JavaScript 代码。同样你也能够在下方看到控制台及它输出的信息。

在右侧你能够看到调试窗口，如图 12-8 所示。

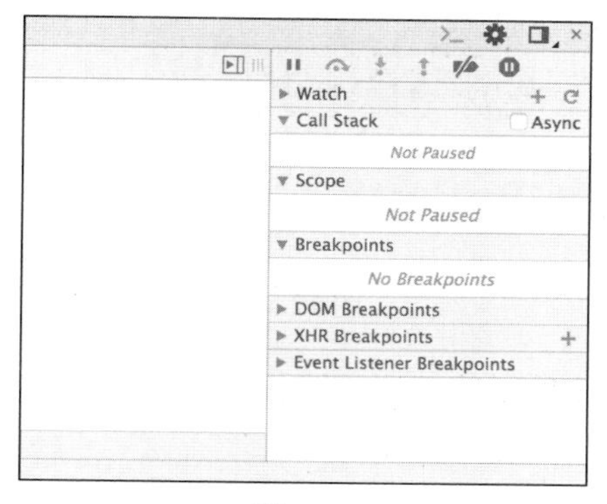

图 12-8

在 **Sources** 面板中，你可以尝试单击数字 **8** 和 **15** 为代码加入断点（breakpoint）。断点可以允许你在代码执行的某处暂停，如图 12-9 所示。

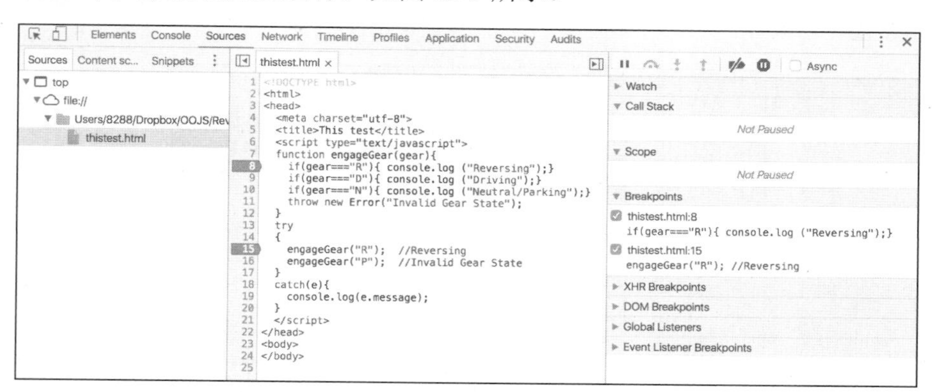

图 12-9

在右侧的调试窗口中，如图 12-10 所示，你能够看到已经设置好的断点。

现在，当你重新加载页面时，就会看到执行停止在了你设置的断点的位置，如图 12-11 所示。

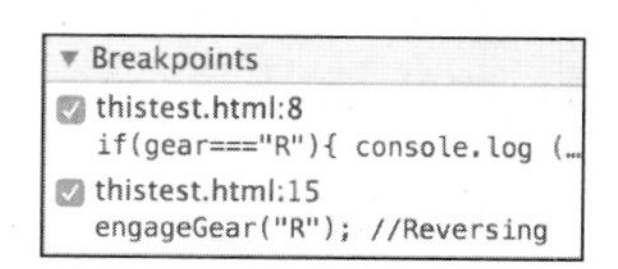

图 12-10

在右侧窗口你可以进行一系列操作。你可以观察到目前代码执行暂停在了第 **15** 行，你也能够看到当前触发的断点，同样你也能够看到 **Call Stack**（调用栈）以及恢复代码的执行。具体的操作如图 12-12 所示：

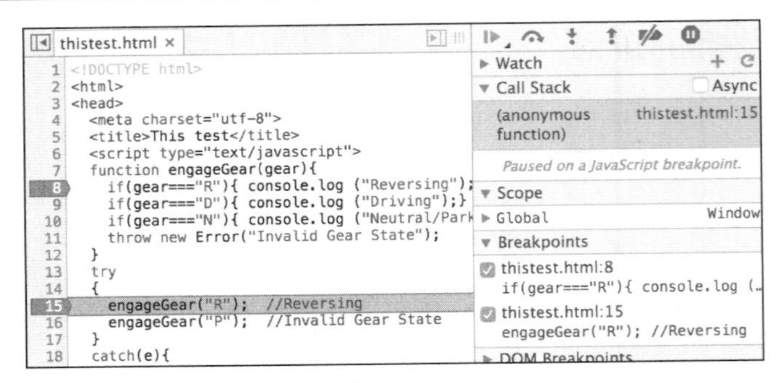

图 12-11

你可以通过单击图 12-13 所示的按钮继续代码的执行。

图 12-12

图 12-13

当你单击此按钮之后，代码会继续执行，直到下一处断点，也就是我们示例中的第 **8** 行，如图 12-14 所示。

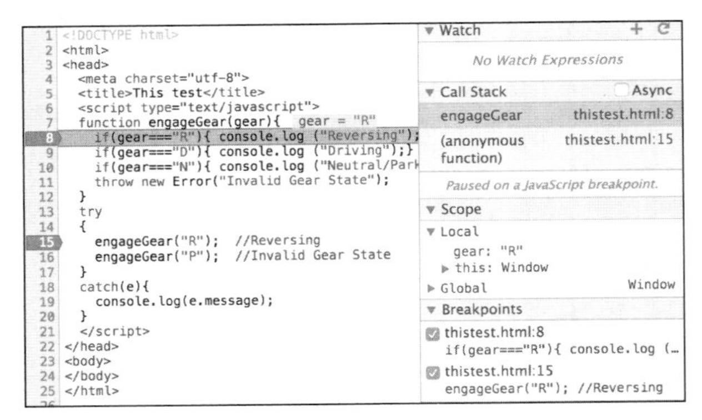

图 12-14

你可以在右侧窗口中观察到代码执行至第 **8** 行时的调用栈以及 **Scope**（作用域）。你也可以通过 Step-Into 或 Step-over 指令来移动至下一个函数调用。

除此之外，Chrome 的开发者工具还有许多有用的功能。读者可以在开发过程中自行体验。

12.3 小结

在开发健壮的 JavaScript 代码时，测试与调试都非常重要。TDD 与 BDD 协同敏捷开发的流程在 JavaScript 社区中非常流行。本章中，我们介绍了 TDD 相关的最佳实践以及测试框架 Jasmine 的基本使用。除此之外还对 Chrome 的开发者工具进行了介绍。

在第 13 章中，我们将会体验 ES6 带来的全新世界，并介绍 DOM 操作和跨浏览器策略等内容。

第 13 章 响应式编程与 React

ES6 发布之后，各种新思想也随之出现。现在有更多强有力的理论支撑你构建强大的系统，编写更有条理的代码。在本章中，我们主要介绍两部分内容——响应式编程（reactive programming）和 React。虽然它们的名字非常类似，但两者并不属于同一范畴。本章的介绍不会深入原理，而是为了让你了解这些概念以及它们的作用。由此你也能够在你的项目中去实践这些理论，使用这类框架。我们首先会阐述响应式编程的基本概念，之后会介绍 React 的使用方法。

13.1 响应式编程

最近，响应式编程受到越来越多的重视。响应式编程是一种相对新颖的概念，所以仍有许多不确定的地方。此前我们曾介绍过异步编程的相关概念。JavaScript 引入了许多新的功能将异步编程的重要性提升到了一个新的台阶。

响应式编程是一种基于异步事件流的编程方式。事件流（event stream）是指一系列接连发生的事件。

图 13-1 中，从左到右的方向代表时间轴，图中的圆点代表按时间顺序接连发生的事件。对于每一个发生的事件，我们都可以为其添加对应的事件处理函数。这样当事件发生时，我们就可以随之做出响应。

JavaScript 中的另一种序列则是数组。我们来看下面的示例：

```
var arr = [1,1,13,'Rx',0,0];
console.log(arr);
```

```
>>> [1, 1, 13, "Rx", 0, 0]
```

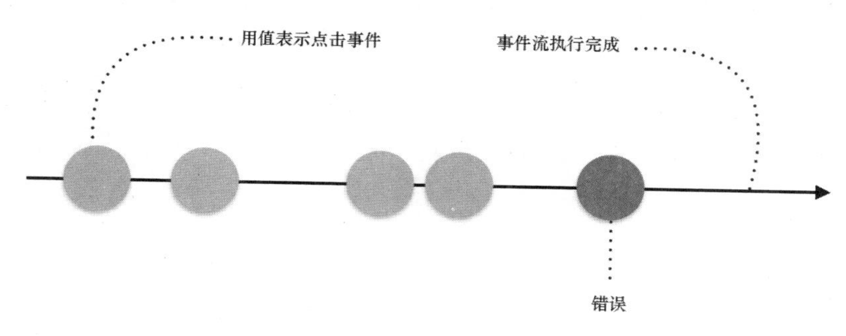

图 13-1

上述示例中，整个数组序列都同时存在于内存当中。然而在事件流的概念中，事件会接连发生，且在开头尚未存在任何状态数据。再看下面的示例：

```
var arr = Rx.Observable.interval(500).take(9).map(
  a => [1, 1, 13, 'Rx', 0, 0][a]);
var result = arr;
result.subscribe(x => console.log(x));
```

上述的代码乍看起来很陌生，接下来我们会逐一解释。事件流中不存在一个固有的数组，而是数组每 500 毫秒出现一次。

我们为 arr 事件流添加了一个事件处理函数，每当事件发生时，我们都会在控制台中输出数组元素。你会发现数组和事件流有许多类似的方法。在了解了以上概念的基础上，我们再来看一个从事件流中过滤元素的例子。你可以在事件流中使用 map 方法，并过滤出所有整数元素。例如：

```
var arr = [1, 1, 13, 'Rx', 0, 0];
var result = arr.map(x => parseInt(x)).filter(x => !isNan(x));
console.log(result);
```

在事件流中，我们也可以进行类似的操作：

```
var arr = Rx.Observable.interval(500).take(9).map(
  a => [1, 1, 13, 'Rx', 0, 0][a]);
var result = arr.map(x => parseInt(x)).filter(x => !isNaN(x));
result.subscribe(x => console.log(x));
```

上述所有代码只是为了向读者展示事件流的概念，请不要在意其中使用方法的语法或结构。在进一步深入之前，我们需要明确响应式编程的理念。事件流是响应式编程中的基础。事件流允许你在声明一个变量时为其定义动态的行为（此定义引述自 Andre Staltz 的博客[1]）。

设有一个变量 a，它的初始值为 3。接下来定义另一个变量 b，为它赋值为 10*a。此时如果我们在控制台中输出 b 的值，将会得到结果 30。具体代码如下所示：

```
let a = 3;
let b = a * 10;
console.log(b); //30
a = 4;
console.log(b); // 仍为 30
```

上述的结果很明确。当我们将 a 的值改为 4 之后，b 的值并不会随之改变。这是一种静态声明的工作方式。在讨论响应式编程和事件流时，上述作用方式会让许多人对事件流产生困惑。我们希望能够定义一个公式，b=a*10，每当 a 的值改变，b 的值也会随之发生改变。

这便是我们能够通过事件流实现的功能。现在假设我们定义了一个事件流 streamA，它包含的 a 的值为 3。之后我们再定义一个与之相对应的事件流 streamB，其中包含的每个值均为 10*a。

我们为事件流 streamB 添加事件处理函数，并在控制台中输出结果，就可以看到 b 的值为 30。请看下面的示例：

```
var streamA = Rx.Observable.of(3, 4);
var streamB = streamA.map(a => 10 * a);
streamB.subscribe(b => console.log(b));
```

在上述示例中，事件流包含两个事件变量，首先是 3 之后是 4。b 随 a 值的变化而变化，这样我们就能在控制台观察到 b 从 30 变化为 40。

现在，你对响应式编程的基本概念应该有了一定的了解，你可能会产生如下的疑问。

为什么要使用响应式编程

如今，我们需要在 Web 及移动端编写高强度响应和交互式的用户界面。因此，我们非常需要实现处理实时事件的同时不阻塞用户的交互。你可能会花费相当多的时间处理各种组件的交

① Andre Staltz 是响应式 JavaScript 框架 Cycle.js 的作者。——译者注

互及服务器请求，这其中存在着大量重复的代码逻辑。响应式编程提供了一种结构化的框架。它支持用最少的代码来处理所有异步事件，而你只需关注应用要实现的业务逻辑即可。

响应式编程不止适用于 JavaScript。Java、Scala、Clojure、Ruby、Python 和 Objective-C/Cocoa 等语言均有对响应式编程的相关支持。`Rx.js` 及 `Bacon.js` 均是 JavaScript 中支持响应式编程的框架。

本章并不会继续深入介绍 `Rx.js`，此处仅是以此为例介绍响应式编程的基本概念。如果你想对响应式编程有更深入的了解，可以阅读由 Andre Staltz 发表的文章"The introduction to Reactive Programming you've been missing"[①]。

13.2 React

React 在 JavaScript 世界掀起了一场风暴。Facebook 开发 React 框架只为解决一个历史悠久的问题——如何高效处理传统 Model-View-Controller 结构中的 View 部分。

React 提供了一种声明式的灵活的构建用户界面的方式。最需要明确的一个概念是 React 只负责处理一件事情——视图或者说是用户界面（UI）。React 并不负责处理数据、数据绑定或者其他内容。这与其他类似于 Angular 这样的完整支持数据、绑定及用户界面的框架有所不同。

React 提供了一套特别的渲染 HTML 的方法。React 组件可以在内存中存储其状态数据。想要开发一个完整的应用，你必须将 React 和其他相关的库搭配使用，React 只负责处理视图相关的逻辑。

在开发复杂的用户界面时，处理与界面元素相对应的数据是一项非常大的挑战。React 提供了一套声明式的 API 让你无须担心更新界面元素的逻辑，这在极大程度上降低了开发应用程序的难度。React 的核心是虚拟 DOM（Virtual DOM）及 Diff 算法（diffing algorithm），这也是 React 实现高性能更新渲染组件的核心逻辑。

13.3 虚拟 DOM

让我们花些时间来了解什么是虚拟 DOM。此前我们介绍过 DOM，它是 Web 页面中树状结构的 HTML 元素。DOM 是 Web 页面渲染最主要的机理。我们可以通过一些如

①该文是互联网上非常流行的一篇介绍响应式编程的文章，本文的中文版在 GitHub 中。——译者注

getElementById()之类的 DOM API 来获取和操作 DOM 树中的元素。通过 DOM 的树状结构我们可以很方便地获取或更新元素。然而 DOM 元素的获取或更新都比较占用资源。尤其是在比较复杂的页面中，DOM 树可能会很大。当进行一系列的用户响应时，DOM 元素更新就会非常缓慢且低效。此前我们在 jQuery 一类的库中都做过一些优化的实现，然而 DOM 本身的结构仍然是性能的瓶颈。

如果我们不想一次又一次地遍历 DOM 以修改其中的节点该怎么办呢？如果我们只是声明页面组件的内容，想通过其他方式来处理它的渲染逻辑该怎么办呢？React 正是这些问题的解决方案。一方面 React 允许你抽象地描述出页面元素，另一方面 React 也通过一些很棒的技术手段解决了性能问题。

React 使用了一种叫作虚拟 DOM 的技术。虚拟 DOM 是 HTML DOM 的一种轻量的抽象表述。你可以把它想象成一份在内存中的 HTML DOM 的副本。React 通过它来计算所有必要的界面元素的渲染。

你可以在 React 的官网上找到优化细节的介绍。

React 的强项不仅在于虚拟 DOM，还在于它对组合（composition）、单向数据流（unidirectional dataflow）以及静态建模（static modeling）的绝妙抽象。

13.4 React 的安装及运行

首先，我们来进行 React 的安装。之前 React 需要许多相关的依赖才能够正常运行。但是，现在我们可以以一种相对较快的方式来安装和运行 React。我们可以通过 create-react-app 命令行工具来快速安装 React，这无须任何手动的配置。你可以通过 npm 来安装它：

```
npm install -g create-react-app
```

通过上述命令，我们全局安装了这个名为 create-react-app 的 node 模块。在安装完成之后，你可以新建一个文件夹来准备初始化你的 React 项目，你可以通过如下命令来操作：

```
create-react-app react-app
cd react-app/
npm start
```

随后，浏览器会打开 http://localhost:3000/，你应该能看到图 13-2 所示的界面。

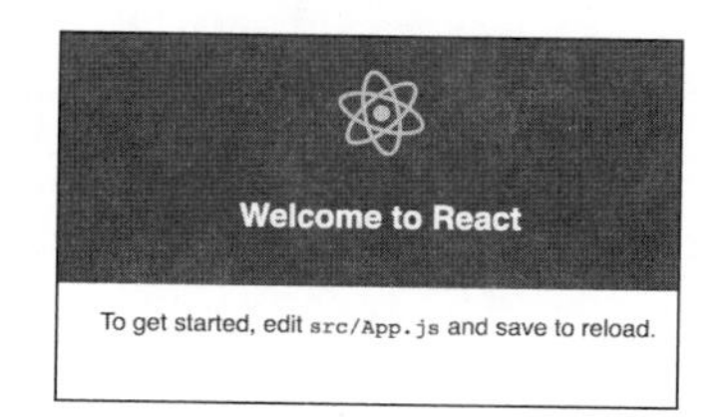

图 13-2

当你在编辑器中打开项目文件夹后，就可以看到一系列已经创建好的文件，如图 13-3 所示。

图 13-3

在此项目中，`node_modules` 里存放着包含 React 库本身在内的所有依赖。最重要的目录是 `src` 文件夹，这里存放着项目的源文件。作为示例，我们可以只保留 `App.js` 和 `index.js` 两个文件。文件`/public/index.html` 中包含一个 ID 为 root 的 `div` 节点，也就是我们渲染 React 组件的目标节点。你能够看到如下所示的代码：

```
<!doctype html>
<html lang="en">
  <head>
    <title>React App</title>
  </head>
  <body>
```

```
    <div id="root"></div>
  </body>
</html>
```

完成上述修改后，你会在命令行中看到图 13-4 所示的错误。

```
@ ./src/App.js 14:12-33

Error in ./src/App.js
Module not found: ./App.css in /Users/8288/source_code/react-app/src
```

图 13-4

React 项目在开发时可以实现实时重新加载，你能够观察到修改之后的即时反馈。

接下来，我们清空文件 App.js 中的代码，并替换为如下内容：

```
import React from 'react';
const App = () => <h1>Hello React</h1>
export default App
```

之后再删除 index.js 文件中的 import./index.css。你就能够看到浏览器自动刷新，并展示图 13-5 所示的内容。

图 13-5

在开始编写 HelloWorld 组件之前，还有几个要点需要明确。

在 App.js 和 index.js 文件中，我们引入了两个构建 React 组件时必要的库：

```
import React from 'react';
import ReactDOM from 'react-dom';
```

其中 React 是用来构建 React 组件的库，而 ReactDOM 则是负责将组件渲染成 DOM 的库。然后导入我们刚刚操作的组件——App 组件。

接下来让我们尝试在 App.js 中创建第一个组件：

```
const App = () => <h1>Hello React</h1>
```

上述代码代表一个函数定义的无状态组件。另外一种创建组件的方法则是通过类进行定义。我们可以将上述代码改写为如下所示的代码：

```
class App extends React.Component {
  render() {
    return <h1> Hello World </h1>
  }
}
```

这儿有很多有趣的事情。首先，在上述代码中，我们通过 class 关键字声明了一个继承自 React.Component 的类。

我们代码中的 App 类就可以作为一个 React 组件。组件可以接收参数，该参数也称为 props，它通过 render 方法返回可被渲染的界面内容。

方法 render 返回你对想要渲染内容的描述，之后 React 会通过这些描述将其渲染至页面中。更具体地讲，render 方法返回一个可被渲染的 React 元素。绝大多数 React 开发者都通过 JSX 这种语法扩展来编写 React 元素。例如<div/>会被转换为 React.createElement('div')。上述示例中的 JSX 表达式<h1>Hello World</h1>会被转换为如下代码：

```
return React.createElement('h1', null, 'Hello World');
```

类定义组件与无状态的函数定义组件的区别是，类定义组件可以包含状态数据（state），而函数定义组件则不能。

React 组件的 render 方法只能返回单一的节点，如果你尝试返回如下内容：

```
return <h1>Hello World</h1><p>React Rocks</p>
```

就会看到类似下面这样的报错：

```
Error in ./src/App.js
Syntax error: Adjacent JSX elements must be wrapped in an enclosing tag
(4:31)
```

这是因为 JSX 被编译后会返回连续的两个 React.createElement 方法，而这是不符合 JavaScript 语法的。这一问题也很好解决，我们可以通过一个父节点包裹所有的内容，并通过 render 函数返回父节点。例如，创建一个 div 节点，并用它包裹其他节点代码，如下所示：

```
render(){
    return (
      <div>
        <h1>Hello World</h1>
        <p>React Rocks</p>
      </div>
      )
}
```

13.4.1 组件与 props

你可以将 React 组件视为一个 JavaScript 函数。它们可以接收参数作为输入，这些输入被称为 props。例如下面的代码：

```
function Greet(props) {
  return <h1>Hello, {props.name}</h1>;
}
```

上述示例是一个普通的函数，也可以代表一个 React 组件。它接收 props 作为参数并返回 JSX。我们可以在 JSX 中通过大括号包裹的方式使用 props 中的值，并通过对象点符号的方式获取其属性值。接下来我们就可以在 render() 方法中将 Greet 当作组件来使用：

```
render() {
  return (
   return <Greet name = "Joe" />
  )
}
```

上述示例中我们使用了 Greet 组件并为其传入了 props 参数。React 中自定义组件名的首字母必须大写。React 默认会将所有首字母小写的组件当作原生的 HTML 标签，并希望自定义的组件名以大写字母开头。根据之前介绍过的内容，我们也可以通过 ES6 中的 class 关键字创建类组件。创建的组件属于 React.componentde 子类，上述示例中的 Greet 组件也可以改写为如下形式：

```
class Greet extends React.Component {
  render(){
      return <h1>Hello, {this.props.name}</h1>
  }
}
```

在接下来的示例当中，我们都会使用这种形式来编写组件。原因稍后会介绍。

值得一提的是，组件并不能在内部修改其自身的 props 属性。这看起来像是一种限制。但事实上，在复杂的应用中，React 是通过 state 来处理用户交互和可变的状态数据的。props 则是只读的，但对于处理用户界面及数据更新有另一套完善的机制。

13.4.2 state

state 与 props 类似，但它完全由组件自身掌管。之前我们已经见到了可以互相替换的函数定义组件和类定义组件，然而 state 只有在类定义组件中才能够使用。因此接下来我们都会使用类定义组件。

接下来，我们将使用 state 改写之前的 Greet 组件，并在 state 改变时，更新 Greet 组件以反映更改的值。

首先，我们改写 App.js：

```
class Greet extends React.Component {
    constructor(props) {    super(props);
    this.state = { greeting: "this is default greeting text" }
    }
  render(){
      return <h1>{this.state.greeting}, {this.props.name} </h1>
  }
}
```

在上述示例中有几点需要注意的地方。首先，我们是在 Constructor 中初始化了 this.state，同时调用了 super()关键字并传入了 props 作为参数。在调用 super()之后，我们就能够通过将 this.state 赋值到一个对象上来初始化 state。例如此处，我们添加了 greeting 属性。在 render 方法中，我们通过{this.state.greeting}使用了这一属性值。在设置初始的 state 之后，我们就可以添加用来更新 state 的用户界面元素。接下来让我们添加一个输入框，当输入框的值变化时，我们也会同步更新 greeting 元素和 state，代码如下所示：

```
class Greet extends React.Component {
  constructor(props) {
    super(props);
    this.state = {
      greeting: "this is default greeting text"
```

```
    }
  }

updateGreeting(event){
  this.setState({ greeting: event.target.value, })}
  render(){
      return (
      <div>
        <input type="text" onChange={this.updateGreeting.bind(this)}/>
        <h1>{this.state.greeting}, {this.props.name} </h1>
      </div>
      )
  }
}
```

在上述示例中，我们添加了一个输入框，并为其绑定了 onChange 事件的处理函数。我们定义了 updateGreeting()方法，并在其中调用了 this.setState 方法来更新 state 数据。当你尝试运行这一示例并在输入框中输入内容时，就能够观察到只有 greeting 对应的元素在随之发生变化，具体如图 13-6 所示。

图 13-6

React 有一个重要的特性，即你可以在一个组件中使用并渲染其他组件。设想我们有一个非常简单的组件，它包含一个有文本值的 state 属性，并可以通过 update 方法来更新 state 值。我们可以再创建一个新的组件，这个组件是一个无状态函数定义组件，我们将其称为 Widget，它接收 props 参数。具体的 JSX 代码如下所示：

```
render(){
    return (
      <div>
      <Widget update={this.updateGreeting.bind(this)} />
      <Widget update={this.updateGreeting.bind(this)} />
      <Widget update={this.updateGreeting.bind(this)} />
      <h1>{this.state.greeting}, {this.props.name} </h1>
      </div>
    )
  }
}
```

```
const Widget = (props) => <input type="text" onChange={props.update}/>
```

首先，我们将 input 元素拆分至 Widget 组件中，并为该组件传入了 props 参数。之后，我们将 onChange 绑定的事件处理函数改为 props.update。之后，在 render 方法中，我们将 updateGreeting() 方法作为参数传入了 Widget 组件当中。现在，我们就能够在 Greet 组件中的任意位置使用 Widget 组件了。每当 Widget 组件中的输入发生改变，greeting 的值也会随之改变。修改之后的界面如图 13-7 所示。

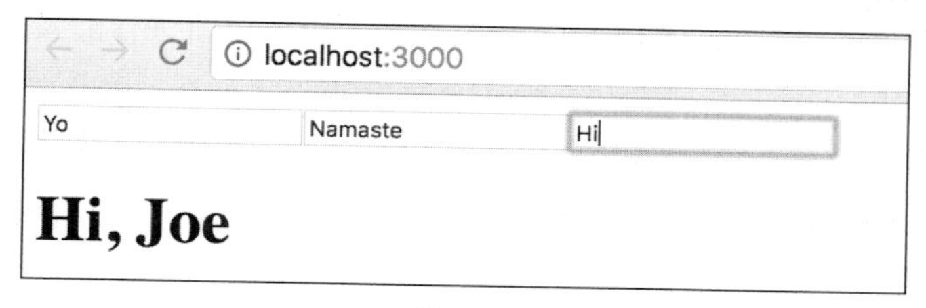

图 13-7

13.4.3 生命周期函数

当我们编写了许多包含 state 及相关处理函数的组件后，管理组织就变得非常重要。React 提供了一系列生命周期函数来辅助处理组件中的事件。使用生命周期函数能够让你在 React 组件的创建或销毁过程中进行某些操作。而且，一些生命周期函数还能够让你决定某个组件是否应该更新，并根据 props 或 state 的改变做出合适的响应。

组件的生命周期可以划分为 3 个部分——挂载、更新及卸载。每个阶段都有其特定的生命周期函数，具体如图 13-8 所示[①]。

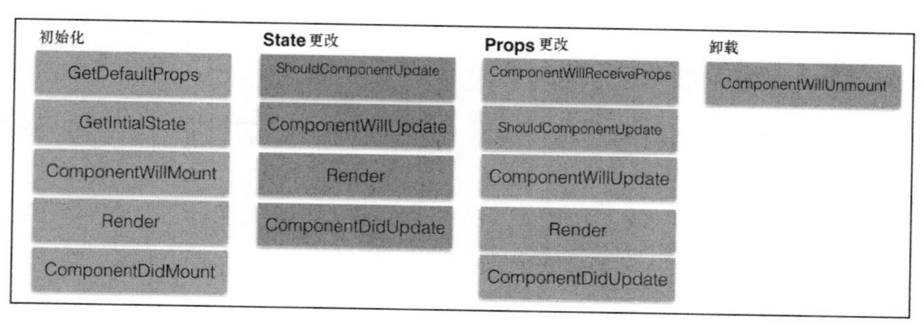

图 13-8

组件首次渲染时会触发 getDefaultProps 及 getInitialState 方法，正如它们

① 在 React 的 16.3 版本中生命周期函数有变动，详情参照 React 官网。——译者注

的名称所示，我们可以通过这两个方法设置组件的默认 props 和初始 state 的值。

componetWillMount 方法会在 render 方法之前执行。此前我们已经了解到了 render 方法是返回渲染组件内容的地方。当 render 方法执行完毕后，componentDidMount 就会被触发。在这个方法中你就能够正常访问 DOM 元素，因此它也被推荐在方法中进行 DOM 相关的操作。

state 的变化会触发一些方法。shouldComponentUpdate 方法会在 render 方法之前被触发，这个方法可以让我们决定某个组件是否应该重新进行渲染。初次渲染时不会调用此方法。如果 shouldComponentUpdate 方法返回 true，componentWillUpdate 随后就会执行。而 componentDidUpdate 则会在 render 方法执行完毕后被调用。

任何 props 的变化也会触发一系列类似 state 变化时触发的生命周期函数，此外还会触发一个叫作 componentWillReceiveProps 的方法。该方法只会在 props 发生改变时被调用，初次渲染时不会调用此方法。你可以在此方法中获取之前的 props 进行比较来判断是否对 state 进行更新。

当某个组件被移出 DOM 时，componentWillUnmont 就会被调用。通过此方法我们可以进行一些清理操作。

React 的使用体验非常自然，只需掌握很少的内容就能够熟练运用它。

13.5　小结

本章的主要目的是为了介绍一些新的、比较流行的概念。响应式编程和 React 都能够极大地提高开发者的生产力。React 无疑是新晋的最重要的前端技术之一，许多诸如 Facebook 和 Netflix 一类的大厂都为其背书。

本章只是对这些技术进行了初步的介绍，这些内容可以启发你对相关知识进行更深入的探索。

附录 A 保留字

在附录 A 中，我们列出了 ECMAScript 5（ES5）所定义的两个保留字列表。第一个是当前所用的保留字列表，第二个则是为将来预备的保留字列表。

另外，附录 A 也收录了 ES3 中出现过但如今不再是保留字的词列表。

保留字无法被用作变量名：

```
var break = 1; // 语法错误
```

如果我们需要在对象属性中使用这些词，就必须将其用引号括起来。

```
var o = {break: 1};       // 在很多浏览器中可以，在 IE 中会出错
var o = {"break": 1};     // 正常
alert(o.break);           // 在 IE 中会出错
alert(o["break"]);        // 正常
```

A.1 当前的保留字

ES5 中当前的保留字如下所列。

- `break`
- `case`
- `catch`
- `continue`

- `debugger`
- `default`
- `delete`
- `do`
- `else`
- `finally`
- `for`
- `function`
- `if`
- `in`
- `instanceof`
- `new`
- `return`
- `switch`
- `this`
- `throw`
- `try`
- `typeof`
- `var`
- `void`
- `while`
- `with`

A.2 ES6 预备保留字

ES6 中的保留字如下所列。

- `class`
- `const`
- `enum`
- `export`
- `extends`
- `implements`
- `import`
- `interface`
- `let`
- `package`
- `private`
- `protected`
- `public`
- `static`
- `super`
- `yield`

未来的保留字

现在不适用但未来版本可能使用的保留字如下所列。

- `enum`
- `await`

A.3 废除的保留字

下面列出了在 ES5 中已被废除的保留字。但考虑到老式浏览器，最好还是不要使用它们作为变量名。

- `abstract`

- boolean
- byte
- char
- double
- final
- float
- goto
- int
- long
- native
- short
- synchronized
- throws
- transient
- volatile

附录 B
内建函数

在附录 B 中，我们列出了在第 3 章中所讨论过的所有内建函数（即全局对象的方法列表），如表 B-1 所示。

表 B-1

<table>
<tr><th>函数名</th><th>相关说明</th></tr>
<tr><td><code>parseInt()</code></td><td>该函数有两个参数：一个输入对象和一个进制数 radix。该函数主要用于将输入转换成整数值并返回，如果转换失败就返回 <code>NaN</code>。另外，函数会忽略输入中所包含的指数信息。radix 的默认值为 <code>10</code>（即十进制），但因为忽略该参数可能会导致一些不可预测的结果（如当你输入 <code>08</code> 这样的数值时），所以最好还是始终明确指定它的值
<pre>
> parseInt('10e+3');
10

> parseInt('FF');
NaN

> parseInt('FF', 16);
255
</pre></td></tr>
</table>

续表

函数名	相关说明

parseFloat()	该函数会试图将其接收的参数转换成浮点数并返回。它可以处理输入中的指数
	`> parseFloat('10e+3');`
	`10000`
	
	`> parseFloat('123.456test');`
	`123.456`

isNaN()	该函数名是“Is Not a Number”的缩写，它主要用于判断其参数是否是一个有效数字，如果是就返回 true，否则返回 false。另外，该函数总是会先尝试将输入值转换成数字
	`> isNaN(NaN);`
	`true`
	
	`> isNaN(123);`
	`false`
	
	`> isNaN(parseInt('FF'));`
	`true`
	
	`> isNaN(parseInt('FF', 16));`
	`false`

isFinite()	在该函数中，如果我们的输入是一个数字（或者可以转换为数字）但又不属于 Infinity 或-Infinity，就返回 true，否则返回 false
	`> isFinite(1e+1000);`
	`false`
	
	`> isFinite(-Infinity);`
	`false`
	
	`> isFinite("123");`
	`true`

续表

函数名	相关说明

`encodeURIComponent()`	该函数会将输入转换为符合 URL 编码的字符串。关于这种 URL 编码的详细信息，读者可以参考维基百科中的相关文章
	`> encodeURIComponent`
	`('http://phpied.com/');`
	`"http%3A%2F%2Fphpied.com%2F"`
	
	`> encodeURIComponent`
	`('some script?key=v@lue');`
	`"some%20script%3Fkey%3Dv%40lue"`

`decodeURIComponent()`	该函数主要用于解码其所接收的 URL 编码字符串 `> decodeURIComponent('%20%40%20');` **`" @ "`**

`encodeURI()`	该函数主要用于将输入转换为 URL 编码，但它始终假定其所接收的是一个完整的 URL，因此它所编码的部分不包括目标 URL 的协议（如 `http://`）和主机名
	`> encodeURI('http://****.com/');`
	`"http://****.com/"`
	
	`> encodeURI('some script?key=v@lue');`
	`"some%20script?key=v@lue"`

`decodeURI()`	该函数主要用于执行 `encodeURI()` 的反操作 `> decodeURI("some%20script?key=v@lue");` **`"some script?key=v@lue"`**

`eval()`	该函数会执行其接收到的 JavaScript 代码串，并返回代码串中最后一个表达式的执行结果。可能的话，请尽量避免使用该函数
	`> eval('1 + 2');`
	`3`
	
	`> eval('parseInt("123")');`
	`123`
	
	`> eval('new Array(1,2,3)');`
	`[1, 2, 3]`
	
	`> eval('new Array(1,2,3); 1 + 2;');`
	`3`

附录 C
内建对象

在附录 C 中，我们列出了 ECMAScript 标准中所描述的所有内建构造器函数，以及用这些构造器所创建对象的方法与属性。ES5 独有的 API 会单独罗列。

C.1 Object

`Object()`是用于创建 Object 对象的构造器，例如：

```
> var o = new Object();
```

当然，我们也可以使用对象标识法来实现同样的效果：

```
> var o = {}; // 推荐使用
```

该构造器可以接收任何类型的参数，并且它会自动识别参数的类型，并选择更合适的构造器来完成相关操作。例如，如果我们传递给 `new Object()`构造器的是一个字符串，就相当于调用了 `new String()`构造器。尽管这种做法不值得推荐（比起让程序去猜，明确地声明会更好），但仍然是可用的。例如：

```
> var o = new Object('something');
> o.constructor;
function String(){[native code]}

> var o = new Object(123);
> o.constructor;
function Number(){[native code]}
```

语言中其他所有的对象，无论是内建的还是自定义的，都继承自 Object（见表 C-1、表 C-2）。因此几乎所有的类型都可以调用 Object 的方法与属性。

C.1.1 Object 构造器的成员

Object 构造器的成员如表 C-1 所示。

表 C-1

属性/方法	相关说明

Object.prototype	该属性是所有对象的原型（包括 Object 对象本身），语言中的其他对象正是通过在该属性上添加内容来实现它们之间的继承关系的，所以请小心使用
	`> var s = new String('noodles');`
	`> Object.prototype.custom = 1;`
	`1`
	
	`> s.custom;`
	`1`

C.1.2 Object.prototype 的成员

此处并不是指由 Object 构造器生成对象的成员，而是指 Object.prototype 的成员，如表 C-2 所示。它与下文中的 Array.prototype 所指的类似。

表 C-2

属性/方法	相关说明

constructor	该属性指向用来创建该对象的构造器，这里为 Object()
	`> Object.prototype. constructor === Object;`
	`true`
	
	`> var o = new Object();`
	`> o.constructor === Object;`
	`true`

续表

属性/方法	相关说明

toString(radix)	该方法返回的是一个用于描述目标对象的字符串。特别地，当目标是一个 Number 对象时，我们还可以传递一个用于进制数的参数 radix，该参数的默认值为 10
	`> var o = {prop: 1};`
	`> o.toString();`
	`"[object Object]"`
	
	`> var n = new Number(255);`
	`> n.toString();`
	`"255"`
	
	`> n.toString(16);`
	`"ff"`

toLocaleString()	该方法的作用与 toString()基本相同，只不过它会做一些本地化处理。该方法会根据当前对象的不同而被改写，例如 Date()、Number()、Array()，它们的值都会以本地化的形式输出。当然，对于包括 Object()在内的其他大多数对象，该方法与 toString()是基本相同的。 在浏览器环境下，我们还可以通过 BOM 对象 Navigator 的 language 属性（在 IE 中则是 userLanguage）来了解当前所使用的语言： `> navigator.language;` **`"en-US"`**

valueOf()	该方法返回的是用基本数据类型所表示的 this 值，如果它可以使用基本数据类型表示的话。例如 Number 对象返回的是它的基本数值，而 Date 对象返回的是一个时间戳（timestamp）。如果无法用基本数据类型表示，该方法会返回 this 本身
	`> var o = {};`
	`> typeof o.valueOf();`
	`"object"`
	
	`> o.valueOf() === o;`
	`true`

续表

属性/方法	相关说明

`valueOf()`	`> var n = new Number(101);`
	`> typeof n.valueOf();`
	"number"
	
	`> n.valueOf() === n;`
	false
	`> var d = new Date();`
	`> typeof d.valueOf();`
	"number"
	
	`> d.valueOf();`
	`1357840170137`

`hasOwnProperty(prop)`	该方法仅在目标属性为对象自身属性时返回 `true`，而当该属性是从原型链中继承而来或根本不存在时返回 `false`
	`> var o = {prop: 1};`
	`> o.hasOwnProperty('prop');`
	true
	
	`> o.hasOwnProperty('toString');`
	false
	
	`> o.hasOwnProperty('fromString');`
	false

`isPrototypeOf(obj)`	如果目标对象是当前对象的原型，该方法就会返回 `true`，而且，当前对象所在原型链上的所有对象都能通过该测试，并不局限于它的直接创建者
	`> var s = new String('');`
	`> Object.prototype.isPrototypeOf(s);`
	true
	
	`> String.prototype.isPrototypeOf(s);`
	true
	
	`> Array.prototype.isPrototypeOf(s);`
	false

续表

<table>
<tr><th>属性/方法</th><th>相关说明</th></tr>
<tr><td>propertyIsEnumerable(prop)</td><td>如果目标属性能在 for...in 循环中被显示出来，该方法就返回 true
<pre>
> var a = [1,2,3];
> a.propertyIsEnumerable('length');
false

> a.propertyIsEnumerable(0);
true
</pre></td></tr>
</table>

C.1.3 在 ECMAScript 5 中附加的 Object 属性

在 ECMAScript 3 中，除了一些内建属性（如 Math.PI），对象所有的属性在任何时候都可以被修改、插入或删除。在 ES5 中，我们可以设置属性是否可以修改或是删除——在这之前，它是内建属性的特权。ES5 引入了**属性描述符**的概念，我们可以通过它对所定义的属性有更大的控制权。

我们可以把属性描述符想象成一个对象，我们用该对象来描述某个属性所具有的各种特征。描述这些特征所使用的语法与一般的对象标识法无异，所以属性描述符也会有自己的属性与方法。在这里，为了避免引起歧义，我们将属性描述符的属性称为**特性**（attribute）。这些特性如下所示。

- value——当试图获取属性时所返回的值。
- writable——该属性是否可更改。
- enumerable——该属性在 for...in 循环中是否会被枚举。
- configurable——该属性是否可删除。
- set()——该属性的更新操作所调用的函数。
- get()——获取属性值时所调用的函数。

另外，数据描述符（其中属性为：enumerable、configurable、value 和 writable）与存取描述符（其中属性为：enumerable、configurable、set() 和 get()）之间是互斥的。在定义了 set() 和 get() 之后，描述符会认为存取操作已被定义过了，其后再定义 value 和 writable 会引发错误。

以下是 ES3 风格的属性定义方式：

```
var persion = {};
person.legs = 2;
```

以下是等价的 ES5 通过数据描述符定义属性的方式：

```
var persion = {};
Object.defineProperty(person, "legs",{
  value: 2,
  writable: true,
  configurable: true,
  enumerable: true
});
```

其中，除了 value 的默认值为 undefined，其他默认值都为 false。这也就意味着，如果我们想要通过这一方式定义一个可变的属性，必须显式地将它们设为 true。

或者，我们也可以通过 ES5 的存取描述符来定义：

```
var person = {};
Object.defineProperty(person, "legs", {
  set: function (v) {this.value = v;},
  get: function(v) {return this.value;},
  configurable: true,
  enumerable: true
});
person.legs = 2;
```

如你所见，现在我们有了许多可用于描述属性的代码，如果想要防止别人篡改我们的属性，就必须用到它们。此外，也不要忘了浏览器在向后兼容 ES3 方面所做的考虑。例如，跟添加 Array.prototype 属性不一样，我们不能在旧版的浏览器中使用“shim”这一特性。

另外，我们还可以（通过定义 nonmalleable 属性）在具体行为中运用这些描述符：

```
> var person = {};
> Object.defineProperty(person, 'heads', {value: 1});
> person.heads = 0;
0

> person.heads;
1
```

```
> delete person.heads;
false

> person.heads;
1
```

下面，我们将列出 ES5 中所有的附加 Object 属性，见表 C-3。

表 C-3

<table>
<tr><th>属性/方法</th><th>相关说明</th></tr>
<tr><td>Object.getPrototypeOf(obj)</td><td>之前在 ES3 中，我们往往需要通过 Object.prototype.isPrototypeOf()去猜测某个给定对象的原型是什么，如今在 ES5 中，我们可以直接询问该对象“你的原型是什么？”
<pre>> Object.getPrototypeOf([]) ===
   Array.prototype;
true</pre></td></tr>
<tr><td>Object.create(obj, descr)</td><td>正如我们在第 7 章中所讨论的那样，该方法主要用于创建一个新对象，并为其设置原型，用（上述）属性描述符定义对象的原型属性
<pre>> var parent = {hi: 'Hello'};
> var o = Object.create(parent,
{prop: {value: 1}});
> o.hi;
"Hello"</pre>现在，我们甚至可以用它来创建一个完全空白的对象，这样的事情在 ES3 中是做不到的
<pre>> var o = Object.create(null);
> typeof o.toString;
"undefined"</pre></td></tr>
<tr><td>Object.getOwnPropertyDescriptor(obj, property)</td><td>该方法可以让我们详细查看一个属性的定义。你甚至可以通过它一窥那些内建的、之前不可见的隐藏属性
<pre>> Object.getOwnPropertyDescriptor(
  Object.prototype, 'toString');
Object
configurable: true
enumerable: false
value: function toString() { [native code] }
writable: true</pre></td></tr>
</table>

续表

属性/方法	相关说明

Object.getOwnPropertyNames
(obj)
	该方法返回一个数组，其中包含当前对象所有属性的名称（字符串），不论它们是否可枚举。当然，你也可以用 Object.Keys()方法来单独返回可枚举的属性
	`> Object.getOwnPropertyNames(`
	`Object.prototype);`
	`["constructor","toString", toLocaleString",`
	`"valueOf",...`

Object.defineProperty(obj, descriptor)	该方法可通过某属性描述符来定义某对象的属性，详细内容可参考我们之前所做的讨论

Object.defineProperties(obj,
descriptors)
	该方法的作用与 defineProperty()基本相同，只不过它可以用来一次定义多个属性
	`> var glass =`
	`Object.defineProperties({}, {`
	`"color": {`
	`value: "transparent",`
	`writable: true`
	`},`
	`"fullness": {`
	`value: "half",`
	`writable: false`
	`}`
	`});`
	`> glass.fullness;`
	"half"

Object.preventExtensions
(obj)
Object.isExtensible(obj)
	preventExtensions()方法用于禁止向某一对象添加更多属性，而 isExtensible()方法则用于检查某对象是否可以被添加属性
	`> var deadline = {};`
	`> Object.isExtensible(deadline);`
	true
	`> deadline.date = "yesterday";`
	"yesterday"
	`> Object.preventExtensions(deadline);`
	`> Object.isExtensible(deadline);`
	false
	`> deadline.date = "today";`
	"today"
	`> deadline.date;`
	"today"

续表

属性/方法	相关说明

Object.preventExtensions(obj)
Object.isExtensible(obj)
	尽管向某个不可扩展的对象中添加属性不算是一个错误操作，但它没有任何作用
	`> deadline.report = true;`
	`> deadline.report;`
	undefined

Object.seal(obj) Object.isSealed(obj)	seal()方法的作用与 preventExtensions()的基本相同，但除此之外，它还会将所有现有属性设置成不可配置。也就是说，在这种情况下，我们只能变更现有属性的值，但不能删除或（用 defineProperty()）重新配置这些属性，例如不能将一个可枚举的属性改成不可枚举

Object.freeze(obj)
Object.isFrozen(obj)
	该方法用于执行一切不受 seal()方法限制的属性值变更
	`> var deadline = Object.freeze(`
	`{date: "yesterday"});`
	`> deadline.date = "tomorrow";`
	`> deadline.excuse = "lame";`
	`> deadline.date;`
	"yesterday"
	`> deadline.excuse;`
	undefined
	`> Object.isSealed(deadline);`
	true

Object.keys(obj)	该方法是一种特殊的 for...in 循环。它只返回属于当前对象的属性（不像 for...in），而且这些属性也必须是可枚举的（这点与 Object.getOwnPropertyNames()不同）。返回值是一个字符串数组
	`> Object.prototype.customProto =`
	`101;`
	`> Object.getOwnPropertyNames(`
	`Object.prototype);`
	["constructor", "toString", ..., "customProto"]
	`> Object.keys(Object.prototype);`
	["customProto"]
	`> var o = {own: 202};`
	`> o.customProto;`
	101
	`> Object.keys(o);`
	["own"]

C.2 在 ES6 中附加的 Object 属性

ES6 中增加了一些新的对象相关的定义和属性语法，这些新语法让对象的相关操作更加简便。

C.2.1 属性缩写

ES6 提供了定义对象属性时的缩写语法。例如：

ES5：`obj = {x: x, y: y };`
ES6：`obj = {x, y};`

C.2.2 计算属性

在 ES6 中可以使用表达式计算对象的属性名：

```
let obj = {
  foo: "bar",
  ["baz" + q()]: 42
}
```

在上述示例中，属性名为字符串"baz"和函数调用运算的结果。

C.2.3 Object.assign

方法 `Object.assign()`可以用来从一个或多个对象中复制所有可枚举的属性到目标对象中：

```
var dest  = { quux: 0 }
var src1 = { foo: 1, bar: 2 }
var src2 = { foo: 3, baz: 4 }
Object.assign(dst, src1, src2)
```

C.3 Array

`Array()`是一个用来创建数组对象的构造器（见表 C-4）：

```
> var a = new Array(1,2,3);
```

当然，我们同样也能使用数组标识法：

```
> var a = [1,2,3]; //推荐使用
```

需要注意的是，如果我们传递给 Array() 构造器的是一个数字，该数字就会被设定为数组的长度。例如：

```
> var un = new Array(3);
> un.length;
3
```

构造器将会根据所给定的数组长度来创建数组，并将每个元素位置用 undefined 值填充。

```
> un;
[undefined, undefined, undefined]
```

以此方法构建的数组只有长度，不含元素。这种数组与一般的包含元素的数组有一些微妙的差别：

```
> '0' in a;
true

> '0' in un;
false
```

这一差别可能导致 Array() 构造器的使用方式（在只有一个参数时）与你的预期不符。例如，下面是一个用数组标识法创建的有效数组：

```
> var a = [3.14];
> a;
[3.14]
```

然而，如果我们将该浮点数传递给 Array() 构造器的话，就会出错：

```
> var a = new Array(3.14)
Range Error: invalid array length
```

C.3.1 Array.prototype 的成员

Array 的属性如表 C-4 所示。

表 C-4

<table>
<tr><th>属性/方法</th><th>相关说明</th></tr>
<tr><td>Length</td><td>该属性返回的是数组中元素的个数
> [1,2,3,4].length;
4</td></tr>
<tr><td>concat(i1, i2, i3, ...)</td><td>该方法主要用于合并数组
> [1,2].concat([3,5], [7,11]);
[1, 2, 3, 5, 7, 11]</td></tr>
<tr><td>join(separator)</td><td>该方法用于将数组中的元素连成一个字符串。我们可以通过参数来指定元素之间的分隔字符串，默认值是逗号
> [1,2,3].join();
"1,2,3"

> [1,2,3].join('|');
"1|2|3"

> [1,2,3].join(' is less than ');
"1 is less than 2 is less than 3"</td></tr>
<tr><td>pop()</td><td>该方法用于移除数组中的最后一个元素，并将其返回
> var a = ['un', 'deux', 'trois'];
> a.pop();
"trois"

> a;
["une", "deux"]</td></tr>
<tr><td>push(i1, i2, i3,...)</td><td>该方法用于将新元素添加到数组的末尾，并返回修改后的数组长度
> var a = [];
> a.push('zig', 'zag', 'zebra','zoo');
4</td></tr>
<tr><td>reverse()</td><td>该方法用于反转数组中的元素顺序，并返回修改后的数组
> var a = [1,2,3];
> a.reverse();
[3, 2, 1]
> a;
[3, 2, 1]</td></tr>
</table>

续表

属性/方法	相关说明
shift()	该方法与 pop() 基本相同，只不过这里移除的是首元素，而不是最后一个元素 > var a = [1,2,3]; > a.shift(); **1** > a; **[2, 3]**
slice(start_index, end_index)	该方法用于截取数组的某一部分，但不会对原数组进行任何修改 > var a = ['apple', 'banana','js', 'css', 'orange']; > a.slice(2,4); **["js", "css"]** > a; **["apple", "banana", "js", "css", "orange"]**

sort(callback)	该方法主要用于数组元素的排序，它有一个可选参数，该参数是一个回调函数，我们可以用它来自定义排序规则。该函数应该以两个数组元素为参数，两个参数相等时返回 0，第一个参数大时返回正数，第二个参数大时返回负数
	下面我们来演示一个按数字大小顺序排序的自定义函数（默认是按照字符顺序的）
	function customSort(a, b){
	    if (a > b) return 1;
	    if (a < b) return -1;
	    return 0;
	}
	然后，我们将其应用于 sort() 方法
	> var a = [101, 99, 1, 5];
	> a.sort();
	[1, 101, 5, 99]
	> a.sort(customSort);
	[1, 5, 99, 101]
	
	> [7,6,5,9].sort(customSort);
	[5, 6, 7, 9]

续表

属性/方法	相关说明

splice(start, delete_count, i1, i2, i3,...)	该方法可在移除元素的同时添加新的元素。第一个参数所表示的是要移除元素的起始位置，第二个参数代表的是要移除元素的个数，其余参数则都是一些将要插入到此处的新元素
	`> var a = ['apple', 'banana', 'js', 'css', 'orange'];`
	`> a.splice(2, 2, 'pear', 'pineapple');`
	`["js", "css"]`
	`> a;`
	`["apple","banana","pear","pineapple","orange"]`

unshift(i1, i2, i3,...)	该方法的功能与 push()方法类似，只不过元素将会被添加到数组的开始处，而不是末尾处。另外，和 shift()方法一样，它也会在添加元素后返回修改后的数组长度
	`> var a = [1,2,3];`
	`> a.unshift('one', 'two');`
	`5`
	`> a;`
	`["one", "two", 1, 2, 3]`

C.3.2 在 ECMAScript 5 中附加的 Array 属性

ECMAScript 5 中附加的 Array 属性如表 C-5 所示。

表 C-5

属性/方法	相关说明

Array.isArray(obj)	用于分辨某个对象是否是 typeof 无法分辨的数组：
	`> var arraylike = {0: 101, length: 1};`
	`> typeof arraylike;`
	`"object"`
	`> typeof[];`
	`"object"`
	同样无效的还有“鸭子类型”（“鸭子类型”的理论是：如果它走起来像鸭子并且叫起来也像鸭子，那么它就是鸭子）：

续表

<table>
<tr><th>属性/方法</th><th>相关说明</th></tr>
<tr><td>Array.
isArray(obj)</td><td><pre> typeof arraylike.length;
  "number"</pre>在 ES3 中，为判断数组，我们需要这么处理：<pre>> Object.prototype.toString.call([])
=== "[object Array]";
true

> Object.prototype.toString.call(arraylike)
=== "object Array";
false</pre>在 ES5 中，我们有了更加简短的方法：<pre>> Array.isArray([]);
true

> Array.isArray(arraylike);
false</pre></td></tr>
<tr><td>Array.prototype.
indexOf(needle, idx)</td><td>搜索数组，返回第一个匹配元素的索引。如果没有匹配项，该函数返回-1。第二个参数为可选项，为搜索的起始索引<pre>> var ar = {'one', 'two', 'one', 'two'};
> ar.indexOf(two);
1

> ar.indexOf('two', 2);
3

> ar.indexOf('toot');
-1</pre></td></tr>
<tr><td>Array.prototype.
lastIndexOf(needle,
idx)</td><td>与 indexOf()的功能类似。从后往前搜索数组<pre>> var ar = ['one', 'two', 'one', 'two'];
> ar.lastIndexOf('two');
3

> ar.lastIndexOf('two', 2);
1

> ar.indexOf('toot');
-1</pre></td></tr>
</table>

续表

属性/方法	相关说明

Array.prototype.
forEach(callback,
this_obj)
	for 循环语法的替代。自定义的 callback 函数会为每个数组元素执行一次。callback 函数会收到 3 个参数：本次循环的元素、该元素的索引以及整个数组
	`> var log = console.log.bind(console);`
	`> var ar = ['itsy', 'bitsy', 'spider'];`
	`> ar.forEach(log);`
	`itsy 0 ["itsy", "bitsy", "spider"]`
	`bitsy 1 ["itsy", "bitsy", "spider"]`
	`spider 2 ["itsy", "bitsy", "spider"]`
	forEach 函数的第二个参数为可选项，该参数为 callback 函数的调用者。以下代码与上述代码等价：
	`> ar.forEach(console.log, console);`

Array.prototype.
every(callback,
this_obj)
	自定义的 callback 函数会为每个元素执行一次。每次执行都应根据元素返回 true 或者 false，代表该元素是否通过测试。callback 获得的参数与 forEach 相同
	如果所有元素都通过了测试，every() 函数返回 true。反之，如果至少有一个元素未通过测试，every() 函数返回 false
	`> function hasEye(el, idx, ar) {`
	` return el.indexOf('i') !== -1;`
	`}`
	`> ['itsy', 'bitsy', 'spider'].every (hasEye);`
	`true`
	
	`> ['eency', 'weency', 'spider' ],every (hasEye);`
	`false`
	在循环中，若 every() 结果显然为 false，则循环会中止并且立即返回 false
	`> [1,2,3].every(function (e) {`
	`   console.log(e);`
	`   return false;`
	` });`
	`1`
	`false`

续表

属性/方法	相关说明

Array.prototype.
some(callback,
this_obj)
	与every()类似，若至少有一个元素通过测试，则返回true
	`> ['itsy', 'bitsy', 'spider'].some(hasEye);`
	`true`
	
	`> ['eency', 'weency', 'spider'].some (hasEye);`
	`true`

Array.prototype.
filter(callback,
this_obj)
	与some()及every()类似，返回所有通过测试的元素
	`> ['itsy', 'bitsy', 'spider'].filter(hasEye);`
	`["itsy", "bitsy", "spider"]`
	
	`> ['eency', 'weency', 'spider'].filter(hasEye);`
	`["spider"]`

Array.prototype.
map(callback,
this_obj)
	与forEach类似，返回值为数组，数组元素为每次callback()函数的返回值。这个例子会将数组元素内的字母都转为大写
	`> function uc(element, index, array) {`
	`  return element.toUpperCase();`
	`}`
	`> ['eency', 'weency', 'spider'].map(uc);`
	`["EENCY", "WEENCY", "SPIDER"]`

Array.prototype.
reduce(callback,start)
	为每个元素执行一次callback函数。每次callback的返回值都会作为下一次循环的参数。最终，对整个数组的操作将返回一个单一的值
	`> function sum(res, element, idx, arr) {`
	`   return res + element;`
	`}`
	`> [1, 2, 3].reduce(sum);`
	`6`
	start参数为可选参数，它可被设置为第一次callback调用时的传入参数
	`> [1, 2, 3].reduce(sum, 100);`
	`106`

续表

属性/方法	相关说明

`Array.prototype.reduce (callback,start)`	与 reduce()类似，但它是从后到前遍历数组元素：
	`> function concat(result_so_far, el) {`
	`return "" + result_so_far + el;`
	`}`
	`> [1, 2, 3].reduce(concat);`
	`"123"`
	
	`> [1, 2, 3].reduceRight(concat);`
	`"321"`

C.3.3　在 ES6 中附加的 Array 属性

ES6 中附加的 Array 相关方法如表 C-6 所示。

表 C-6

属性/方法	相关说明

`Array.from(arrayLike, mapFunc?, thisArg?)`	Array.form()方法可以将一些类数组值转换为数组：
	`const arrayLike = {`
	` length: 2,`
	` 0: 'a',`
	` 1: 'b'`
	`};`
	`const arr =`
	`Array.from(arrayLike);`
	`for (const x of arr) {`
	` // OK, iterable`
	`console.log(x);`
	`}`
	`// Output:`
	`// a`
	`// b`

`Array.of(...items)`	创建由一系列元素组成的数组：
	`let a = Array.of(1, 2, 3, 'foo');`
	`console.log(a); //[1, 2, 3, "foo"]`

续表

属性/方法	相关说明

`Array.prototype.entries()`
`Array.prototype.keys()`
`Array.prototype.values()`
	这些方法均会返回一组数据。它们分别返回数组的键、值及键值对
	`let a = Array.of(1, 2, 3, 'foo');`
	`let k, v, e;`
	`for (k of a.keys()) {`
	`console.log(k); //0 1 2 3`
	`}`
	`for (v of a.values()) {`
	`console.log(v); //1 2 3 foo`
	`}`
	`for (e of a.entries()) {`
	`console.log(e);`
	`}`
	`//[[0,1],[1,2],[2,3] [3, 'foo']]`

`Array.prototype.find(predicate, thisArg?)`	返回回调函数返回 true 的第一个元素，如果不存在则返回 undefined
	`[1, -2, 3].find(x => x < 0)`
	`//-2`

`Array.prototype.findIndex(predicate, thisArg?)`	返回回调函数返回 true 的第一个元素的索引，如果不存在则返回-1
	`[1, -2, 3].findIndex(x => x < 0)`
	`//1`

`Array.prototype.fill(value : any, start=0, end=this.length) : This`	该方法通过提供的参数为数组填充值
	`const arr = ['a', 'b', 'c'];`
	`arr.fill(7)`
	`//[ 7, 7, 7 ]`
	你也可以指定具体的填充位置
	`['a', 'b', 'c'].fill(7, 1, 2)`
	`//[ 'a', 7, 'c' ]`

C.4 Function

在 JavaScript 中，函数也是一种对象，可以通过 Function()构造器来定义，例如：

```
var sum = new Function('a', 'b', 'return a + b;');
```

这与下面的函数标识法的执行效果是相同的。但在大多数情况下，我们并不鼓励上述做法：

```
var sum = function(a, b){
  return a + b;
};
```

当然，我们还有更常见的函数定义方式：

```
function sum(a, b){
  return a + b;
}
```

C.4.1 Function.prototype 的成员

Function 构造器的成员如表 C-7 所示。

表 C-7

属性/方法	相关说明

apply(this_obj, params_array)	该方法主要用于在当前对象的 this 值上调用其他函数。apply()的第一个参数所引用的是将要绑定到 this 值上的函数对象。第二个参数是一个数组，用于存储调用该函数对象时所需的参数
	`function whatIsIt(){`
	`  return this.toString();`
	`}`
	`> var myObj = {};`
	`> whatIsIt.apply(myObj);`
	`"[object Object]"`
	
	`> whatIsIt.apply(window);`
	`"[object Window]"`

续表

属性/方法	相关说明
call(this_obj, p1, p2, p3, ...)	该方法与 apply()基本相同，只不过其调用函数所需的参数是一个一个传递的，而不再是一个数组

length	该属性返回的是函数所预期的参数个数
	`> parseInt.length;`
	`2`
	让我们来看一下 call()与 apply()两个函数在这一属性上的差异
	`> Function.prototype.call.length;`
	`1`
	
	`> Function.prototype..apply.length;`
	`2`
	call()的 length 属性值为 1，因为该函数只有第一个参数为必需的参数

C.4.2 ECMAScript 5 对 Function 的附加支持

ECMAScript 5 对 Function 构造器的附加支持如表 C-8 所示。

表 C-8

属性/方法	相关说明

Function.prototype.bind()	通过此函数可以为函数调用指定 this 值。call()方法与 apply()方法会直接调用函数，而 bind()方法会返回新的函数。比较常用的场景是，当你需要将 A 方法作为 B 对象的某个方法的回调函数，而我们希望 A 方法的 this 指向另一个对象时
	`> whatIsIt.apply(window);`
	`"[object Window]"`

C.4.3 ES6 对 Function 的附加支持

ES6 对 Function 构造器的附加支持如表 C-9 所示。

表 C-9

属性/方法	相关说明

箭头函数
箭头函数是一种定义函数的简写语法，箭头函数不会绑定自身的 this、arguments、super 或 new.target。箭头函数均为匿名函数
	`() => { ... }`
	`// 无参数`
	`x => { ... }`
	`// 一个参数，一个标识符`
	`(x, y) => { ... }`
	`// 多个参数`
	`const squares = [1, 2, 3].map(`
	`x => x * x);`

通过更简洁的语法书写函数闭包	`arr.forEach(v => {`
	`if (v % 5 === 0)`
	`filtered: ist.push(v)`
	`})`

C.5 Boolean

Boolean()构造器所创建的是一个布尔类型的对象（这并不等同于基本布尔类型）。由于这种布尔对象的实际作用很有限，因此这里将它列出来，完全只是出于知识完整性的考虑。

```
> var b = new Boolean();
> b.valueOf();
false

> b.toString();
"false"
```

需要注意的是，布尔对象与基本布尔值并不相同。正如我们所了解的，所有对象本质上都属于 truthy 值。

```
> b === false;
false

> typeof b;
"object"
```

另外，除了从 Object 中继承来的内容，布尔对象中并没有任何其他属性。

C.6 Number

下面我们来创建一个数字对象：

```
> var n = new Number(101);
> typeof n;
"object"

> n.valueOf();
101
```

需要注意的是，Number 对象并不等同于基本数字类型，但如果我们在某个基本数字类型值上调用了一个 Number.prototype 的方法，那么该基本数字类型就会被自动转换成 Number 对象，例如：

```
> var n = 123;
> typeof n;
"number"

> n.toString();
"123"
```

脱离 new 修饰符而单独使用的 Number() 函数会返回基本数字类型。例如：

```
> Number("101");
101

> typeof Number("101");
"number"

> typeof new Number("101");
"object"
```

C.6.1 Number 构造器的成员

Number 构造器的成员如表 C-10 所示。

表 C-10

属性/方法	相关说明
Number.MAX_VALUE	该属性返回的是一个常量（不可变的），表示该对象所能取的最大值 `> Number.MAX_VALUE;` **`1.7976931348623157e+308`**
Number.MIN_VALUE	该属性返回的是 JavaScript 中的最小值 `> Number.MIN_VALUE;` **`5e-324`**

Number.NaN	该属性返回的是一个表示“Not A Number”的值
	`> Number.NaN;`
	`NaN`
	NaN 与任何值都不相等，包括它自己
	`> Number.NaN === Number.NaN;`
	`false`

Number.POSITIVE_INFINITY	与全局变量 Infinity 一样
Number.NEGATIVE_INFINITY	与-Infinity 一样

C.6.2 Number.prototype 的成员

Number 构造器的成员如表 C-11 所示。

表 C-11

属性/方法	相关说明

toFixed(fractionDigits)	该方法将返回一个字符串，该字符串以定点小数的形式来表示某一数字，并进行四舍五入
	`> var n = new Number(Math.PI);`
	`> n.valueOf();`
	`3.141592653589793`
	
	`> n.toFixed(3);`
	`"3.142"`

续表

属性/方法	相关说明

toExponential (fractionDigits)	该方法将返回一个字符串，该字符串以指数形式来表示某一数字，并进行四舍五入
	`> var n = new Number(56789);`
	`> n.toExponential(2);`
	`"5.68e+4"`

toPrecision(precision)	该方法将返回一个字符串，其表示的数字形式既可以是指数型的，也可以是定点小数型的
	`> var n = new Number(56789);`
	`> n.toPrecision(2)`
	`"5.7e+4"`
	
	`> n.toPrecision(5);`
	`"56789"`
	
	`> n.toPrecision(4);`
	`"5.679e+4"`
	
	`> var n = new Number(Math.PI);`
	`> n.toPrecision(4);`
	`"3.142"`

C.7 String

String()是一个用于创建字符串对象的构造器。如果我们在一个基本字符串值上调用属于该对象的方法，那么该字符串就会被自动转换为 String 对象。

下面，我们来创建一个字符串对象和一个基本字符串：

```
> var s_obj = new String('potatoes');
> var s_prim = 'potatoes';
> typeof s_obj;
"object"

> typeof s_prim;
"string"
```

当我们使用===（严格等于）比较该对象和基本类型时，它们是不相等的。===与==

的不同点在于后者会自动进行类型转换。例如：

```
> s_obj === s_prim;
false

> s_obj == s_prim;
true
```

length 实际上是字符串对象的属性：

```
> s_obj.length;
8
```

如果我们在一个不属于对象的基本字符串上访问 length 属性，该字符串就会自动被转换成相应的对象，并成功返回字符串长度，例如：

```
> s_prim.length;
8
```

字符串标识法同样有效：

```
> "giraffe".length;
7
```

C.7.1 String 构造器的成员

String 构造器的成员如表 C-12 所示。

表 C-12

属性/方法	相关说明
String.fromCharCode (code1, code2, code3, ...)	该方法会根据用户输入的字符编码来创建字符串，并将其返回 `> String.fromCharCode (115, 99, 114, 105, 112, 116);` **"script"**

C.7.2 String.prototype 的成员

String.prototype 的属性如表 C-13 所示。

表 C-13

属性/方法	相关说明
`length`	该属性返回字符串中的字符数 `> new String('four').length` **`4`**

`charAt(position)`	该方法返回指定位置处的字符，位置从 0 开始计数
	`> "script".charAt(0);`
	`"s"`
	从 ES5 开始，数组标识法可以代替它。其实在 ES5 之前，这个特性就一直被 IE 以外的浏览器广为支持
	`> "script"(0);`
	`"s"`

`charCodeAt(position)`	该方法返回指定位置处字符的 Unicode 编码 `> "script".charCodeAt(0);` **`115`**
`concat(str1, str2, ...)`	该方法利用当前字符串将输入中的各个子串连接成一个新的字符串 `> "".concat('zig', '-', 'zag');` **`"zig-zag"`**

`indexOf(needle, start)`	该方法用于返回匹配串的起始位置。第二个参数是可选的，用于指定搜索的起始位置。如果方法没有找到匹配串，就会返回-1
	`> "javascript".indexOf('scr');`
	`4`
	
	`> "javascript".indexOf('scr', 5);`
	`-1`

`lastIndexOf(needle, start)`	该方法与 `indexOf()`的功能基本相同，只不过它的搜索是从后面开始的，例如我们要搜索字符串中的最后一个 a： `> "javascript".lastIndexOf('a');` **`3`**
`localeCompare(needle)`	该方法会将两个字符串放在当前区域内进行比较，如果两个字符串完全相同就返回 0；如果比较时 needle 中的字符序列靠前就返回 1，否则返回-1

续表

属性/方法	相关说明

localeCompare(needle)	`> "script".localeCompare('crypt');`
	`1`
	
	`> "script".localeCompare('sscript');`
	`-1`
	
	`> "script".localeCompare('script');`
	`0`

match(regexp)	该方法会根据其接受的正则表达式对象返回一个容纳所有匹配串的数组 `> "R2-D2 and C-3PO".match(/[0-9]/g);` **`["2", "2", "3"]`**

replace(needle, replacement)	该方法用于替换字符串对象中所有匹配相关正则表达式的内容。另外，我们还可以通过 replacement 参数设置一系列不同的匹配模式，例如$1、$2、……、$9
	`> "R2-D2".replace(/2/g, '-two');`
	`"R-two-D-two"`
	
	`> "R2-D2".replace(/(2)/g, '$1$1');`
	`"R22-D22"`

search(regexp)	该方法会返回正则表达式匹配的第一个子串的位置 `> "C-3PO".search(/[0-9]/);` **`2`**

slice(start, end)	该方法会返回字符串中 start 到 end 之间的部分。如果 start 的值是负数，那么起始位置实际上等于 length+start，同样，如果 end 的值是负数，其结束位置等于 length+end
	`> "R2-D2 and C-3PO".slice(4,13);`
	`"2 and C-3"`
	
	`> "R2-D2 and C-3PO".slice(4,-1);`
	`"2 and C-3P"`

split(separator, limit)	该方法可以将字符串转换成一个数组。它的第二个参数 limit 是可选的。separator 参数可以是一个正则表达式，也可以是字符串
	`> "1,2,3,4".split(/,/);`
	`["1", "2", "3", "4"]`
	
	`> "1,2,3,4".split(',', 2);`
	`["1", "2"]`

续表

属性/方法	相关说明

substring(start, end)	该方法的功能与 slice() 的基本相同。如果 start 或 end 为负值或无效值时，它们会被视为 0。如果它们的值大于字符串的长度，则都会被视为字符串的长度。如果 end 大于 start，则它们会自动交换彼此的值
	`> "R2-D2 and C-3PO".substring(4, 13);`
	`"2 and C-3"`
	
	`> "R2-D2 and C-3PO".substring(13, 4);`
	`"2 and C-3"`

toLowerCase() toLocaleLowerCase()	这两种方法都可将字符串转换为小写 `> "JAVA".toLowerCase();` **`"java"`**
toUpperCase() toLocaleUpperCase()	这两种方法都可将字符串转换为大写 `> "Script".toUpperCase();` **`"SCRIPT"`**

C.7.3 ECMAScript 5 对 String 的附加支持

ECMAScript 5 对 String 的附加支持如表 C-14 所示。

表 C-14

属性/方法	相关说明

String.prototype.
trim()
	在 ES3 中，我们通过使用正则表达式相关的方式来移除字符串首末的空字符。在 ES5 中，我们有了专门的函数 trim()
	`> " \t beard \n".trim();`
	`"beard"`
	也可以使用 ES3 的方式
	`> " \t beard \n".replace(/\s/g, "");`
	`"beard"`

C.7.4 ES6 对 String 的附加支持

ES6 对 String 的附加支持如表 C-15 所示。

表 C-15

属性/方法	相关说明

模板字面量可以用来表述单行或多行字符串
模板字面量使用反引号（``）而不是单引号或双引号
模板字面量中可以通过（`${expression}`）语法来使用表达式。你可以将模板字面量传入自定义的方法进行处理，默认方法只会将模板字面量中的内容进行拼接
	`var a = 5;`
	`var b = 10;`
	``console.log(`Fifteen is ${a + b}`);``

`String.prototype.repeat`——此方法允许你重复某字符串 N 次	`" ".repeat(4 * depth)` `"foo".repeat(3)`

`String.prototype.startsWith`
`String.prototype.endsWith`
`String.prototype.includes`
3 种新的在字符串中进行查找的方式
	`"hello".startsWith("ello", 1) // true`
	`"hello".endsWith("hell", 4) // true`
	`"hello".includes("ell") // true`
	`"hello".includes("ell", 1) // true`
	`"hello".includes("ell", 2) // false`

C.8 Date

Date 构造器可以有以下几种不同的输入类型。

- 我们可以分别将年、月、日、小时、分钟、秒以及毫秒的值传递给构造器，例如：

```
> new Date(2015, 0, 1, 13, 30, 35, 505);
Thu Jan 01 2015 13:30:35 GMT-0800 (PST)
```

- 上面所列出的这些参数，都是可以跳过的，在这种情况下它们默认为 0。要注意的是，月份的值是从 0（一月）到 11（十二月）的，小时的值是从 0～23 的，分钟和秒数的值都是 0～59，毫秒数则是从 0～999。
- 我们可以传递给构造器一个时间戳：

```
> new Date(1420147835505);
```

```
Thu Jan 01 2015 13:30:35 GMT-0800 (PST)
```

- 如果我们没有传递给构造器任何参数，它就会返回当前日期/时间：

```
> new Date();
Fri Jan 11 2013 12:20:45 GMT-0800 (PST)
```

- 如果我们传递的是一个字符串，那么它会自动分析并提取该字符串中的有效日期信息：

```
> new Date('May 4, 2015');
Mon May 04 2015 00:00:00 GMT-0700 (PDT)
```

不使用 new 修饰符而直接调用 Date()获得的是当前时间的字符串形式：

```
> Date() === new Date().toString();
true
```

C.8.1　Date 构造器的成员

Date 构造器的成员如表 C-16 所示。

表 C-16

属性/方法	相关说明

Date.parse(string)	该方法的作用与直接将字符串传递给 new Date()类似，它会分析参数字符串中的日期信息并返回相应的时间戳，如果失败则返回 NaN
	`> Date.parse('May 5, 2015');`
	`1430809200000`
	
	`> Date.parse('4th');`
	`NaN`

Date.UTC(year, month, date, hours, minutes, seconds, ms)	该方法返回的也是一个时间戳，只不过这回是 UTC 时间（即 Coordinated Universal Time），不是本地时间
	`> Date.UTC(2015, 0, 1, 13, 30, 35, 505);`
	`1420119035505`

C.8.2　Date.prototype 的成员

Date.prototype 的成员如表 C-17 所示。

表 C-17

属性/方法	相关说明及示例

`toUTCString()`	该方法与 `toString()` 基本相同，但返回的是 UTC 时间。下面我们来看看太平洋时间（PST）、本地时间与 UTC 时间之间究竟有哪些不同
	`> var d = new Date(2015, 0, 1);`
	`> d.toString();`
	`"Thu Jan 01 2015 00:00:00 GMT-0800 (PST)"`
	
	`> d.toUTCString();`
	`"Thu, 01 Jan 2015 08:00:00 GMT"`

`toDateString()`	该方法只返回 `toString()` 中的日期部分 `> new Date(2015, 0, 1).toDateString();` **`"Thu Jan 01 2015"`**
`toTimeString()`	该方法只返回 `toString()` 中的时间部分 `> new Date(2015, 0, 1).toTimeString();` **`"00:00:00 GMT-0800 (PST)"`**

`toLocaleString()`
`toLocaleDateString()`
`toLocaleTimeString()`
	这 3 个方法基本上分别与 `toString()`、`toDateString()` 以及 `toTimeString()` 等效。但它们的格式更为友好，能使用当前用户所设置的方式来显示信息
	`> new Date(2015, 0, 1).toString();`
	`"Thu Jan 01 2015 00:00:00 GMT-0800 (PST)"`
	
	`> new Date(2015, 0, 1).toLocaleString();`
	`"1/1/2015 12:00:00 AM"`

`getTime()`
`setTime(time)`
	这组方法用于获取或设置某一 `Date` 对象中的时间（以时间戳的形式）。在下面的示例中，我们演示了如何创建一个 `Date` 对象，并将它的日期后移一天
	`> var d = new Date(2015, 0, 1);`
	`> d.getTime();`
	`1420099200000`
	
	`> d.setTime(d.getTime()`
	`+ 1000 * 60 * 60 * 24);`
	`1420185600000`
	
	`> d.toLocaleString();`
	`"Fri Jan 02 2015 00:00:00 GMT-0800 (PST)"`

续表

<table>
<tr><th>属性/方法</th><th>相关说明及示例</th></tr>
<tr><td>getFullYear()
getUTCFullYear()
setFullYear(year, month, date)
setUTCFullYear(year, month, date)</td><td>这组方法用于获取或设置 Date 对象中的全年份信息（包括本地时间和 UTC 时间）。在这里不能用 getYear()，因为它并不适用于公元两千年之后的年份，所以还是使用 getFullYear() 方法比较好<pre>
> var d = new Date(2015, 0, 1);
> d.getYear();
115

> d.getFullYear();
2015

> d.setFullYear(2020);
1577865600000

> d;
Wed Jan 01 2020 00:00:00 GMT-0800 (PST)
</pre></td></tr>
<tr><td>getMonth()
getUTCMonth()
setMonth(month, date)
setUTCMonth(month, date)</td><td>这组方法用于获取或设置 Date 对象中的月份信息，它是从 0（一月）开始计数的<pre>
> var d = new Date(2015, 0, 1);
> d.getMonth();
0

> d.setMonth(11);
1448956800000

> d.toLocaleDateString();
"12/1/2015"
</pre></td></tr>
<tr><td>getDate()
getUTCDate()
setDate(date)
setUTCDate(date)</td><td>这组方法用于获取或设置 Date 对象中的日期信息<pre>
> var d = new Date(2015, 0, 1);
> d.toLocaleDateString();
"1/1/2015"

> d.getDate();
1

> d.setDate(31);
1422691200000

> d.toLocaleDateString();
"1/31/2015"
</pre></td></tr>
</table>

续表

<table>
<tr><th>属性/方法</th><th>相关说明及示例</th></tr>
<tr><td><code>getHours()</code>
<code>getUTCHours()</code>
<code>setHours(hour, min, sec, ms)</code>
<code>setUTCHours(hour, min, sec, ms)</code>
<code>getMinutes()</code>
<code>getUTCMinutes()</code>
<code>setMinutes(min, sec, ms)</code>
<code>setUTCMinutes(min, sec, ms)</code>
<code>getSeconds()</code>
<code>getUTCSeconds()</code>
<code>setSeconds(sec, ms)</code>
<code>setUTCSeconds(sec, ms)</code>
<code>getMilliseconds()</code>
<code>getUTCMilliseconds()</code>
<code>setMilliseconds(ms)</code>
<code>setUTCMilliseconds(ms)</code></td><td>这组方法分别用于获取或设置 <code>Date</code> 对象中的小时、分钟、秒数及毫秒数信息。它们都是从 0 开始计数的
<code>> var d = new Date(2015, 0, 1);</code>
<code>> d.getHours() + ':' + d.getMinutes();</code>
<code>"0:0"</code>

<code>> d.setMinutes(59);</code>
<code>1420102740000</code>

<code>> d.getHours() + ':' + d.getMinutes();</code>
<code>"0:59"</code></td></tr>
<tr><td><code>getTimezoneOffset()</code></td><td>该方法用于返回本地时间与 UTC 时间之间的差，以分钟为单位。例如，下面实现的是 PST（即 Pacific Standard Time）与 UTC 时间之间的差
<code>> new Date().getTimezoneOffset();</code>
<code>480</code>

<code>> 420 / 60; // hours</code>
<code>8</code></td></tr>
<tr><td><code>getDay()</code>
<code>getUTCDay()</code></td><td>这组方法返回的是当前时间的星期数，从 0（星期日）开始计数
<code>> var d = new Date(2015, 0, 1);</code>
<code>> d.toDateString();</code>
<code>"Thu Jan 01 2015"</code></td></tr>
</table>

续表

属性/方法	相关说明及示例

getDay()
getUTCDay()
	`> d.getDay();`
	`4`
	
	`> var d = new Date(2015, 0, 4);`
	`> d.toDateString();`
	`"Sat Jan 04 2015"`
	
	`> d.getDay();`
	`0`

C.8.3 ECMAScript 5 对 Date 的附加支持

ECMAScript 5 对 `Date` 构造器的附加支持如表 C-18 所示。

表 C-18

属性/方法	相关说明
`Date.now()`	获取当前时间戳的快捷方法 `> Date.now() === new Date().getTime();` **`true`**

`Date.prototype.`
`toISOString()`
	`toString()`方法的一个变体
	`> var d = new Date(2015, 0, 1);`
	`> d.toString();`
	`"Thu Jan 01 2015 00:00:00 GMT-0800 (PST)"`
	
	`> d.toUTCString();`
	`"Thu, 01 Jan 2015 08:00:00 GMT"`
	
	`> d.toISOString();`
	`"2015-01-01T00:00:00.000Z"`

`Date.prototype.`
`toJSON()`
	返回值与`toISOString()`一样，该函数被`JSON.stringify()`调用（见附录 C 末）
	`> var d = new Date();`
	`> d.toJSON() === d.toISOString();`
	`true`

C.9 Math

Math 对象的情况与其他内建对象稍有些不同，因为它不能被用作构造器来创建对象。实际上，它只不过是一组相关函数和常量的集合而已。下面我们通过一些具体的示例来看看究竟有哪些不同。

```
> typeof Date.prototype;
"object"

> typeof Math.prototype;
"undefined"

> typeof String;
"function"

> typeof Math;
"object"
```

Math 对象的成员

Math 对象的成员如表 C-19 所示。

表 C-19

属性/方法	相关说明

Math.E
Math.LN10
Math.LN2
Math.LOG2E
Math.LOG10E
Math.PI
Math.SQRT1_2
Math.SQRT2
	这里列出的都是一些常用的数学常量，都是只读的。下面是它们各自的值
	`> Math.E;`
	`2.718281828459045`
	
	`> Math.LN10;`
	`2.302585092994046`
	
	`> Math.LN2;`
	`0.6931471805599453`
	
	`> Math.LOG2E;`
	`1.4426950408889634`
	
	`> Math.LOG10E;`
	`0.4342944819032518`

续表

属性/方法	相关说明
Math.E Math.LN10 Math.LN2 Math.LOG2E Math.LOG10E Math.PI Math.SQRT1_2 Math.SQRT2	> Math.PI; **3.141592653589793** > Math.SQRT1_2; **0.7071067811865476** > Math.SQRT2; **1.4142135623730951**
Math.acos(x) Math.asin(x) Math.atan(x) Math.atan2(y, x) Math.cos(x) Math.sin(x) Math.tan(x)	这是对象中的三角函数集合
Math.round(x) Math.floor(x) Math.ceil(x)	round()方法用于返回最接近本值的整数，而 ceil()用于向上取整，floor()则用于向下取整 > Math.round(5.5); **6** > Math.floor(5.5); **5** > Math.ceil(5.1); **6**
Math.max(num1, num2, num3, ...) Math.min(num1, num2, num3, ...)	max()和 min()这两个方法分别用于返回其参数中的最大值和最小值。但如果参数列表中有一个值为 NaN，那么两个方法都返回 NaN > Math.max(4.5 101, Math.PI) **101** > Math.min(4.5, 101, Math.PI); **3.141592653589793**

续表

属性/方法	相关说明

Math.abs(x)	该方法用于返回参数的绝对值
	`> Math.abs(-101);`
	`101`
	
	`> Math.abs(101);`
	`101`

Math.exp(x)	该方法表示指数函数，返回 Math.E 的 x 次幂 `> Math.exp(1) === Math.E;` **`true`**
Math.log(x)	取 x 的自然对数 `> Math.log(10) === Math.LN10;` **`true`**

Math.sqrt(x)	取 x 的平方根
	`> Math.sqrt(9);`
	`3`
	
	`> Math.sqrt(2) === Math.SQRT2`
	`true`

Math.pow(x, y)	取 x 的 y 次幂 `> Math.pow(3, 2);` **`9`**

Math.random()	该方法用于返回 0 到 1 之间的随机数（包括 0）
	`> Math.random();`
	`0.8279076443185321`
	如果我们想得到 10 至 100 之间的随机整数，可使用如下方式
	`> Math.round(Math.random() * 90 + 10);`
	`79`

C.10 RegExp

RegExp()是一个用于创建正则表达式对象的构造器，其第一个参数是正则表达式的匹配模式，第二个参数则是该匹配模式的修饰符。

```
> var re = new RegExp('[dn]o+dle', 'gmi');
```

该对象的模式可以匹配“noodle”“doodle”“doooodle”等。当然，我们也可以用正则表达式标识法来创建同样的对象：

```
> var re = ('/[dn]o+dle/gmi'); // 推荐使用
```

关于正则表达式的详细信息，读者可以参考第 4 章和附录 D。

RegExp.prototype 对象的成员

RegExp.prototype 对象的成员如表 C-20 所示。

表 C-20

属性/方法	相关说明
global	只读属性，当且仅当 regexp 对象被设置了 g 修饰符时为 true
ignoreCase	只读属性，当且仅当 regexp 对象被设置了 i 修饰符时为 true
multiline	只读属性，当且仅当 regexp 对象被设置了 m 修饰符时为 true

lastIndex	返回字符串中下一个匹配串的起始位置。当然，该方法也只有在 test() 和 exec() 成功匹配之后，且当 g（全局）修饰符被设置时才有效
	`> var re = /[dn]o+dle/g;`
	`> re.lastIndex;`
	`0`
	
	`> re.exec("noodle doodle");`
	`["noodle"]`
	
	`> re.lastIndex;`
	`6`
	
	`> re.exec("noodle doodle");`
	`["doodle"]`
	
	`> re.lastIndex;`
	`13`
	
	`> re.exec("noodle doodle");`
	`null`
	
	`> re.lastIndex;`
	`0`

续表

<table>
<tr><th>属性/方法</th><th>相关说明</th></tr>
<tr><td>source</td><td>只读属性，返回该正则表达式的模式（不包含修饰符）<pre>
> var re = /[nd]o+dle/gmi;
> re.source;
"[nd]o+dle"
</pre></td></tr>
<tr><td>exec(string)</td><td>该方法会对其输入字符串进行正则匹配，一旦匹配成功，就以数组的形式返回所有的匹配串或匹配分组。并且，当对象被设置了 g 修饰符时，该方法会自动确定第一个匹配串，并对 lastIndex 属性进行相关的设置。但如果匹配不成功，该方法就返回 null<pre>
> var re = /([dn])(o+)dle/g;
> re.exec("noodle doodle");
["noodle", "n", "oo"]

> re.exec("noodle doodle");
["doodle", "d", "oo"]
</pre>exec()所返回的数组有两个附加属性：index（匹配处的索引）以及 input（所搜索的输入字符串）</td></tr>
<tr><td>test(string)</td><td>该方法的功能与 exec()相同，只不过它只返回 true 或 false<pre>
> /noo/.test('Noodle');
false

> /noo/i.test('Noodle');
true
</pre></td></tr>
</table>

C.11 Error 对象

通常情况下，Error 对象是由程序的运行环境（如浏览器）或其代码本身来负责创建的。例如：

```
> var e = new Error('jaavcsritp is _not_ how you spell it');
> typeof e;
"object"
```

除了 Error()构造器本身，Error 对象还有派生对象，它们分别是：

- EvalError

- RangeError
- ReferenceError
- SyntaxError
- TypeError
- URIError

Error.prototype 的成员

Error.prototype 的成员如表 C-21 所示。

表 C-21

属性名	相关说明

name	该属性返回的是创建当前错误对象的构造器的名称
	`> var e = new EvalError('Oops');`
	`> e.name;`
	`"EvalError"`

message	该属性返回的是当前错误对象中的具体信息
	`> var e = new Error('Oops... again');`
	`> e.message`
	`"Oops... again"`

C.12　JSON 对象

JSON 对象是 ES5 的新对象。它并非构造器（这点与 Math 对象很像），并且它仅有两个方法：parse()及 stringify()。对于不提供原生支持 JSON 对象的 ES3 浏览器，我们可以使用外部代码来使其达到同样效果，详见 JSON 官方网站。

JSON 是 JavaScript 对象标记法（JavaScript Object Notation）的简称。它是一个轻量级的数据交换格式。JSON 数据是 JavaScript 的子集，仅支持基本数据类型、对象以及数组字面量。

JSON 对象的成员

JSON 对象的成员如表 C-22 所示。

表 C-22

<table>
<tr><th>方法</th><th>相关说明</th></tr>
<tr><td rowspan="2">parse(text, callback)</td><td>接收 JSON 格式的字符串，返回对象<pre><code>> var data = '{"hello": 1, "hi": [1, 2, 3]}';
> var o = JSON.parse(data);
> o.hello;
1

> o.hi;
[1, 2, 3]</code></pre></td></tr>
<tr><td>可选项 callback 提供查看与修改返回值的功能。它会获得一对 key 和 value 作为参数，并且可以修改 value，或删除 value（返回 undefined 即可）<pre><code>> function callback(key, value) {
    console.log(key, value);
    if (key === 'hello') {
      return 'bonjour';
    }
    if (key === 'hi') {
      return undefined;
    }
    return value;
  }
> var o = JSON.parse(data, callback);
hello 1
0 1
1 2
2 3
hi [1, 2, 3]
Object {hello: "bonjour"}

> o.hello;
"bonjour"

> 'hi' in o;
false</code></pre></td></tr>
</table>

续表

方法	相关说明

Stringify
(value,
callback,
white)
	将任何形式的值（通常为对象或数组）编码为 JSON 字符串
	`> var o = {`
	`hello: 1,`
	`hi: 2,`
	`when: new Date(2015, 0, 1)`
	`};`
	`> JSON.stringify(o);`
	`"{"hello":1,"hi":2,"when":"2015-01-01T08:00:00.000Z"}"`
	你可以通过第二个参数设置一个 callback 函数（或者数组形式的白名单）来修改返回值。白名单数组的键就是你希望出现在该集合中的属性
	`JSON.stringify(o, ['hello', 'hi']);`
	`"{"hello":1,"hi":2}"`
	最后一个参数可以让我们获得一个人类可读的版本，你可以通过它指定相关空白字符串或空白符数量
	`> JSON.stringify(o, null, 4);`
	`"{`
	`"hello": 1,`
	`"hi": 2,`
	`"when": "2015-01-01T08:00:00.000Z"`
	`}"`

附录 D
正则表达式

当我们使用正则表达式（第 4 章中所讨论的）时，可以对字面字符串进行如下匹配：

```
> "some text".match(/me/);
["me"]
```

但问题真正的关键是正则表达式的匹配模式，而不是这些字面字符串。在表 D-1 中，我们详细列出了各种不同模式的语法，并提供了相关的示例，以供读者参考。

表 D-1

<table>
<tr><th>匹配模式</th><th>相关说明</th></tr>
<tr><td>[abc]</td><td>这里匹配的是字符类信息

> "some text".match(/[otx]/g);
["o", "t", "x", "t"]</td></tr>
<tr><td>[a-z]</td><td>这里匹配的是某一区间内的字符类信息。例如，[a-d]相当于[abcd]，[a-z]表示我们要匹配的是所有的小写字母，而[a-zA-Z0-9_]则表示匹配所有字母、数字及下划线

> "Some Text".match(/[a-z]/g);
["o", "m", "e", "e", "x", "t"]

> "Some Text".match(/[a-zA-Z]/g);
["S", "o", "m", "e", "T", "e", "x", "t"]</td></tr>
</table>

续表

<table>
<tr><th>匹配模式</th><th>相关说明</th></tr>
<tr><td>[^abc]</td><td>这里匹配的是所有不属于表达式限定范围内的字符
> "Some Text".match(/[^a-z]/g);
["S", " ", "T"]</td></tr>
<tr><td>a|b</td><td>这里匹配的是 a 或者 b。中间那个竖杠是“或者”的意思，该符号可以在同一表达式中多次使用
> "Some Text".match(/t|T/g);
["T", "t"]

> "Some Text".match(/t|T|Some/g);
["Some", "T", "t"]</td></tr>
<tr><td>a(?=b)</td><td>这里匹配的是所有后面跟着 b 的 a 的信息
> "Some Text".match(/Some(?=Tex)/g);
null

> "Some Text".match(/Some(?= Tex)/g);
["Some"]</td></tr>
<tr><td>a(?!b)</td><td>这里匹配的是所有后面不跟着 b 的 a 的信息
> "Some Text".match(/Some(?! Tex)/g);
null

> "Some Text".match(/Some(?!Tex)/g);
["Some"]</td></tr>
<tr><td>\</td><td>反斜杠主要用于帮助我们匹配一些模式字面量中的特殊字符
> "R2-D2".match(/[2-3]/g);
["2", "2"]

> "R2-D2".match(/[2\-3]/g);
["2", "-", "2"]</td></tr>
<tr><td>\n
\r
\f
\t
\v</td><td>换行符
回车符
换页符
横向制表符
纵向制表符</td></tr>
<tr><td>\s</td><td>这里匹配的是空白符，包括上面 5 个转义字符
> "R2\n D2".match(/\s/g);
["\n", " "]</td></tr>
</table>

续表

匹配模式	相关说明
`\S`	这里正好与上面相反，匹配的是除空白符以外的所有内容，相当于[^\s] `> "R2\n D2".match(/\S/g);` **`["R", "2", "D", "2"]`**
`\w`	这里匹配的是所有的字母、数字或下划线，相当于[A-Za-z0-9_] `> "Some text!".match(/\w/g);` **`["S", "o", "m", "e", "t", "e", "x", "t"]`**
`\W`	这里匹配的正好与`\w`相反 `> "Some text!".match(/\W/g)` **`[" ", "!"]`**
`\d`	这里匹配的是所有的数字类信息，相当于[0-9] `> "R2-D2 and C-3PO".match(/\d/g);` **`["2", "2", "3"]`**
`\D`	这里正好与`\d`相反，匹配的是非数字类信息，相当于[^0-9]或[^\d] `> "R2-D2 and C-3PO".match(/\D/g);` **`["R", "-", "D", " ", "a", "n", "d", " ",`** **`"C", "-", "P", "O"]`**

`\b`	这里匹配的是一个单词的边界，例如空格或标点符号
	下面匹配的是后面跟着`2`的`R`或`D`
	`> "R2D2 and C-3PO".match(/[RD]2/g);`
	`["R2", "D2"]`
	如果在上面的模式中加入该匹配符，匹配的就只有单词末尾的那一个了
	`> "R2D2 and C-3PO".match(/[RD]2\b/g);`
	`["D2"]`
	同样，如果我们在其中输入一个短横线，也可以被当作一个单词的末尾
	`> "R2-D2 and C-3PO".match(/[RD]2\b/g);`
	`["R2", "D2"]`

`\B`	这里的匹配操作与`\b`正好相反
	`> "R2-D2 and C-3PO".match(/[RD]2\B/g);`
	`null`
	
	`> "R2D2 and C-3PO".match(/[RD]2\B/g);`
	`["R2"]`

`[\b]`	这里匹配的是退格键字符（Backspace）
`\0`	这里匹配的是 null 值

续表

<table>
<tr><th>匹配模式</th><th>相关说明</th></tr>
<tr><td>\u0000</td><td>这里匹配的是一个 Unicode 字符，并且是以一个四位的十六进制数来表示的
>"стоян".match(/\u0441\u0442\u043E/)
["сто"]</td></tr>
<tr><td>\x00</td><td>这里匹配的是一个字符，该字符的编码是以一个两位的十六进制数来表示的
> "\x64/";
"d"
> "dude".match(/\x64/g);
["d", "d"]</td></tr>
<tr><td>^</td><td>这里匹配的是字符串的开头部分。另外，如果我们对该模式设置了 m 修饰符（多行），那么它匹配的是每一行的开头
>"regular\nregular\nexpression".match(/r/g);
["r", "r", "r", "r", "r"]

>"regular\nregular\nexpression".match(/^r/g);
["r"]

>"regular\nregular\nexpression".match(/^r/mg);
["r", "r"]</td></tr>
<tr><td>$</td><td>这里匹配的是输入的末尾部分。另外，如果我们对该模式设置了多行修饰符，那么它匹配的是每一行的末尾
>"regular\nregular\nexpression".match(/r$/g);
null
>"regular\nregular\nexpression".match(/r$/mg);
["r", "r"]</td></tr>
<tr><td>.</td><td>这里匹配的是除换行符或移行符以外的任何字符
> "regular".match(/r./g);
["re"]

> "regular".match(/r.../g);
["regu"]</td></tr>
<tr><td>*</td><td>这里匹配的是模式中出现 0 次或多次的内容。例如，/.*/可以匹配任何内容（包括空串）
> "".match(/.*/);
[""]

> "anything".match(/.*/)
["anything"]

> "anything".match(/n.*h/);
["nyth"]</td></tr>
</table>

续表

<table>
<tr><th>匹配模式</th><th>相关说明</th></tr>
<tr><td>*</td><td>需要注意的是，该模式匹配采用的是“贪心策略”，这意味着它会尽可能多地匹配一些可能性
<pre>> "anything within".match(/n.*h/g);
["nything with"]</pre></td></tr>
<tr><td>?</td><td>这里匹配的是模式中出现 0 次或 1 次的内容
<pre>> "anything".match(/ny?/g);
["ny", "n"]</pre></td></tr>
<tr><td>+</td><td>这里匹配的是模式中出现至少 1 次（或多次）的内容
<pre>> "anything".match(/ny+/g);
["ny"]

> "R2-D2 and C-3PO".match(/[a-z]/gi);
["R", "D", "a", "n", "d", "C", "P", "O"]

> "R2-D2 and C-3PO".match(/[a-z]+/gi);
["R", "D", "and", "C", "PO"]</pre></td></tr>
<tr><td>{n}</td><td>这里匹配的是模式中出现过 n 次的内容
<pre>> "regular expression".match(/s/g);
["s", "s"]

> "regular expression".match(/s{2}/g);
["ss"]

> "regular expression".match(/\b\w{3}/g);
["reg", "exp"]</pre></td></tr>
<tr><td>{min,max}</td><td>这里匹配的是在模式中出现次数在 min 到 max 之间的内容。如果我们省略了 max，就意味着没有最多次数，只有最少次数。但 min 是不能省略的
例如，如果我们在输入“doodle”这个词时输入了 10 次“o”：
<pre>> "doooooooooodle".match(/o/g);
["o", "o", "o", "o", "o", "o", "o", "o", "o", "o"]
> "doooooooooodle".match(/o/glength);
["oo", "oo", "oo", "oo", "oo"]
10
>"doooooooooodle".match(/o{2,}/g);
["oo""oo""oo""oo""oo"]
>"doooooooooodle".match(/o{2,6}/g);
["oooooo", "oooo"]</pre></td></tr>
</table>

续表

匹配模式	相关说明

(pattern)	当某个匹配模式被放在括号内时，表明匹配该模式的匹配串是可替换的，因此它也被称为捕获模式。这些被捕获的匹配串可以分别用$1、$2…$9 等参数来表示
	例如，我们可以将匹配串中所有的“r”都重复一次：
	`> "regular expression".replace(/(r)/g, '$1$1');`
	`"rregularr exprression"`
	或我们将所有匹配“re”的内容都替换成“er”：
	`> "regular expression".replace (/(r)(e)/g, '$2$1');`
	`"ergular experssion"`

(?:pattern)	这是非捕获模式，也就是说这里不能用$1、$2 等参数来记录匹配串 例如在下面的示例中，当我们对“re”进行匹配时，$1 记住的不是“r”，而是第二个模式所匹配的结果“e”： `> "regular expression".replace (/(?:r)(e)/g, '$1$1');` **`"eegular expeession"`**

有时候，模式中的某些特殊字符所代表的意义往往不止一种，例如^、?、\b 等，因此在我们使用时有必要对此稍加留意。